广州新华学院出版基金、广州市哲学社会科学发展"十四五"规划2021
广东省特色重点学科"公共管理"项目特色课题

U0676121

韧性城市视角下应急避难场所
空间布局与管理

——以广州市为例

唐波◎著

吉林大学出版社

长春

图书在版编目（CIP）数据

韧性城市视角下应急避难场所空间布局与管理：以
广州市为例 / 唐波著. -- 长春：吉林大学出版社，
2021.11

　　ISBN 978-7-5692-9467-5

　　Ⅰ. ①韧… Ⅱ. ①唐… Ⅲ. ①城市—紧急避难—公共
场所—建筑设计—广州②城市—紧急避难—公共场所—运
营管理—广州 Ⅳ. ① TU984.199 ② P315.9

中国版本图书馆 CIP 数据核字 (2021) 第 241369 号

书　　名：韧性城市视角下应急避难场所空间布局与管理——以广州市为例
　　　　　RENXING CHENGSHI SHIJIAO XIA YINGJI BINAN CHANGSUO KONGJIAN
　　　　　BUJU YU GUANLI——YI GUANGZHOU SHI WEI LI
作　　者：唐 波 著
策划编辑：卢 婵
责任编辑：马宁徽
责任校对：王 蕾
装帧设计：叶杨杨
出版发行：吉林大学出版社
社　　址：长春市人民大街 4059 号
邮政编码：130021
发行电话：0431-89580028/29/21
网　　址：http://www.jlup.com.cn
电子邮箱：jldxcbs@sina.com
印　　刷：武汉鑫佳捷印务有限公司
开　　本：787mm × 1092mm　　1/16
印　　张：20.25
字　　数：250 千字
版　　次：2021 年 11 月　第 1 版
印　　次：2022 年 7 月　第 1 次
书　　号：ISBN 978-7-5692-9467-5
审图号：粤 AS（2022）004 号
定　　价：108.00 元

前　言

　　城市安全是城市建设的试金石。在全球巨灾环境变化剧烈、推动区域高质量发展、加强城市韧性建设与管理的背景下，自然灾害的研究逐渐着眼于城市这个巨大而脆弱的承灾体上。面对城市灾害发生频率上升、城市灾害损失提高、城市受灾人群增加，国内外学者陆续提出了韧性城市、健康城市和安全城市等发展理念和政策，以寻求城市公共安全建设和城市的可持续发展。同时，在新发展理念和格局、新一轮国土空间规划的推进下，城市公共安全和应急管理得到进一步的重视，如何构建一个和谐、健康、绿色、宜居的城市这一问题越来越受到学者们的关注。应急避难场所作为城市防灾减灾设施中的重要环节之一，也是完善城市规划与建设管理的关键问题之一。应急避难场所资源空间特点、多类型应急避难场所的空间适宜性、不同尺度的应急避难场所的可达性、应急避难场所管理模式对重大自然灾害、公共安全事件中区域综合防灾起到非常重要的作用。广州市作为广东省人口高度集中、经济快速发展和城市化进程不断加速的区域，加上独特的自然地理环境和社会经济环境，成为我国东南沿海城市灾害发生频率高且灾害损失较多的城市。基于此，本书通过总结广州应急避难场所的空间布局、特点和管理，以期拓宽城市地理学、城市灾害学、城乡规划学等研究领域，为促进"韧性广州"的建设和提升广州的城市品质提供相关参考。

本书主要从地理学、灾害学和管理学三大学科交叉的研究视角出发，基于韧性城市、脆弱性、应急管理三大主要理论，结合文献检索、实地调查、定量模型、地理信息系统等的方法和技术，立足不同尺度、不同类型、不同案例对广州应急避难场所空间布局、特点和管理进行研究。本书共分为九章：第一章系统介绍了本书的研究背景、研究内容、研究意义、理论基础和技术路线，为后面的章节提供了脉络和思路；第二章主要总结了城市灾害的类型和特点，从时间阶段、研究内容和研究方法等方面梳理了国内外城市灾害的研究进展，提出了城市灾害研究的相关展望；第三章总结了应急避难场所的类型，利用 Citespace 和 Netdraw 等方法与文献计量工具对国内外应急避难场所的研究现状、特点和相关进展进行梳理；第四章主要分析了广州市自然灾害的主要类型、特点和影响，并基于韧性城市的视角，定量评价了广州市城市综合脆弱性的时空演变；第五章从全局上总结了广州市应急避难场所资源的类型和空间分布，并从经济、人口、土地和城市规划等方面分析其形成原因，提出空间优化策略；第六章基于社区尺度上，选择荔湾区、越秀区、番禺区 3 个案例地的应急避难场所进行空间可达性分析，对比了广州中心城区和外围城区应急避难场所空间可达性的差异；第七章通过构建应急避难场所空间适宜性指标体系，以广州市 2 大商圈（北京路、上下九）、黄埔体育馆、番禺区南区公园等不同类型的应急避难场所为案例进行定量评价，结合人口容量、区位特征和路网布局等条件，探寻广州市不同类型的应急避难场所选址、布局和效率的问题；第八章结合广州应急避难的需求和问题，从制度创新的视角对广州应急避难场所的管理与运营体系进行优化；第九章是本书的总结和展望部分。

在本书的写作过程中，笔者得到了很多地理学、城市规划与建设界的朋友、老师和学生的帮助，在此，谨向各位表示衷心的感谢。首先，感谢中山大学地理科学与规划学院的陈俊合教授、刘希林教授、林琳教授和董玉祥教授，他们在笔者的研究生学习、教学和科研工作以及本书的学术指导等方面给予了大量的支持；感谢广州市城市规划勘测设计研究院闫永涛高级工程师、广东省地质灾害应急抢险技术中心邱锦安博士、广州市地震监测中心张志欢助理研究员、中山大学新华学院资源城乡规划学院宋云、张媛媛、王丹妮等老师，他们为本书的数据和方法提供了大量的帮助；感谢参加本研究的黄嘉颖、丘飞鹏、关文川、王健仪、冯远滔、罗皓、陈泽辉、李宗源等中山大学新华学院资源与城乡规划学院的同学们，他们在案例分析、数据处理和图形制作等方面做了大量工作。最后感谢我家人背后的支持和鼓励，使笔者在工作和生活中不断前进。

笔者从研究生的学习到参加工作以来，一直关注城市灾害和风险管理的问题。将这几年相关的成果重新进行梳理，并集结在本书中。由于笔者水平有限，而且韧性城市和应急避难场所涉及的学科理论、方法和政策较多，书中难免有众多不足之处，诚挚希望读者、关心城市灾害和城市发展规划的同仁能提出宝贵意见，以利于不断修正和完善。

本书可供地理学、灾害学、规划学、管理学等相关学科的高校教师、学生、科研人员和民政、规划、建设等相关政府部门管理人员参考。

唐 波

2021 年 4 月

目　录

第一章　绪　论

　　诺贝尔经济学奖获得者斯蒂格利茨曾经说过："中国的城市化与美国的高科技发展将是影响 21 世纪人类社会发展进程的两件大事。"正如他所说，中国城市化的飞速发展成为带动我国经济快速增长和参与国际经济合作与竞争的主要平台。《国家新型城镇化规划（2014—2020 年）》中指出：从 1978—2013 年，我国城镇常住人口从 1.7 亿人增加到 7.3 亿人，城镇化率从 17.9% 提升到 53.7%，城市数量从 193 个增加到 658 个，建制镇数量从 2 173 个增加到 20 113 个[1]。与此同时，2020 年国民经济和社会发展统计公报显示，2020 年年末我国常住人口城镇化率超过 60%。城市化为我国实现现代化、产业结构升级优化、区域协调发展、城乡统筹等方面提供了巨大的发展动力。伴随着城市化的发展，城市群、经济区、都市圈等新兴城市空间结构不断涌现，为城市多元、创新发展和城市转型创造了众多的机会。可是，城市作为人口、经济和文化的高度聚集区，潜在矛盾和内部风险日益凸显。在城市灾害发生频率不断提高，城市灾害损失不断增加的背景下，国内外学者陆续提出了韧性城市、健康城市和安全城市等发展理念和管理政策，以寻求城市公共安全建设和城市的可持续发展。应急避难场所作为城市防灾减灾设施中的重要环节之一，在重大自然灾害和公共安全事件中发挥了重要的作用。城市安全是城市建设的试金石，随着国家对于公共安全和应急管理的重视，如何构建一个和谐、健康、绿色、宜居的城市越来越受到学者们的关注。而从城市应急避难场所的研究视角探索城市的防灾减灾建设，能帮助拓宽城市地理学和城市灾害学等研究领域，认识城市发展和建设的本质与关键问题，找到一条城市可持续的发展之路。

第一节　研究背景与研究意义

一、研究背景

（一）全球气候变化引发自然灾害频发，灾害损失严重

随着全球气候变化和人类对自然环境的干预程度不断提高，全球自然灾害的数量呈现出不断增长的趋势，给人类的生命和财产安全带来了威胁。进入 21 世纪以来，接连发生的印度洋海啸、美国卡特里那飓风、中国汶川特大地震、日本"3·11"特大地震、全球新冠肺炎疫情等一系列自然灾害和公共健康事件给人类生命与财产造成了巨大损失。如 2016 年全球包括地震、洪水、森林火灾等自然灾害造成 1 680 亿欧元的损失，是过去 4 年的峰值，洪水和泥石流造成的损失占比最大，达到 34%。2020 年 5 月 12 日，应急管理部—教育部减灾与应急管理研究院、应急管理部国家减灾中心、应急管理部信息研究院等单位联合发布《2019 年全球自然灾害评估报告》，对 2019 年全球和中国自然灾害、近 30 年全球自然灾害及中国灾

害在全球和亚洲的排名情况等进行了分析评估。报告中显示，2019 年全球自然灾害总体偏轻，与 2009—2018 年均值相比，灾害频次减少 24%，死亡人口减少 74%，受灾人口减少 50%，直接经济损失减少 24%。2019 年全球自然灾害以洪水灾害为主，损失较 2010-2018 年偏轻。2019 年为近年来少有的地震轻灾年，与 2010-2018 年相比，地震灾害频次无较大变化，但因灾死亡人口降幅超过九成，受灾人口、直接经济损失也分别出现七成以上、九成以上的降幅。虽然如此，但全球气候变化尤其是极端异常天气造成的灾害频度、强度以及影响范围正在增加。2020 年 10 月 12 日，联合国防灾减灾署（UNDRR）为纪念"国际减灾日"（10 月 13 日），发布了《2000—2019 年灾害造成的人类损失》报告，报告中证实极端天气事件在 21 世纪主导着灾害的格局。在 2000 年至 2019 年这 20 年间，全球共发生 7 348 起重大灾害，造成 123 万人死亡，42 亿人受到影响（许多人不止一次受到灾害影响），造成全球经济损失约 2.97 万亿美元。全球每年平均因灾死亡人数约为 6 万人。就全球受灾国家而言，中国（577 起）和美国（467 起）报告的灾害事件最多，其次是印度（321 起）、菲律宾（304 起）和印度尼西亚（278 起）。这些国家都是幅面辽阔的异构陆地，处于危险地区或是人口密度相对较高的区域。图 1-1 是根据联合国减灾署（UNISDR）的统计数据，绘制的 2001—2020 年的自然灾害的经济损失图。如图 1-1 所示，近 20 年全球自然灾害损失呈现出波动增长的趋势，除个别年份外，其他所有年份的经济损失都超过了 500 亿美元。特别是自 2010 年后的 10 年里，损失最为严重，其中 2016 年的全球经济损失高达 5 200 亿美元。

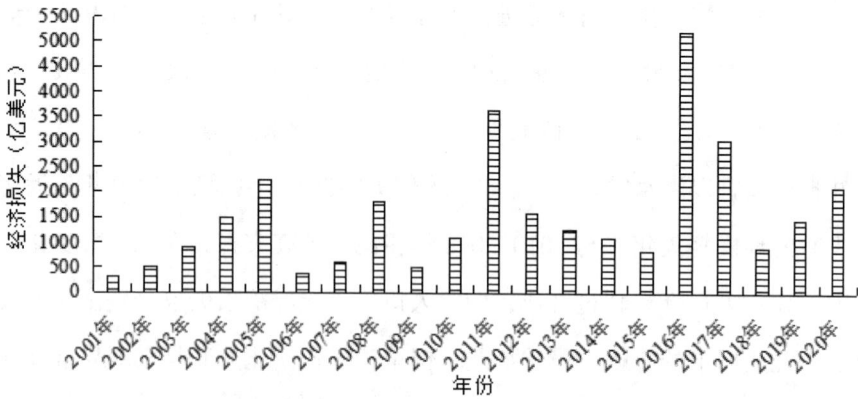

图 1-1　2001—2020 年全球自然灾害造成的经济损失示意图

资料来源：根据联合国减灾署统计数据自制。

　　中国是世界上自然灾害最为严重的国家之一。伴随着全球气候变化以及中国经济快速发展和城市化进程不断加快，中国的资源、环境和生态压力加剧，自然灾害防范应对形势更加严峻复杂。中国的自然灾害呈现灾害种类多、分布地域广、发生频率高、造成损失重四大特点[2]。20 世纪 90 年代以来，我国每年因为灾害造成的直接经济损失高达 1 000 亿至 3 000 亿元，相当于当年国内生产总值的 3% ~ 6%，而这些损失大部分都集中在城市，城市成为现代自然灾害中巨大而脆弱的承灾体[3]。通过图 1-2 所示，近 20 年我国自然灾害直接经济损失发现，每年灾害损失呈现出波动上升的趋势，给国民经济稳定发展造成较为严重的威胁。根据中国应急管理部和国家减灾委办公室会同多部门的数据统计，如表 1-1 所示，2010—2020 年我国因各种自然灾害共造成约 27.16 亿人次受灾，18 928 人死亡。所以，最大限度地减轻自然灾害的影响和损失已成为人类社会可持续发展的重要前提。

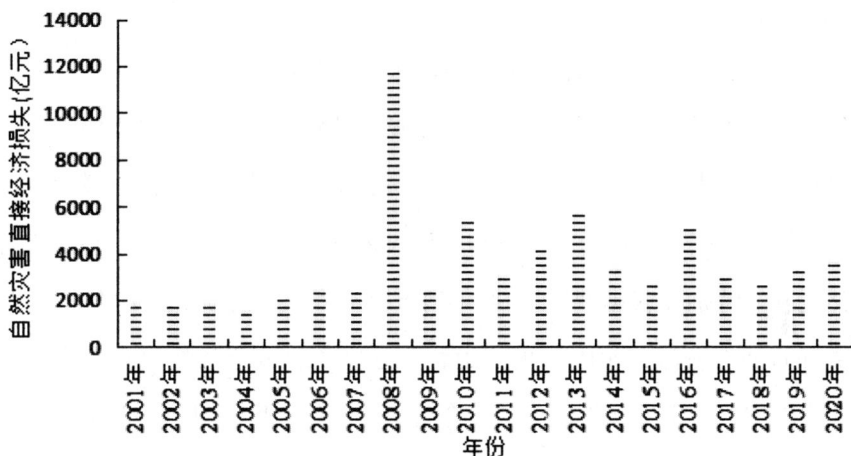

图 1-2 近 20 年我国自然灾害直接经济损失示意图

资料来源：根据 2002—2021 年的国家统计年鉴自制。

表 1-1 2010—2020 年中国因自然灾害死亡和受灾人口数量

年份	死亡人口（人）	受灾人口数量（万人）
2010 年	6 541	42 610.2
2011 年	1 014	43 290
2012 年	1 530	29 421.7
2013 年	2 284	38 818.7
2014 年	1 818	24 353.7
2015 年	967	18 620.3
2016 年	1 706	18 911.7
2017 年	979	14 448
2018 年	589	13 553.9
2019 年	909	13 759
2020 年	591	13 800
合计	18 928	271 587.2

资料来源：根据 2002—2021 年的国家统计年鉴自制。

（二）防灾规划和应急避难场所不断受到重视

城市防灾减灾规划通过建立比较完善的减灾工作管理体制和运行机

制，使得灾害监测预警、防灾备灾、应急处置、灾害救助、恢复重建能力大幅提升，公民减灾意识和技能显著增强，人员伤亡和自然灾害造成的直接经济损失明显减少。而城市应急避难场所的建设和管理，可以便于人们能够在灾害发生时，尽快撤离危险区域，躲避灾害带来的直接或者间接伤害，是提高一座城市预防、抵御和应对灾害事故的综合能力的重要措施与必然选择。特别在我国遭遇 2008 年南方冰灾和汶川地震、2010 年的玉树地震和舟曲泥石流、2018 年的"山竹"台风、2019 年的新冠肺炎疫情等重大自然灾害、突发事件、公共安全与卫生事件之后，对应急避难场所的需求、建设和管理有了新的反思。日本、美国、瑞士等国家以及我国台湾地区均较早开展了应急避难场所建设，给应急避难场所布局和管理提供了典型案例。在城市人口不断集聚，经济不断发展的同时，我们不得不未雨绸缪地为城市的安全稳定和健康发展出言献策。

从 2003 年我国第一个应急避难场所——北京元大都城垣遗址公园建设到现在有 17 年了，应急避难场所已成为城市防灾和公共安全建设的一项重要内容，逐渐受到国家和政府的关注[4]，具体如表 1-2 所示。同时，从 2003 年起，国家、省、直辖市和各个地区陆续出台了一系列有关应急避难场所建设的法规和指导意见。2008 年，中国地震局提出了《地震应急避难场所 / 场址及配套设施》，规定了地震应急避难场所的分类、场址选择及设施配置的要求。之后许多城市启动了地震应急避难场所的规划和建设工作。北京、天津、深圳、广州、重庆、西安、太原等许多城市先后完成了多个应急避难场所的示范点建设[5]。据不完全统计，截至 2010 年，全国共有 181 个大中城市建设了地震应急避难场所，建设完成或正在建设的场所有 300 多个。2017 年，住房和城乡建设部、发展和改革委员会与民政部共同牵头编制了《城市社区应急避难场所建设标准》，提出城市社区应急避难场所建设应纳入居住区规划。同时对社区应急避难场所的建设规模、选址、场地、配套设施和其他经济技术指标做了明确的规定，为城市社区应急避难场所的建设提供了统一的标准，有利于提升城市社区应急救助能力。基于我国特殊的国情，党和国家还注重应急管理体制的建设。2018 年 3 月我国建立了应急管理部，是我国应急管理体制的重大调整，是我国应急管理发展史上的重要里程碑，标志着我国开始建立由强有力的一个核心部门进行总牵头、各方协调配合的应急管理体制[6][7]。党的十九大报告也指出："统筹发展和安全，增强忧患意识，做到居安思危，是我们党治国理政的一个重大原则。"这些政策引导、制度优化和部门设立，确保有力、有序、有效应对可能发生的各种重特大自然灾害和事故灾难，为经济社会可持续发展提供一个稳定的环境。

表 1-2　国内城市防灾规划和应急避难场所建设的主要事件列表

年份	主要事件	重要意义
2003 年 10 月	元大都城垣遗址公园	国内第一个应急避难公园
2007 年 10 月	《北京中心城地震及应急避难场所（室外）规划纲要》	全国第一个有关城市防灾、减灾应急避难方面的规划
2008 年 1 月	《中华人民共和国城乡规划法》	城乡规划对防灾减灾做了详细规定
2008 年 5 月	发布了《地震应急避难场所／场址及配套设施》	为地震避难场所建设提供了规范依据、国家标准
2009 年 10 月	《深圳应急避难场所专项规划（2010—2020）》	应急避难场所专项规划典型案例
2010 年 6 月	《广州市地震应急避难场所（室外）专项规划纲要（2010—2020）》通过验收	大城市应急避难场所规划案例
2016 年 10 月	《上海市应急避难场所建设规划（2013—2020）》公示	大城市应急避难场所规划案例

续表

年份	主要事件	重要意义
2017 年 1 月	《城市社区应急避难场所建设标准》	社区应急避难场所建设与规划标准
2017 年 9 月	《地震应急避难场所运行管理指南》	我国首个应急避难场所运行管理的基础性国家标准
2018 年 3 月	国家应急管理部成立	我国应急管理发展史上的重要里程碑
2020 年 1 月	《省域国土空间规划编制指南（试行）》	国土空间规划对城市防灾减灾的新要求

资料来源：本研究自制。

二、研究意义

（一）理论意义

应急避难场所是城市基础设施的重要组成部分，其选址建设、空间布局、运营管理一直是研究的重点。国内外对于城市灾害和应急避难场所的研究成果有很多，利用文献整理、Citespace、Netdraw 等方法和技术对其进行类型和特点的总结，有利于梳理城市灾害和应急避难场所的研究内容、重点和趋势。通过国内外城市灾害和应急避难场所研究综述的比较，能找出国内在城市灾害和应急管理等方面研究的不足，以期丰富和完善后期的研究。由于不同类型、不同尺度的应急避难场所的空间特点和疏散功能各有差异，在一定程度上加大了应急避难场所的空间布局研究的复杂性。所以多类型、多尺度的应急避难场所空间布局分析有助于延伸应急避难场所研究的内涵、有助于丰富城市应急避难场所研究的视角。同时采用实地调研、两步移动搜寻法、OD 矩阵分析等多种定量空间分析方法，提高了研究的科学性；充分吸收地理学、灾害学、社会学、城乡规划学、管理学等多学科交叉的专业知识，丰富和完善了应急避难场所研究范式和理论基础。

本研究以"韧性城市"为研究背景，在城市灾害、脆弱性和应急管理等理论指导下，以广州市为实证研究对象，通过不同尺度、不同等级、不同类型应急避难场所的区位特征、空间布局优化方法、空间布局合理性评价、空间可达性和疏散路径分析，形成了城市应急避难场所设施理论研究与实证研究相结合的研究范式，在一定程度上充实并深化了城市应急避难场所区位选择与空间优化的理论方法体系，为应急避难场所空间格局形成机制、城市的灾害管理和城市建设规划提供科学的理论依据和指导。

（二）现实意义

"韧性城市"将城市发展和城市公共安全结合起来，为城市转型和城市可持续发展研究提供了新的思路。城市是人口、财富、产业聚集的地方，随着城市化的进程不断加速，城市公共安全方面的风险也在累积，遭受灾害的可能性也越大，灾后的损失程度也越严重。所以，为了预防各种突发事件，保障城市公共安全，维护经济和社会的可持续发展，建立科学有效的城市综合防灾应急体系和规划方案至关重要，城市应急避难场所是供居民躲避灾害以及救援部门集中救援的重要场所，作为城市综合防灾体系建设的重要组成部分之一，能有效提升城市应对灾害和突发性安全事件效率，实现自救和修复能力，其空间布局和规划建设对城市的正常运营和可持续发展来说至关重要。

特别在新一轮的国土空间规划体系下，城市防灾减灾显得越来越重要。2019年广州市公示了《广州市国土空间总体规划（2018—2035年）》草案，该草案提出了安全韧性城市的建设，健全地质灾害防治体系，强化地质成果支撑下的城乡规划建设，全面具备抵御不低于6级左右地震的综合能力，对广州未来的国土空间规划提出了新的要求。广州是珠江三角洲城市群的核心城市之一，所在的珠三角城市区域位于地震烈度超过 7 度（5 级地震）的东南沿海地震带，有广从断裂、珠江口断裂、瘦狗岭断裂三个断裂带，同时，广州处于亚热带多雨地区，较易受热带风暴的影响，这些地理区位特征说明广州面临着重大灾害隐患，遭受着台风、洪涝、火灾等自然灾害的威胁。另外，广州市是华南地区的特大城市之一，人口稠密，流动量大，经济发达，建筑密度大，面临着较大的城市灾害风险。在城市防震减灾和应对大型的公共安全、卫生事件过程中，应急避难场所建设、布局和管理发挥着重要的作用。从 2006 年起，广州市地震应急避难场所建设稳步推进，先后建设一批设施完备和功能完善的地震应急避难场所，目前广州市已建成地震应急避难场所 10 处，分布情况如下：越秀区东风公园、海珠区晓港公园、荔湾区陈家祠广场、芳村醉观公园和广州市文化公园、白云区永平街岭南新世界社区、黄埔区黄埔体育中心、番禺区南区公园和从化区喜乐登拓展中心、增城区增城广场，共可利用面积约为 55 万 m²，可容纳 30万多人，但在空间优化、管理模式和居民认知等方面上还存在诸多问题，在城市安全管理和风险防控方面也有较大的提升空间。

广州是我国南方的中心城市，粤港澳大湾区重要的经济增长极，也是较早的应急避难场所规划试点的城市。基于此，本研究对广州城市应急避难场所的空间分布、适宜性特征、可达性、运营管理等进行研究，是响应了国家对城市公共安全管理和城市可持续发展的政策。所以，在韧性城市的背景下，本研究也希望通过总结广州应急避难场所的空间布局和特点，找出广州不同尺度和不同类型应急避难场所的问题，以期完善应急避难场所管理模式，完善广州新一轮的应急避难场所规划，为促进"韧性广州"的建设和提升广州的城市品质提供决策参考与政策引导。

第二节 研究内容和研究目标

一、研究内容

应急避难场所是指利用城市公园、绿地、广场、学校操场等场地经过科学的规划建设与规范化管理，能为社区居民提供安全避难、基本生活保障及救援指挥的场所[8]。选择广州市应急避难场所为研究对象，本书的研究内容主要包括以下几个部分。

（1）对国内外城市灾害和应急避难场所进行文献梳理与综述，引出城市应急避难场所空间布局和管理研究，并将城市灾害、灾害风险管理、公共安全与城市应急避难场所整合集合展开较为全面的论述。

（2）梳理广州市城市自然灾害的主要类型、总结城市灾害对广州的主要影响，并基于韧性城市的视角定量分析广州市城市综合脆弱性的时空演变，体现广州市城市安全和应急管理能力等相关问题。

（3）从全局上总结了广州市应急避难场所资源的类型、分布特点和问题，并从经济发展、人口分布、土地利用和城市规划等方面分析其形成原因，最后提出广州应急避难场所的空间优化策略。

（4）基于社区尺度，选择荔湾区、越秀区、番禺区3个案例地的应急避难场所进行空间可达性的内部特征，同时对比中心城区和外围城区应急避难场所空间可达性的差异，从而体现广州市应急避难场所空间布局的问题。

（5）通过构建应急避难场所空间适宜性指标体系，以广州市两大商圈（北京路、上下九）、黄埔体育馆、番禺区南区公园等不同类型的应急避难场所为案例，进行定量评价，结合人口容量、区位特征和路网布局等条件，探寻广州市不同类型的应急避难场所选址、布局和效率的问题。

（6）结合广州市城市应急避难的内外需求和问题，以制度创新的视角，从地理学、灾害学、管理学等角度对广州应急避难场所的管理与运营体系进行优化。

二、研究目标

（1）在梳理城市灾害的类型和特点，提取城市灾害和应急避难场所研究的核心内容和关键问题的基础上，并基于韧性城市视角下总结广州市综合脆弱性的时空格局，从而体现广州市应急管理和抵御风险的能力，引出广州市公共安全能力治理建设的问题。

（2）构建广州社区应急避难场所空间适宜性评价体系。关注应急避难场所的空间合理性微观尺度评价指标体系研究。以往的应急避难场所研究多关注宏观和中观尺度，社区作为特殊的空间单元，在应急避难场所选址和空间合理性评价上更具特殊性，指标体系应该更为精细化，特别是在避难人口数量、土地利用、道路交通、其他基础设施等方面值得重视。

（3）基于地理信息系统和定量模型的广州社区应急避难场所空间特点分析；GIS空间分析结合数据模型是目前应急避难场所空间结构分析的重要途径。利用地理信息系统中的缓冲区分析、可达性分析、结合两步移动搜寻法和OD矩阵等模型，对广州市中心城区和外围地区的应急避难场所空间分布与可达性进行比较研究。

（4）广州应急避难场所管理模式和优化策略。这是研究的最终目的。通过广州市应急避难场所的空间适宜性评价、空间可达性、资源分布等方面的研究后，需要探寻符合广州城市应急避难场所的管理模式，对广州城市风险治理和可持续发展有重要意义。

第三节　理论基础和研究方法

一、理论基础

（一）韧性城市

韧性（resilience）这一概念源于 20 世纪 40 年代的心理学和精神病学研究，随后在生态学和物理学特别是在灾害管理方面等领域发展。物理学中的韧性，与之相关联的是弹性。物理学中的弹性，指物体发生弹性形变后可以恢复到原来状态的一种性质。而韧性，指材料在塑性变形和断裂过程中吸收能量的能力。城市地理学等研究学者把弹性一词引入城市规划建设领域中，提出"弹性城市"概念，指城市能够适应新环境，遭遇灾难后快速恢复原状，而且不危及其中长期发展。2014 年，城市韧性峰会也提出了"100 韧性城市·世纪挑战"项目，通过为城市制订和实施韧性计划及提供技术支持与资源，帮助城市打造韧性，提升城市抵御外来冲击、灾害的能力。Manyena 从"韧性的定义、韧性是否是脆弱性的相对概念、人和设施的韧性分别是何含义、解析韧性如何影响灾害和灾害风险控制的方式"4 个角度对韧性概念进行了重新审视[9]。廖桂贤从承洪理论出发，解读了工程韧性、生态韧性和社区韧性的内涵，认为生态韧性更能运用韧性城市规划，提出要建立一个指标用于评估城市承洪的韧性，并主张若要增加城市承洪的韧性，应培养城市对洪水的适应性，而非依赖防洪工程设施[10]。基于不同学者对于韧性的理解，总结韧性具有 3 个主要特征：一是具备减轻灾害或突发事件影响的能力；二是对灾害或突发事件的适应能力；三是从灾害或突发事件中高效恢复的能力[11]。

进入 21 世纪以来，在全球气候变化和高度城市化的背景下，韧性城市（resilient cities）在以英美为代表的国际学术界已经成为地理学和城市规划研究的热门话题。韧性城市是指一个地方没有得到外部社区大量援助的情况下，能够经受住极端的自然事件而不会遭到毁灭性的损失、伤害、生产力下降或是生活质量下降，是一个由物质系统（自然和人造环境要素）和人类社区（社会和制度构成元素）组成的可持续网络[12]。同时，韧性城市也指城市能够经受住自然灾害和社会问题，而不会遭到毁灭性的损失、伤害、生产力或生活质量下降，是一个由物质环境（自然和人为环境）和人类社区（社会和制度等）组成的可持续网络系统。所以韧性城市具备两个内涵：一是城市具备较低的易损性，即灾害的发生不易对城市造成破坏；二是城市具备高效的可恢复性，即灾害发生后城市易恢复或修复。

为了有效评价和科学量化城市韧性，不同学者和机构从不同视角建立了研究理论框架和评价体系[13][14]。在理论框架方面，由于不同学科对城市韧性概念、应对风险的理解差异，故韧性城市理论框架的视角存在较大差异，有 4 种框架最为典型。

（1）灾害风险视角的框架：主要注重城市在风险时的设施冗余性、资源有用性、反思性等特征，以地方灾害韧性框架为代表[15]。

（2）城市管治框架：主要解决城市应急管理体系与城市规划脱节的实际问题，转变当前的被动式应急管理体系[16]，从城市管治视角来评价城市韧性方面的优劣势，通过规划、设计及管理来提升城市的韧性能力。

（3）复杂适应系统框架：强调城市系统在面对风险扰动的变化过程时，通过不同阶段分析提出相应策略，其核心是基于反馈—回路系统理论的应用，该框架突出系统可持续性产生的内因机制、系统阈值、多重反馈、多层次的特征[17]。

（4）2015 年，"100 韧性城市"报告提出韧性城市的框架，主要包括健康福利、社会经济、基础设施、领导决策 4 个层面[18]，如图 1-3 所示。

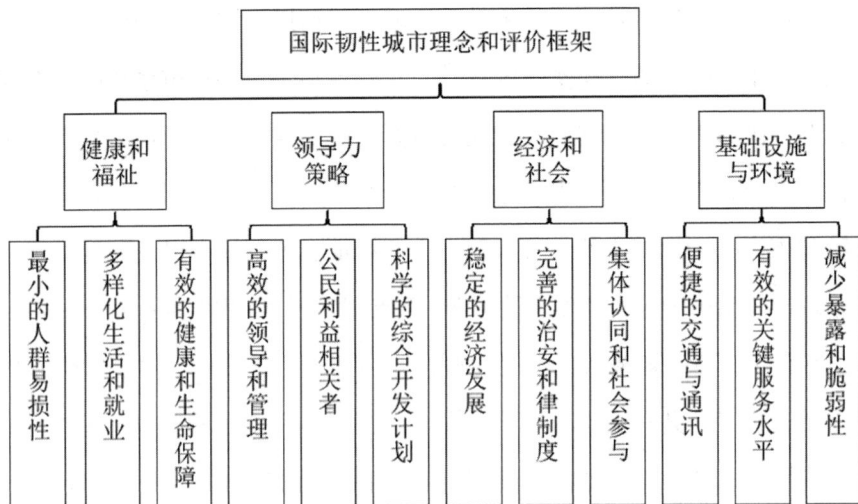

图 1-3 国际韧性城市理念和评价框架图

资料来源：根据 Marjolein S，Bas．W. Building up resilience in cities worldwide‐Rotterdam as participant in the 100 resilient cities programme．Cities，2017（61）:109–116 整理。

2016 年第三届联合国住房与可持续城市发展大会发布《新城市议程》，倡导将"城市的生态与韧性"作为新城市议程的核心内容之一，为韧性城市的可持续发展设定了新的全球标准。在评价体系方面，乔林（Joerin）等从基础设施、社会、经济、机构、自然 5 个方面构建了城市社区韧性评价指标体系[19]；卡特（Cutter）等从社会、经济、基础设施、机构、环境 5 个维度选取 27 项区域韧性评价指标[20]；胡德克（Hudec）等从经济、社会、社区管理能力 3 个维度 12 个指标评价了金融危机的城市韧性差异[21]。同时，国外通过不同的案例对韧性城市的内涵和特征[22]、内容和评价体系[23]进行了分析，成果较突出。日本东京[24]、美国城市[25]、斯里兰卡[26]等地区通过社区管理、基础设施、政策引导等方式治理气候变化风险；在发展中国家层面，萨米尔·德什卡尔（Sameer Deshkar）认为生活质量指数和灾害防治能力有密切的联系，讨论了发展中国家韧性城市的发展路径[27]。

韧性城市（适应性城市）重点关注城市如何通过灾害管理和科学规划以适应未来不确定的气候变化风险[28]。韧性城市尊重了城市系统的演变规律，对中国城市化从量到质的转变有重要的现实意义。国内很多学者关于韧性城市的研究也做了相关探讨：邵亦文对韧性城市国际文献进行了综述，回顾和探讨了韧性城市的内容框架、主要特征、评价体系以及韧性思想在规划理论体系中的定位和传承的问题，重点阐述了"工程韧性—生态韧性—演进韧性"3种认知观点的发展转型，并进行了对比分析，对于增强现代城市的适应能力具有重要的指导价值[29]。徐江等对韧性城市的兴起和发展进行了阐述，认为中国城市韧性的研究尚处于起步阶段却具有现实意义，特别是城市从量的堆积到质的转变过程中，相比于传统的城市应变应急研究，韧性城市的研究更具系统性、长效性，也更加尊重城市系统的演变规律[30]。在案例分析上面，刘堃基于深圳市城市规划实践（1979—2011）认为中国城市规划要处理刚性和韧性的关系，提升城市规划的实效性，为中国韧性城市规划提供了理论建构[31]。李彤玥等提出的3类韧性城市研究框架：基于城市系统的韧性城市研究框架、基于气候变化和灾害风险的韧性城市研究框架、基于能源系统的韧性城市研究框架[32]，为韧性城市研究提供了新的发展思路。韧性城市的初衷是让城市治理和规划设计考虑温室气体减排和应对气候灾害风险的不同需要，改变传统的城市管理方式，实现生态完整性和可持续城市的目标。然而在新时期下，城市规划也应该转变成为"智慧—绿色—韧性"多元弹性的规划，注重城市的防灾设计与规划，努力提升城市的公共安全能力。韧性城市将城市规划和城市公共安全结合起来，为城市转型和城市可持续发展研究提供了新的思路。近年来，在北京、上海等城市的新一轮城市总体规划中，纷纷强调"加强城市应对灾害的能力和提高城市韧性"。在国土空间规划的新背景下，为了提高城市抵御自然灾害和突发事件的能力，韧性城市建设需要从减轻城市灾害源的危险性、降低城市灾害易损性、提高城市对灾害发生时的自适应性、提高城市灾后的可恢复能力等方面提出具体的解决方案[33]。人类通过韧性城市建设找到了人居更美好、生活更丰富多彩、更绿色可持续，同时应对灾害更具有韧性的城市发展模式。它为城市健康安全领域和城市可持续性研究提供了理念框架和核心目标，其形成、影响及转化不仅与自然灾害风险要素、人为因素密切相关，而且也为城市经济、社会、环境等问题提出一种创新解决途径。

（二）灾害脆弱性

脆弱性是一个复杂的概念。与脆弱性相近的词语还有"敏感性""易损性"或"不稳定性""应对能力""恢复力"等，它们在不同的学科中有不同的含义，不同学者对它们之间的关系理解不同。但不可否认的是，脆弱性成为一个多尺度多学科组成，由自然、社会、经济、环境共同决定的综合性概念。国外脆弱性最早出现在 1945 年美国地理学家怀特的洪水灾害研究中[34]。20 世纪 60—80 年代，脆弱性被广泛运用于自然灾害、环境科学、城市发展等领域，成果数量较多，是脆弱性研究发展最快的一个阶段[35]。20 世纪 90 年代以来，脆弱性频繁出现在国际性科学计划和机构的重要文件中，如全球环境变化人文因素计划[36]、"100 韧性城市"报告等[37][38]，凭借其独特的视角、方法和前景，已经成为地理学、经济学、可持续发展等多个学科研究的重点内容[39][40]。国外脆弱性研究主要集中在概念内涵和研究范式两个方面。在概念内涵上突破"内部风险"的束缚，开始向自然、社会、经济和生态等外延因素拓展，实现从单因素向多因素、一元结构到多元结构的演变。在研究范式上，主要体现有 5 种模型：RH 模型 [41]、PAR 模型 [42]、HOP 模型 [43]、双重结构模型 [44] 和耦合系统模型 [45]。这五种模型从干扰因子、内部应对能力、社会性、动态性、地方性等多方面对脆弱性研究框架和体系提供了借鉴。其中 Turner 耦合系统认为暴露程度、敏感程度和恢复力是脆弱性的核心，重点突出综合脆弱性形成机制，是脆弱性评价框架的集大成者。在研究方法方面，主要有基于历史数据判断区域脆弱性评价、基于指标的区域脆弱性评估、基于实际调查的承灾体脆弱性评估 3 种主流的方法，其中基于指标的区域脆弱性评估是最常见的方法。实证方面：汉森（Hanson）以西非城市为例，从城市人口和基础设施两个方面分析城市灾害脆弱性，强调城市人口和基础设施对城市发展的影响 [46]。谢尔比尼（Sherbini）对比了孟买、里约热内卢和上海 3 座沿海城市在应对全球气候变化中脆弱性的差异，并从地理位置、居住环境和社会经济状况深度分析了产生差异的原因 [47]。施密特莱（Schmidtlei）构建社会脆弱性的空间模型，以 1960—2010 年南卡罗来纳州查尔斯顿市社会脆弱性变化，解释了城市化与社会脆弱性的内在关系 [48]。同时国外脆弱性的研究动态逐渐关注全球气候变化和区域合作。全球变暖使沿海地区成为灾害脆弱性研究的热点区域之一 [49]，同时在脆弱性管理机制上开始自上而下到自下而上相结合，重视区域合作。

国内脆弱性始于 20 世纪 80 年代对气候变化和生态环境的研究，主要集中在灾害学和生态学两大学科。如环渤海地区 [50]、长三角 [51]、珠三角 [52] 等地区灾害脆弱性，和长江中下游 [53]、西南喀斯特地区 [54]、内蒙古草原 [55]、西北干旱区绿洲 [56] 等地区的生态脆弱性，之后逐渐扩展到经济学 [57]、人口学 [58]、社会学 [59] 及城市可持续发展 [60] 等领域。21 世纪以来，国内开始关注特定区域如矿业城市 [61]、旅游城市 [62] 等在特定扰动作用下的社会 – 经济－环境耦合系统的脆弱性研究。如方创琳等认为城市脆弱性是指城市在发展过程中抵抗资源、生态环境、经济、社会发展等内外部自然要素变化和人为要素干扰的能力，是资源脆弱性、生态环境脆弱性、经济脆弱性和社会脆弱性的综合体现[63]。在研究方法上，主要集中在多因子复合函数法、模糊综合分析、数据包络分析 DEA[64]、文献系统法（Meta-analysis）、GIS 情景分析和动态模拟等。如张宇平等以人地耦合系统为基础，分析了我国东北地区 14 个矿业城市的脆弱性特征、扰动因子和关键过程及调控机制[65]。

脆弱性引入灾害研究领域，其内涵在不断扩充和加深，不仅是承灾体本身的敏感性，还包括了应对能力和暴露性等。所以，在自然灾害和生态环境领域的研究中，脆弱性被定义为暴露程度、应对能力和压力后果的综合体现[66]；在社会科学和经济发展等研究中，脆弱性被认为是决定人们（单独个人、群体和社区）应对压力和变化能力的社会经济因素[67]。所以，综合自然灾害领域和社会科学领域对于脆弱性的研究，可以认为脆弱性是承灾体（区域、群体、个人等）面对自然或社会环境中的压力或扰动可能造成的损失以及对这些压力和扰动的应对与适应能力，其中这种能力被认为是脆弱性的决定性因素，也在脆弱性调控和风险管理中处于核心地位[68]。随着研究的进展，脆弱性的内涵开始突破"内部的风险"的束缚，逐渐开始向自然、社会、经济和生态等外延因素拓展，使之从单因素向多因素、一元结构到多元结构演变（如图 1-4 所示）。

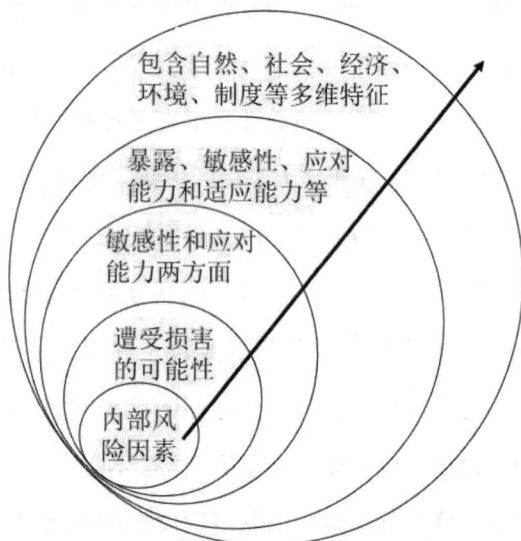

包含自然、社会、经济、
环境、制度等多维特征

暴露、敏感性、应对
能力和适应能力等

敏感性和应对
能力两方面

遭受损害
的可能性

内部风
险因素

图 1-4　脆弱性内涵延伸图

资料来源：本研究绘制。

城市灾害脆弱性是一个连续、动态和循环的过程，其研究过程涉及的尺度、因素和过程比较复杂。以城市作为研究对象，石勇等[69]对沿海地区的城市洪水灾害进行研究，另外城市灾害的社会脆弱性[70]、人地耦合系统脆弱性[71]也逐渐受到学者们的关注，这种变化趋势不断扩展了脆弱性的研究思路，充实了脆弱性的研究内涵，为城市灾害脆弱性提供了理论基础。如图 1-5 所示，人类活动和城市化进程是联结城市灾害和脆弱性的枢纽，这个过程是相互作用的。城市灾害脆弱性主要受到城市社会经济条件、城市人类活动和城市化进程的综合影响，主要表现为暴露程度、恢复力和敏感程度 3 个方面。脆弱性评价之后应提出减缓、调整及适应的措施来应对城市灾害，不断改善城市发展的自然环境条件和社会经济条件[72]。在新的自然环境条件和社会经济条件下，城市灾害又会呈现不同的特点，它的脆弱性肯定会形成差异，这就反映出脆弱性的动态性。在整个城市灾害脆弱性评价的框架图中，特别要注意城市脆弱性的形成机制以及减缓、调整及适应措施对城市区域环境的改善作用[73]。

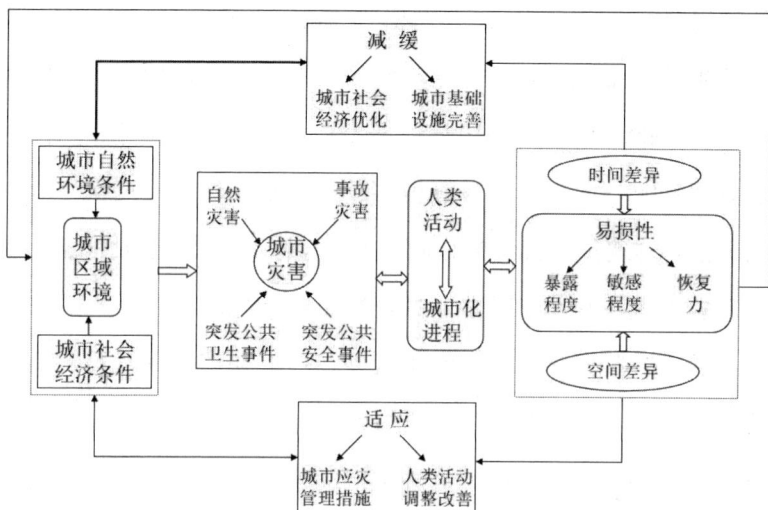

图 1-5 耦合系统模型

资料来源：本研究绘制。

（三）应急管理和风险管理研究

城市作为一个开放系统，风险源是普遍存在的。特别是在快速城市化背景下，人口流动规模的不断扩大，对城市资源、环境、基础设施和城市管理提出了严峻挑战，城市要素的频繁流动也加剧了城市的脆弱和失衡，所以城市灾害风险研究是国际灾害研究领域的前沿与热点问题[74]。从 20世纪 50 年代末开始，西方国家相继发生了环境污染、核泄漏、恐怖袭击、自然灾害等事件，这些社会风险问题波及人类生活、生产、健康等各个领域，引起公众的恐惧和焦虑，所以使风险管理和应急管理成为一个全球关注的公共问题。

应急管理在西方国家是一个年轻的学科，应急管理是针对各类突发事件，覆盖预防与应急准备、监测与预警、响应与应急处置、事后恢复与重建过程全方位的管理[75]。应急管理（emergency management）对象是突发紧急事件（emergency），从时间序列上讲，它包括突发事件从酝酿到发生、应对和恢复的全过程；从处置要素上讲，它包括不同的响应系统；从预防方面来讲，它包括风险管理的各种要素。目前，我国已把应急管理提到了很高的地位，强调要把应急处置的关口前移，包括准备、预防、预警和应急处置，甚至包括后面的恢复重建工作。因此，我国的应急管理已经扩展为包括风险管理、危机管理在内的动态管理过程，是一种协同治理的过程[76]。自 2003 年暴发非典至今，我国经历过包括自然灾害、事故灾难、公共卫生等几乎所有种类的突发事件。这些重大突发事件促使我国安全生产应急管理体制机制不断创新与完善，全国各行业、各地区、各部门相继建设了多种类、多系统的应急预案和综合应急体系平台，国家先后出台一系列的法律法规，为构建中国特色的应急管理体系、提升应急管理能力现代化水平奠定了坚实的基础。2019 年，中华人民共和国应急管理部提出构建中国特色应急管理体系应有的基本共识和主体框架。特色应急管理体系的框架主要涵盖思想体系、方法策略体系、高科技应用体系、专业基础理论体系、政策法规标准体系、专业人才队伍教育培养体系、社会应急保险体系，是多系统的集合。

风险管理的理论始于 20 世纪 50 年代，是指如何在管理项目中将运行过程中的可能风险或风险可能造成的损失降到最低的管理过程。国际风险管理理事会于 2004 年 6 月在瑞士日内瓦成立，主要由各国官员、科学家及相关领域的专家组成，并成立了顾问理事会及科技理事会。其目标是帮助风险评估者和管理者发现与控制风险，提高风险治理的有效性和公平性^[77]。2008 年出版了《全球风险治理》一书，2009 年发布了研究报告《风险治理问题：对风险治理普遍存在的问题的分析说明》。风险管理主要在解决管理过程中的资源配置、管理体制、管理体系和组织目标实现方式等问题有十分重要的促进作用。风险管理则是居于常态管理和非常态管理中间地带，主要解决如何防范和应对各种风险，以避免演化为危机事件^[78]。其中风险管理主要包括三大内容：风险识别、风险控制以及风险规避。风险管理的重点是研究风险的定义、触发因素、放大路径，并进一步研究应对风险的制度机制、风险的放大因素、风险放大引发的次级效应等问题。在风险管理和治理阶段，国际风险管理理事会提出的风险治理框架，主要包括了预评估、风险评估、承受程度和接受程度判断及风险管理这几个部分，而风险沟通贯穿始终，侧重帮助风险评估者和管理者发现与控制风险。与此同时，风险管理研究解释理论和风险治理框架还需要因地制宜地应用，对于不同尺度的研究要区别对待^[79]。在风险治理上，要特别强调由政府—社会—市场—个人共同参与治理风险的立体体系，需要提高城市政府的风险治理能力、积极培育市场的自我规范能力、提高社会组织参与的热情和公平、充分发挥公民社会在风险治理中的作用^[80]。总之，在实际操作中，风险管理以风险识别、风险分析、风险评价和风险处理的完成为一个完整的风险管理过程，进行周而复始的循环管理。但目前我国风险管理体制、运行机制尚不健全；灾害处理和应对方式、技术支撑条件不足；缺乏带有前瞻性的主动、科学的防范策略；灾害应对中缺乏社会力量的积极参与，社会公众的风险意识和公共安全意识匮乏^[81]。

所以，自然灾害风险管理需要考虑自然灾害的综合性和管理过程的长周期性，并强调多层面、多元化和多学科参与合作的全面整合的灾害管理模式。美国联邦紧急事务管理署提出的灾害风险周期管理理论，针对各种自然灾害的全灾害的管理，贯穿于灾害管理全过程，集中于灾害风险和承灾体脆弱性分析，是目前国际上防灾减灾和灾害管理较先进的措施和模式。该理论将灾害风险管理分为4个阶段：平时减灾阶段（mitigation）、灾前准备阶段（preparedness）、灾时应变阶段（response）、灾后重建阶段（recovery）如图1-6所示。减灾阶段指灾害发生前一切关于预防灾害发生、减低灾害强度及降低灾害造成损失的工作。灾前准备阶段是规划与设计面临灾害时能采取的相关处置作为，目的在于能于灾害发生前，借由事前的灾害境况模拟与处置程序的规划，将灾害造成的影响与损失降至最低。紧急应变阶段着重于灾害来临时的应变及对损害的处置，工作的目标在于如何快速且有效地掌握即时资讯，如何提出警讯、传递与沟通，及如何因应实际灾害提供有效的配置救助人力与资源。复原重建阶段在于确认灾害损失，及如何有效地将灾害受体与相关人员组织复原，使其在最短时间内恢复原有机能，并提高抗灾能力，以防止二次灾害的发生。

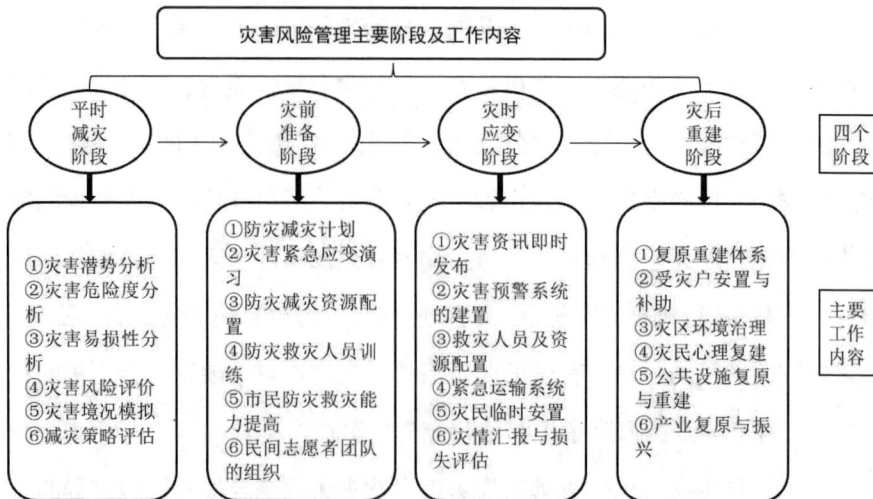

图1-6　灾害风险管理阶段和工作内容

资料来源：本研究绘制。

最后，基于韧性城市、脆弱性、应急管理和风险管理三大理论，本研究建立了研究理论框架（如图1-7所示）。虽然三大理论看似分离，但联系非常紧密。韧性城市凸显了城市灾害防御和公共安全能力建设的问题，脆弱性是通过综合指标测算一个地区或者城市应对内部风险和外部风险的能力，风险管理和应急管理则从制度、政策、法律等方面体现地区对灾害、事件的防范策略，强调政府风险治理的能力。而应急避难场所刚好处于这三大理论联系的枢纽和中心，因为应急避难场所的建设和规划是韧性城市规划的主要内容，应急避难场所作为城市综合防灾的设施之一，是地区综合脆弱性的重要指标，应急避难场所的运营和管理是政府应急管理与风险治理的主要体现。

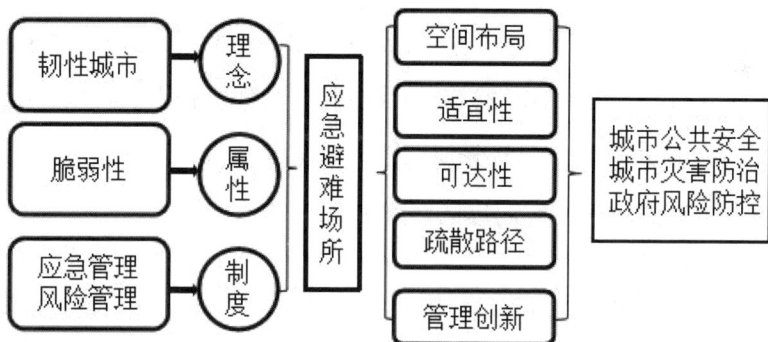

图 1-7　理论框架图

资料来源：本研究绘制。

二、研究方法

本研究在国内外相关文献的基础上，从不同尺度（微观和宏观尺度）、不同类型、不同案例、理论和实证相结合的方法，同时结合实地调查、文献检索、定量模型的方法进行研究，具体的研究方法如下。

（一）文献综述法

文献研究法主要指搜集、鉴别、整理文献，并通过对文献的研究形成对事实的科学认识的方法。同时采用文献计量法、Citespace、Netdraw 等工具和方法对国内外城市灾害和应急避难场所进行文献综述。总结和梳理了国内外相关研究的概况、内容、方法和趋势，为本研究提供了清晰的研究思路和理论支撑。CiteSpace 软件主要用于分析、挖掘科研文献数据，通过分析寻找某一学科领域的研究热点，并以可视化的知识图谱的方式呈现[82]，在文献计量和知识图谱分析中应用非常广泛[83][84]。主要采用美国德雷塞尔大学信息科学与技术学院陈超美研发的CiteSpace3.8.R6（即 CiteSpace Ⅲ 版本），对应急避难场所研究文献的作者（author）、机构（institution）、国家（country）、关键词（keyword）、学科（category）进行知识图谱可视化分析。从发文作者、机构、国家、关键词和学科方向 5 个方面分别进行知识图谱分析，而 Netdraw 用于绘制国内应急避难场所研究内容的网络关系图。

（二）归纳演绎法

归纳和演绎是两种不同的推理和认识现实的科学方法，也是地理学研究的重要方法之一。归纳是由特殊到一般的推理，演绎是由一般到特殊的推理。以城市灾害学、城市地理学、城市规划学、城市管理学等相关理论为指导，通过实证广州市城市应急避难场所空间布局特点、问题和管理，来综合体现城市公共安全和城市应急风险管理的研究与发展趋向。

（三）实地调研法

在研究的过程中，课题组成员对海珠区宝岗体育场、番禺区南区公园、黄埔体育中心应急避难场所、白云区岭南社区避难场所、陈家祠应急避难场所等进行了实地调研，主要在功能设计、空间布局、功能转化、疏散路径、居民认知程度、运营管理等方面收集了现场数据、问卷和照片。同时也结合了北京、长春、上海等城市的应急避难场所的实地调研，为广州市应急避难场所的空间布局和管理提供案例支持和对比。

（四）空间分析法

空间分析法是地理学常用的方法之一。本次主要集合了地理信息系统中的缓冲区分析、核密度分析、两步移动搜寻法、OD 矩阵等计量模型，对广州市应急避难场所的空间布局、适宜性评价和可达性进行分析。同时采用文字编辑软件、绘图软件等计算机技术对数据进行分析和图形处理，具体的公式和模型运用在后面的章节里面有具体的解释和说明。

第四节 技术路线

基于"韧性城市"和城市可持续发展的大背景，首先通过文献检索和实地调研等方法，收集和总结广州应急避难场所的相关数据和国内外城市灾害和应急避难场所研究成果并对广州市主要自然灾害的类型和影响进行总结，定量分析广州市综合脆弱性的时空演变，这些是工作的主要前期基础。然后从整体上分析广州市应急避难场所资源分布特点、形成原因，构建应急避难场所空间适宜性指标体系，并进行定量评价，分析广州市应急避难场所目前存在的问题；同时利用 GIS 工具结合两步移动搜寻法、OD 矩阵等模型对广州社区应急避难场所进行空间分析（缓冲区分析、核密度分析、空间相关性、可达性分析），以荔湾区、越秀区、番禺区应急避难场所作为案例进行重点分析；最后从地理学、灾害学和城乡规划学、管理学等学科角度，优化广州社区应急避难场所的管理与运营体系。具体的技术路线如图1-8所示。

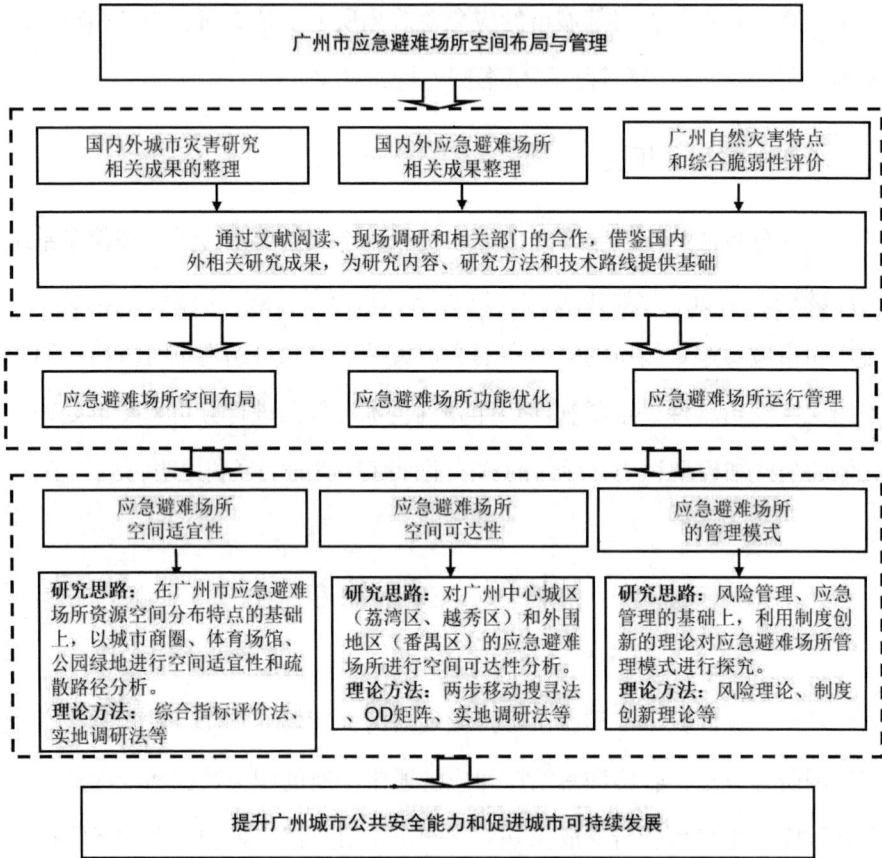

图1-8　技术路线图

资料来源：本研究绘制。

本章小结

本章主要对研究背景和意义、研究内容和目标、理论基础和研究方法、技术路线做了总结。作为提升城市公共安全和城市韧性的重要手段之一，应急避难场所资源特点、各种类型应急避难场所的空间适宜性、不同尺度的应急避难场所的可达性、应急避难场所管理模式的创新等内容"环环相扣"，共同组成了本研究对应急避难场所研究的框架和范式的理解。可是，在面对多学科交叉的融合、大数据技术的发展、灾害风险意识的提升的背景和趋势下，未来应急避难场所的研究将有更多的研究视角，共同推动城市可持续发展。

参考文献

［1］国家新型城镇化规划（2014—2020 年）［R］. 2014.

［2］戴慎志. 城市综合防灾规划［M］. 北京：中国建筑工业出版社，2010：11.

［3］金磊. 中国城市安全［M］. 北京：中国城市出版社，2004：5.

［4］杨文斌，韩世文，张敬军，等. 地震应急避难场所的规划建设与城市防灾［J］. 自然灾害学报，2004，13（1）：126-131.

［5］赵来军，马挺，汪建，等. 城市应急避难场所布局与建设探讨：以上海市为例［J］. 工业安全与环保，2013，39（11）：61-65.

［6］童星. 中国应急管理的演化历程与当前趋势［J］. 公共管理与政策评论，2018，7（6）：11-20.

［7］高小平，刘一弘. 应急管理部成立：背景、特点与导向［J］. 行政法学研究，2018（5）：29-38.

［8］齐瑜. 北京市应急避难场所规划与建设［J］. 中国减灾，2005（3）：34-36.

［9］Siambabala Bernard M. The Concept of Resilience Revisited［J］. Disasters，2006，30（4）：434-450.

［10］Liao K H，Lin H，Yang W. A Theory on Urban Resilience to Floods：A Basis for Alternative Planning Practices［J］. Urban Planning International，2015，17（4）：388-395.

［11］郭小东，苏经宇，王志涛. 韧性理论视角下的城市安全减灾［J］. 上海城市规划，2016（1）：41-44，71.

［12］Mileti D，ed. Disasters by Design：A Reassessment of Natural Hazards in the United States［M］. Washington，DC：Joseph Henry Press，1999.

［13］Ahen J. From fain-safe to safe-to-fail：sustainability and resilience in the new urban world［J］. Landscape and urban planning，2011，100（4）：341-343.

［14］戴维·R，戈德沙尔克，许婵. 城市减灾：创建韧性城市［J］. 国际城市规划，2015，30（2）：22-29.

［15］Cutter S L，Barnes L，Berry M，et al. A place-based model forunder standing community resilience to natural disasters［J］. Global Environmental Change，2008，18（4）：598-606.

［16］Jabareen Y. Planning the resilient city：Concepts and strategies for coping with climate change and environmental risk［J］. Cities，2013，31（4）：220-229.

［17］Nyström M，Jouffray J B，Norström A V，et al. Anatomy and resilience

of the global production ecosystem [J] . Nature, 2011, 575 (11) :
98–108.

[18] Marjolein S, Bas. W. Building up resilience in cities worldwide –
Rotterdam as participant in the 100 resilient cities programme [J] .
Cities, 2017 (61) : 109–116.

[19] Joerin J, Shaw R, Takeuchi Y, et al. Action–oriented resilience
assessment of communities in Chennai, India [J] . Environmental
Hazards, 2012, 11 (3) : 226–241.

[20] Cutter S L, Kevin D A, Christopher T E. The geographies of community
disaster resilience [J] . Global Environmental Change, 2014, 24 (11):
65–77.

[21] Hudec O, Reggiani A, Šiserová M. Resilience capacity and vulnerability:
A joint analysis with reference to Slovak urban districts [J] . Cities, 2018,
73 (3) : 24–35.

[22] Constantinos C. Toward resilient cities – a review of definitions,
challenges and prospects [J] . Advances in Building Energy Research,
2014, 8 (2) : 259–263.

[23] Abid M. Of resilient places: planning for urban resilience [J] .
European Planning Studies, 2016, 24 (2) : 407–419.

[24] Nakatani T, Misumi R, Shoji Y, et al. Tokyo Metropolitan Area
Convection Study For Extreme Weather Resilient Cities [J] . Bulletin of
the American Meteorological Society, 2015, 96 (8) : 123–126.

[25] Casilda S, William W B, Nicholas L. Assessing Resilience to Climate
Change in US Cities [J] . Urban Studies Research, 2012 (2012) :

1-10.

［26］Chamindi M，Dilanthi A，Richard H. Creating a disaster resilient built environment in urban cities：The role of local governments in Sri Lanka［J］. International Journal of Disaster Resilience in the Built Environment，2013（41）：72-94.

［27］Sameer D，Yoshitsugu H，Yasuhiro M. An alternative approach for planning the resilient cities in developing countries［J］. International Journal of Urban Sciences，2011，15（1）：1-14.

［28］郑艳. 适应性城市：将气候变化与气候风险管理纳入城市规划［J］. 城市发展研究，2012，19（1）：47-51.

［29］邵亦文，徐江. 城市韧性：基于国际文献综述的概念解析［J］. 国际城市规划，2015，30（2）：48-54.

［30］徐江，邵亦文. 韧性城市：应对城市危机的新思路［J］. 国际城市规划，2015，30（2）：1-3.

［31］刘堃. 社会主义市场经济背景下韧性规划思想的显现与理论建构：基于深圳市城市规划实践（1979-2011）［J］. 城市规划，2014，38（11）：59-64.

［32］李彤玥，牛品一，顾朝林. 弹性城市研究框架综述［J］. 城市规划学刊，2014（5）：23-31.

［33］赵瑞东，方创琳，刘海猛. 城市韧性研究进展与展望［J］. 地理科学进展，2020，39（10）：1717-1731.

［34］Schneiderbauer S，Ehrlich D. Risk，Hazard and People's vulnerability to Natural Hazards：A review of definitions，concept and data［M］. Brussels：European Commission-Joint Research Centre，2004.

［35］Westgate K N，Keefe P O．The human and social implications of earthquake risk for developing countries：Towards an integrated mitigation strategy ［C］．Paris：Intergovernmental Conference on the Assessment and Mitigation of Earthquake Risk UNESCO，1976.

［36］郭跃．灾害易损性研究的回顾与展望［J］．灾害学，2005（4）：92-96.

［37］方修琦，殷培红．弹性、脆弱性和适应：IHDP 三个核心概念综述［J］．地理科学进展，2007（5）：11-22.

［38］Spaans M，Waterhout B．Building up resilience in cities worldwide – Rotterdam as participant in the 100 resilient cities programme［J］．Cities，2017（61）：109-116.

［39］Füssel H M．Vulnerability：A generally applicable conceptual framework for climate change research［J］．GlobalEnvironment Change，2007（2）：155-167.

［40］Cutter S L，Boruff J，Shirley W L．Social vulnerability to environmental hazard ［J］．Social Science Quarterly，2003，84（2）：242-261.

［41］Burton L，Kates R W，White G F．The Environment as Hazard［M］．Oxford University Press，1993.

［42］Blaikie P，Cannon T，Davis I，et al．At Risk：Natural Hazards，People's Vulnerability and Disasters［M］．London：Psychology Press，2004.

［43］Watts M J，Bohle H G．The Space of Vulnerability：The Causal Structure of Hunger and Famine［J］．Progress in Human Geography，1933，17（1）：43-67.

［44］Cutter S L. Social Vulnerability to Environment al Hazard Social Science Quarterly［J］. 2003, 84（2）: 242-261.

［45］Turner L, Kasperson R E, Matson P A, et al. A framework for vulnerability analysis in sustainability science［J］. Proceedings of the national academy of sciences, 2003, 100（14）: 8074-8079.

［46］Hanson K. Vulnerability, partnerships and the pursuit of survival: Urban livelihoods and apprenticeship contracts in a West African City ［J］.Geo-Journal, 2005（62）: 163-179.

［47］Sherbinin A D, Schiller A, Pulsipher A. The vulnerability of global cities to climate hazards［J］. Environment and Urbanization, 2007, 19（1）: 39-64.

［48］Schmidtlein MC. Spatio-temporal changes in the social vulnerability of Charleston, South Carolina from 1960 to 2010［D］. University of South Carolina, 2008.

［49］Vanshika D, Roopam S, Christoph G, et al. Consistency in Vulnerability Assessments of Wheat to Climate Change-A District-Level Analysis in India ［J］. Sustainability, 2020, 12（19）: 8256.

［50］张文柳, 张杰. 环渤海地区水旱灾害经济损失评价［J］. 灾害学, 2005（2）: 71-76.

［51］石勇, 石纯, 孙蕾, 等. 沿海城市自然灾害脆弱性评价研究: 以上海浦东新区为例［J］. 中国人口. 资源与环境, 2008（4）: 24-27.

［52］唐波, 刘希林, 李元. 珠江三角洲城市群灾害易损性时空格局差异分析［J］. 经济地理, 2013（1）: 72-78.

［53］邵秋芳，彭培好，黄洁，等. 长江上游安宁河流域生态环境脆弱性遥感监测［J］. 国土资源遥感，2016（2）：175-181.

［54］王德炉，喻理飞. 喀斯特环境生态脆弱性数量评价［J］. 南京林业大学学报（自然科学版），2005（6）：23-26.

［55］靳毅，蒙吉军，黄姣. 近50年来毛乌素沙地草地生态脆弱性评价：以内蒙古乌审旗为例［J］. 北京大学学报（自然科学版），2011，47（5）：909-915.

［56］高超，雷军，金凤君，等. 新疆绿洲城市生态环境系统脆弱性分析［J］. 中国沙漠，2012，32（4）：1148-1153.

［57］苏飞，张平宇. 基于集对分析的大庆市经济系统脆弱性评价［J］. 地理学报，2010（4）：454-464.

［58］聂承静，杨林生，李海蓉. 中国地震灾害宏观人口脆弱性评估［J］. 地理科学进展，2012（3）：375-382.

［59］郭跃. 自然灾害的社会易损性及其影响因素研究［J］. 灾害学，2010（1）：84-88.

［60］方创琳，王岩. 中国城市脆弱性的综合测度与空间分异特征［J］. 地理学报，2015（2）：234-247.

［61］李鹤. 东北地区矿业城市脆弱性特征与对策研究［J］. 地域研究与开发，2011，30（5）：78-83.

［62］苏飞，陈媛，张平宇. 基于集对分析的旅游城市经济系统脆弱性评价：以舟山市为例［J］. 地理科学，2013，33（5）：538-544.

［63］方创琳，王岩. 中国城市脆弱性的综合测度与空间分异特征［J］. 地理学报，2015，70（2）：234-247.

［64］刘毅，黄建毅，马丽. 基于DEA模型的我国自然灾害区域脆弱性评

价［J］. 地理研究，2010，29（7）：1153-1162.

［65］张宇平，李鹤，佟连军，等. 矿业城市人地系统脆弱性：理论·方法·实证［M］. 北京：科学出版社，2011.

［66］Watts M J, Bohle H G. The space of vulnerability：the causal structure of hunger and famine［J］. Progress in Human Geography，1993（17）：43-67.

［67］Pelling M. Natural Disaster and Development in a Globalizing World［M］. London：Routledge，2003.

［68］Adger W N, Kelly P M. Social vulnerability to climate change and the architecture of entitlements［J］. Mitigation and Adaptation Strategies for Global Change，1999（4）：253-266.

［69］石勇，石纯，孙蕾，等. 沿海城市自然灾害脆弱性评价研究：以上海浦东新区为例［J］. 中国人口·资源与环境，2008（4）：24-27.

［70］陈磊，徐伟，周忻，等. 自然灾害社会脆弱性评估研究：以上海市为例［J］. 灾害学，2012，27（1）：98-100，110.

［71］刘小茜，王仰麟，彭建. 人地耦合系统脆弱性研究进展［J］. 地球科学进展，2009，24（8）：917-927.

［72］唐波，刘希林，尚志海. 城市灾害易损性及其评价指标［J］. 灾害学，2012，27（4）：6-11.

［73］唐波，刘希林. 国外城市灾害易性研究进展［J］. 世界地理研究，2016，25（1）：75-82，94.

［74］郭秀云. 风险社会理论与城市公共安全：基于人口流迁与社会融合视角的分析［J］. 城市问题，2008（11）：6-11.

［75］祁明亮，池宏，赵红，等. 突发公共事件应急管理研究现状与展望
　　　［J］. 管理评论，2006（4）：35-45，64.

［76］唐桂娟. 城市应急管理协同治理问题研究［J］. 城市观察，2016
　　　（6）：80-86.

［77］王京京. 国外社会风险理论研究的进展及启示［J］. 国外理论动态，
　　　2014（9）：95-103.

［78］IRGC White Paper. "Risk Governance –Towards an Integrative
　　　Approach"［M］. Geneva，2005.

［79］童星，陶鹏. 论我国应急管理机制的创新：基于源头治理、动态管理、
　　　应急处置相结合的理念［J］. 江海学刊，2013（2）：111-117.

［80］王湛. 突发公共事件应急管理过程及能力评价研究［D］. 武汉理
　　　工大学，2008.

［81］陈容，崔鹏. 社区灾害风险管理现状与展望［J］. 灾害学，2013，
　　　28（1）：133-138.

［82］Chen Chaomei. CiteSpace III［DB/ OL］.（2016-10-10）［2016-
　　　06-05］. http：//cluster. ischool. drexel. edu/ ~ cchen/ citespace/
　　　download/.

［83］韩增林，李彬，张坤领，等. 基于CiteSpace中国海洋经济研究的知
　　　识图谱分析［J］. 地理科学，2016，36（5）：643-652.

［84］桂钦昌，刘承良，董璐瑶，等. 国外交通地理学研究的知识图谱与
　　　进展［J］. 人文地理，2016，31（6）：10-18.

第二章　城市灾害研究进展回顾

在全球巨灾环境变化和可持续发展的宏观背景下，自然灾害的研究重点逐渐着眼于城市这个巨大而脆弱的承灾体上。城市作为人口和经济集聚区，是一个自然—经济—社会的复杂系统（SEN 系统），抵御灾害以及灾后恢复的能力已经成为城市公共安全和可持续发展的必要条件之一。各城市在发展过程中，人口、经济、社会基础设施和生态环境会发生较大的变化，再加上自然灾害对于城市的冲击和影响逐渐呈现一种复杂、动态与不确定的特点。所以，如何科学和系统地从复杂的城市系统中探讨出城市具有的抗灾和防灾能力，为国内外灾害研究学者提供一个新的视角。本章首先分析了城市灾害的类型和特点，然后总结了国内外城市灾害的研究进展，最后提出了城市灾害的研究的相关展望。

第一节　城市灾害的类型

城市的发展见证了历史的变迁和当今世界的发展潮流，城市灾害与城市发展往往相伴而生。灾害不只是给我们带来了巨大的经济损失，更多的是让我们对灾害有了新的认识、反思和审视。灾害系指对人类生命财产及其所处环境造成的损害或破坏。国内外学者对城市灾害概念界定、基本特性、表现形式、形成过程等方面提出了不同看法。总结相关文献，城市灾害主要由三个基本要素组成：（1）致灾因子，它是导致城市灾害发生的直接原因，包括自然环境变化、人为因素和人地矛盾等。（2）承灾体（灾害受体），它是城市灾害发生过程中城市暴露在灾害风险下的要素。城市的承灾体类型主要包括人口、建筑、交通基础设施、生产建筑、生活构筑物和生态环境等。（3）灾害后果，它是城市灾害造成的影响，包括直接影响和次生灾害造成的间接影响，如人类生命安全、财产损失、建筑受损、城市功能和资源环境破坏等。基于此，本研究认为城市灾害就是以城市为承灾体的灾害，由于自然环境或人为活动对城市的严重破坏，伤害程度超过了该城市本身的应对能力，造成城市人类生活、物质财富、经济活动和资源环境等的巨大影响和损失。

由于城市是一个复杂的系统，所以城市灾害涉及的内容和种类也甚广，有必要首先对城市灾害的种类进行梳理。1997年，我国建设部在《城市建筑技术政策纲要》中，将地震、火灾、风灾、洪水、地质破坏列为城市灾害的主要类型。可是城市灾害的具体分类，由于国外内学者在研究过程中分类时的角度或标准不同，导致城市灾害的分类存在差异。按环境系统分为广义的自然灾害和人为灾害两大类。从城市灾害的发生原因通常将城市灾害分为三大类：自然灾害、技术灾害和社会灾害。在1997年公布的《城市建筑综合防灾技术政策纲要》的防灾篇中就认定"地震、火灾、风灾、洪水、地质破坏"五类为现代城市的主要灾害源。城市灾害的主要灾害类型有公共场所的风险、公共基础设施的风险、自然灾害的风险、道路交通的风险、突发公共卫生事件的风险和恐怖袭击与破坏的风险六大类。另外，国务院在 2005 年颁布的《国家突发公共事件总体应急预案》中，将灾害主要分为自然灾害、事件灾难、突发公共卫生事件和突发社会安全事故四大类型。这一方案从行政管理角度，对灾害分类起到借鉴作用，很多城市在综合灾情趋势预测及对策报告中，都采用了同样的灾害分类方案。如上海以"自然灾害""事故灾难""公共卫生事故"的发生情况进行总结，并对未来一年灾害发生趋势特点进行预测[1]。下面主要从城市自然灾害和人为灾害两大类型进行分析。

一、城市自然灾害

城市自然灾害是指对城市造成人员伤亡与财产损失，对城市的生存和发展产生一系列的影响的自然灾变，是城市灾害中主要的表现之一。城市自然灾害作为复杂系统的综合体，加上灾害自然环境变化和城市人类活动的加剧，使得城市自然灾害内容和种类变得更加复杂。由于区域环境的差异，各区域的典型自然灾害也会有所差别。城市自然灾害是一个复杂的系统，涉及气候、气象、地质、水文、海洋、生态等因素，常见的城市自然灾害主要包括城市地震灾害、城市地质灾害、城市气象灾害、城市水文灾害和城市海洋灾害[2]。

（1）城市地震灾害：我国位于世界两大地震带——环太平洋地震带与地中海到喜马拉雅的欧亚地震带之间，地震断裂带十分发育。20 世纪以来，中国共发生 6 级以上地震近 800 次，成为地震灾害最严重的国家。地震灾害会带来许多的直接影响，如建筑物与构筑物的破坏；地面、山体等自然物的破坏、海啸等。此外，地震还会带来火灾、水灾等次生灾害，有时次生灾害所造成的伤亡和损失，比直接灾害还大。进入 21 世纪以来，我国发生了汶川、玉树等震级较高的地震，带来了严重的生命和财产损失。同时，我国有 60% 的国土、一半以上的大中城市位于 6 度地震烈度的地区，45% 的城市位于地震烈度 7 度或以上的区域，所以城市是防震减灾的工作重心。城市地震灾害的大小主要取决于地震强度和地震震中与城市的距离，但由于城市人口、建筑设施和财富集中比较程度，所以还与城市的规模和防震抗灾能力、灾害意识等有密切关系。比如 1996 年国家将首都经济圈地区（北京市、天津市和河北省北部）列为全国的地震强化监视区和全国防震减灾区。在《国家防震减灾规划（2006—2020 年）》中提出了"建设建构筑物地震健康诊断系统和震害预测系统，建设城市群与大城市震害防御技术系统示范工程的要求"，城市监测、预防和应对能力的提升成为城市抵御地震灾害的重中之重。

（2）城市地质灾害：城市地质灾害是由于气象、地震和一些人类的不合理活动而共同影响下产生大量的滑坡、山崩、泥石流和地面沉降等灾害。滑坡是大量山体物质在重力作用下，沿着其内部的一个滑动面，突然向下滑动的现象。滑坡分为不同类型，按照滑坡的触发因子可以分为两种，主要有自然条件（地震、长时间的降水、冰雪融化）导致的自然形分滑坡，也有人为堆积垃圾和尾矿、开挖坡脚、不合理灌溉造成的人工滑坡，而人工导致的滑坡发生的频率和危害越来越严重。泥石流是介于流水和滑坡之间的一种地质作用，是砂石、泥土、石块等松散物质和水的混合体在重力作用下沿着沟床或者坡面向下运动的特殊流体。大型的泥石流会冲击城镇、农村和田地，给人类生命财产带来严重的危害。2015 年 12 月，深圳光明新区的大土堆崩溃。将 12 条地铁线挖出来的土都运到光明新区的一个地方进行堆土，高度达 100 多米。一场暴雨造成了人工泥石流，致使近 100 人的生命瞬间消失。由于城市化的进程加快，城市占地面积不能满足城市的发展，当今的城市开始由平面的扩展向立体开发转变，城市土地利用结构和利用形式发生了很大变化，由此城市地质灾害的危害更为频繁。但由于城市的区域环境各异，城市地质灾害的种类也不尽相同。比如位于长江三角洲的上海和珠江三角洲的广州两大城市，由于大量采集地下水和大规模的地铁建设，已经出现了局部的地面沉降。由于特殊的地质地貌条件和气候条件，中部和西部的山地城市，泥石流和滑坡等地质灾害变得极为频繁[3]。

（3）城市气象灾害：气象灾害是一种发源于地球大气圈的自然灾害，全球大气在不停的运动之中，它常表现为各种波状和涡旋运动，使得大气中的动能、热能不断积累和释放，从而构成了各种气象事件，其中有些气象事件所产生的天气现象会对人类生存、社会、经济发展造成威胁和损害。城市气象灾害种类繁多，其中包括暴雨、台风、高温干旱、冰雪等灾害。我国位于太平洋西海岸，每年夏秋季节都会遭受台风这种气象灾害的威胁，其中广东省受台风侵袭数量最多。台风在大气中绕着中心急速旋转又向前移动的空气涡旋，气象学上将大气中的涡旋称为气旋。由于大气中的涡旋常常发生在热带洋面，所以台风称其为"热带气旋"。当台风登陆时，狂风暴雨会给人们的生命财产造成巨大的损失，尤其对农业、建筑物的影响更大。台风主要通过强风、暴雨、风暴潮三种方式造成灾害，同时通过强降雨带来洪水、泥石流、滑坡等次生灾害，给社会经济和生命财产造成重大损失。另外一种气象灾害主要是极端天气，主要表现为高温酷暑（热浪）和寒潮。极端高温事件往往和特大干旱相伴而生，高温酷暑天气给人们日常生活和工农业生产带来了严重的影响，如人体健康、用水用电、交通等方面影响最为严重，同时极端高温事件会引发大规模火灾、粮食减产等，威胁到能源和粮食安全。另外一种极端天气就是寒潮，它是一种大范围剧烈降温现象，一般出现在每年秋末至次年初春之间，我国的西北地区东部、华北地区、东北地区、黄淮地区、江淮地区、江南地区等都受其影响。寒潮会带来降温、大风、雨雪或冰冻天气，对工农业生产和日常生活的影响都很大。2008 年，我国南方地区就遭受 50 年一遇的长期低温雨雪冰冻极端天气，造成 20 个省、区、市受灾，受灾人数过亿，直接经济损失达到 1 516.5 亿元，大部分城市的基础设施都遭到严重的破坏。

（4）城市水文灾害：水文灾害主要是发生在水圈，集合大气圈、岩石圈、生物圈产生的一种自然灾害类型，洪水灾害是发生最为频繁的水文灾害类型之一。当江、河、湖、海所含水体水量迅猛增加，水位急剧上涨超过常规水位时的自然现象，叫作洪水。按照洪水的成因，将洪水分为暴雨洪水、融雪洪水和冰凌洪水等类型。当洪水发生在有人类活动的地方，对人类社会和自然资源造成了损失，就形成了洪水灾害。所以洪水灾害是一个人和自然相互作用的复杂灾害系统，其发生和危害与当地的自然环境和人为因素密切相关。我国是世界上洪涝灾害发生最频繁、受灾最严重的国家之一，我国大部分城市都是位于大河两岸，且处于地形平坦的平原或低矮的丘陵，一旦洪水灾害发生，遭受到的损失可想而知；另外随着城市化进程加快，城市内涝灾害也给城市的发展带来严重的威胁，近几年来，北京、上海、深圳、广州、武汉等大城市内涝灾害带来的问题也给我们带来了深刻的反思。当然，由于自然环境和社会经济发展水平不一，洪水灾害的发生和影响都是不同的。如河道整治标准、人口密度、社会财产的集聚程度这些因素都会使洪水灾害的损失程度产生差异。

（5）城市海洋灾害：海洋灾害主要包括风暴潮、灾害性海浪、海冰、海啸、赤潮等，这种灾害主要对于沿海的城市危害最为严重。我国是海洋大国，海岸线绵延漫长，大陆海岸线长达 1.8 万千米，沿海地区城市集中、人口稠密、经济发达。1989—2017 年，海洋灾害给我国沿海地区造成经济损失严重（累计约 3 468 亿元），死亡失踪人数多（累计达 7 054 人）。我国海洋灾害造成的经济损失仅次于内陆的洪涝、干旱等灾害，海洋灾害已成为制约沿海城市发展的因素之一。特别随着全球气候变暖，海平面的上升，沿海城市众多，而且多为经济发达的大城市和城市群，海洋灾害造成的社会经济损失也日益加重。其中以环渤海城市群海冰灾害、长江三角洲城市群和珠江三角洲城市群的风暴潮灾害最为典型。2017 年 8 月，"天鸽"台风从珠海市登陆，造成广东、广西、贵州、云南等地 74.1 万人受灾，港澳地区亦受灾严重，直接经济损失达 121.8 亿元。2018 年 9 月，"山竹"台风由台山市海宴镇登陆，造成广东、广西、海南、湖南、贵州等地受灾近 300 万人，直接经济损失达 52 亿元。

二、城市人为灾害

在当代快速城市化发展过程中，城市公共安全成为城市可持续发展的重要内容之一。人为灾害也是城市灾害的主要表现，主要是指在社会经济建设和生活活动中，各种不合理行为或人为破坏行为所造成的灾害。随着城市化进程的加速，人口急剧集中，相伴而生的灾害隐患不断增多，新的灾种和致灾因子不断产生，人为因素的致灾、成灾频率呈非线性提高[4]。同时随着人类活动对于自然环境的干预不断增加，人为灾害的发生频率也在逐渐增加，如人类与地球表层系统相互作用，产生了环境污染、荒漠化、森林退化、水土流失等地理环境灾害。但城市人为灾害致灾因子复杂，主要与所在城市的防灾设施、产业结构、政府防范、法律法规、人口密度与灾害意识等众多因素有关，所以关于城市人为灾害的分类有不同的方法。大多数学术界通常把"事故灾难""公共卫生事件""社会安全事故"三类统属于人为灾害的范畴。其中，事故灾难主要产生于人类或者机器相互作用系统，包括交通运输事故、公共设施和设备事故、工矿商贸等企业的各类安全事故、环境污染和生态破坏事件等灾害类型。《交通运输安全生产事故报告（2019）》指出：2019年，交通运输行业安全生产形势总体稳定。按各领域统计口径，造成人员死亡（失踪）的安全生产事故起数和死亡人数同比下降6.2%、13.1%。但一般事故起数和死亡（失踪）人数同比上升4.3%、13.1%。公共卫生事件主要由于人类社会系统活动不当或失误产生的人为灾害，主要包括传染性疫情、职业危害、食品安全，以及其他严重影响公众健康和生命安全的事件等灾害类型。如2002年11月SARS灾难，对我国经济社会特别是人民群众生命安全和日常生活产生了巨大的冲击与影响。2015年8月，天津滨海新区危险品仓库发生大爆炸，死伤几百人。2020年的《抗击新冠肺炎疫情的中国行动》白皮书指出：新冠肺炎疫情是中华人民共和国成立以来发生的传播速度最快、感染范围最广、控制难度最大的一次重大突发公共卫生事件，是对中国的医疗卫生事业发展改革成果的一次检验。防疫斗争中的实践证明，我国的医疗卫生体系和公共卫生应急突发事件体系总体上是有效的，但也暴露出了一些问题和短板。社会安全事故主要指社会动荡、经济衰退、恐怖袭击、战争等人为灾害。

基于以上分析，在联合国和国际灾害研究机构关于灾害分类方案基础上[5]，以地球系统科学思想为指导，试图从环境系统、孕灾环境、致灾因子等角度，探讨和总结了城市灾害分类体系（如图2-1所示）。梳理城市灾害分类系统，从灾害形成的机理和不同的环境系统出发，有利于识别和分析各致灾因子形成灾害的孕灾环境，针对不同的孕灾环境，开展灾害的脆弱性和风险区划分析，为提出相对应的城市减灾和降低风险决策与管理措施提供依据。

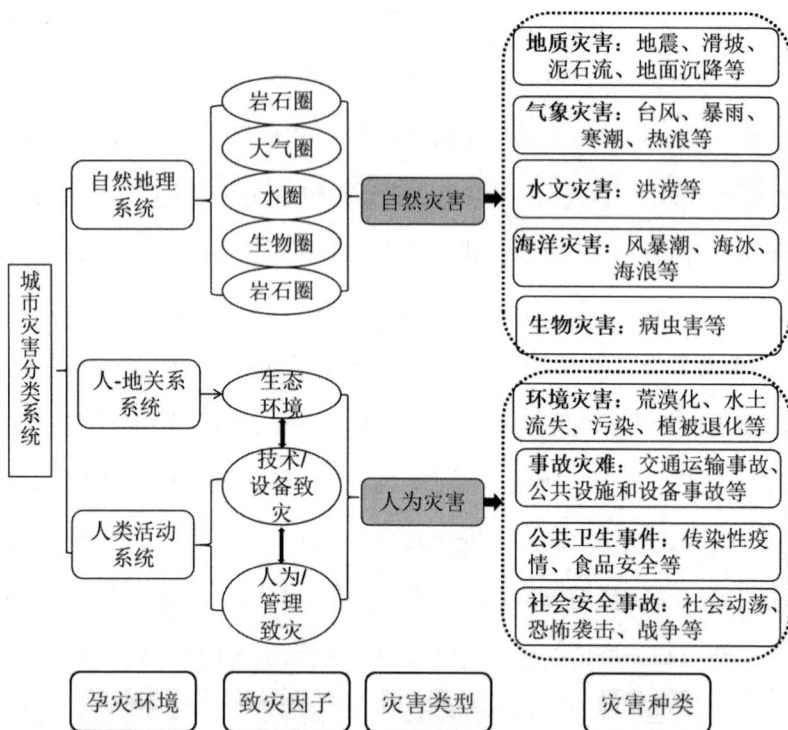

图 2-1　城市灾害分类系统

资料来源：本研究绘制。

第二节　城市灾害的特点

　　但是城市作为一个特殊的承灾体，要深层次了解城市灾害形成机制，不仅需要对类型进行识别，还需要厘清城市灾害的特点[6]。随着全球经济的高速发展和城市化进程的不断加速，灾害对于城市这个独特的自然—经济—社会系统的冲击和影响也逐渐呈现出一种动态、复杂和不确定的特点[7]。我国城市灾害具有灾害种类多、灾害连发性强、扩散性强、发展速度快、频度高、危害面广、破坏性大、区域性、社会影响大等特点。

通过文献的总结，城市灾害具有以下几个主要的共同特点。

（1）必然性和随机性。"祸兮福所倚靠，福兮祸所伏"，这里的"祸"就是指"灾害、灾难"，古人用朴素的辩证法解释了福和祸的对立转化关系。人类发展的历史，就是一部人类与自然灾害抗争史。历史上每一次发生的种种悲剧，都是人类除害减灾的过程，留下了艰难的足迹，见证着人类发展历史的前进。所以，城市灾害与人类发展是共存的，是一种必然不可避免的现象。但灾害是多重条件下的共同作用形成的，涉及地球各个圈层的物质性质和结构、人类活动的破坏，因此城市灾害活动又是一种复杂的随机事件，而这种随机性对灾害风险的研究产生了巨大的影响。随着科学技术的进步，对于灾害预测的能力逐渐提升，同时随着灾害风险的研究不断得到发展，也逐渐削弱了城市灾害随机事件的不确定程度。

（2）突发性和渐变性。地球生物圈、水圈、岩石圈、大气圈等各个系统通常处于有规律的运动之中，时刻进行着物质、能量和信息的交换。这种运动维系着自然环境系统正常地行使其功能，保持一个相对稳定的状态。但自然界中的物质能量的分布是不均匀的，这就导致物质能量交换过程中不均衡的积累，使得自然界运动加剧失衡、结构破坏，从而达到新的平衡的动力。如果在短期内超过了自然界的修复能力，那么这种运动或变异就成为一种灾变。突发性的灾害一般强度大、过程短、破坏性强，如城市地震灾害、城市突发性洪水灾害等；渐变性主要是指灾害事件的发生主要经历一个较长的时间的积累，所以在其强度和破坏程度方面比突发性自然灾害弱，但是持续的时间较长且有一个不断发展累进的过程，如城市内涝、城市地面沉降等。

（3）危险因素复杂，灾害种类繁多。2004年，联合国开发计划署（UNDP）将危险因素（hazard）定义为"潜在的能够带来损害的自然现象或人类活动，通常会引起人员伤亡、财产损失、社会和经济破坏或环境退化"。一般来说，危险因素通常可分为两类，第一类是离散的致灾因子，称为扰动；另一类是连续的致灾因子，称为压力。城市灾害包括两个重要的属性，分别为自然属性和社会属性。所以城市灾害并不是单纯的自然现象或社会现象，而是一种自然—社会—经济的综合体，是自然系统与人类物质文化系统相互作用的产物。作为人与自然辩证关系的反映，现代城市灾害可以称得上天灾与人祸的混合体，且随着人类活动范围的扩展和科学技术的"发展"，人为因素在灾害的孕育发生过程中扮演了越来越重要作用。城市灾害的危险因素和形成过程之所以这么复杂，主要是因为城市中特殊的自然环境与人类活动、经济发展状况、基础设施等都可能成为灾害的致灾因子。危险因素的复杂性，一方面使得城市灾害种类多样；另一方面使得城市灾害的成灾机理和影响机制变得更加复杂。总体而言，我国的城市灾害类型较多，根据中国城市自然灾害区划编制的资料等相关数据[8][9]，表 2-1 总结了我国部分特大城市遭受的主要自然灾害类型和风险等级，也体现了同一个城市的灾害种类多样，灾害危险因素复杂，使得大城市在防灾减灾过程中任务艰巨。

表 2-1　我国部分城市遭受的自然灾害类型及风险等级

主要城市名称	主要自然类型				
	地震	洪涝	台风和风暴潮	崩塌、滑坡和泥石流	地面沉降和地面塌陷
北京	★	★			★★
上海	★★★	★	★★★		★★★
广州	★★★	★	★★★		
南京		★	★		
武汉	★★★				★★
天津	★★★	★★	★★★		★★★
成都	★	★★		★	
重庆	★			★★★	

续表

主要城市名称	主要自然类型				
	地震	洪涝	台风和风暴潮	崩塌、滑坡和泥石流	地面沉降和地面塌陷
沈阳	★★	★	★		★
长春	★★	★			
哈尔滨	★				

说明：灾害风险等级：★表示一般风险；★★表示较严重风险；★★★表示严重风险。

（4）区域性强，地方特色明显。城市灾害的区域性特点主要表现在两个方面：一方面，城市灾害是区域性灾害的组成部分，尤其是较大的自然灾害，常有多个城市受同一灾害影响，灾害的治理防御不仅是一个城市的任务，单个城市也无法有效地防抗区域性灾害；另一方面，城市灾害的影响往往超出城市范围，扩展到城市周边地区和其他城市，如灾后的灾民安置与恢复重建工作，就是一个区域性的问题。王静爱等宏观考虑中国东、中、西的经济发展水平地域差异和胡焕庸人口分布的东西差异，划分出3个一级区，包括：Ⅰ沿海城市灾害区、Ⅱ东部城市灾害区、Ⅲ西部城市灾害区；二级区域上突显灾害种类组合的相似性，划分出15个二级区；三级区域上主要对东部区域进行细划，突显城市群和综合指数（CI）高值区域，划分出22个三级区[10]。

（5）城市灾害的放大性和连锁反应。城市灾害一旦发生，往往不是孤立的，会形成复杂的城市自然灾害系统。同时城市灾害特点与城市的特征有密切的关系，城市灾害效应放大化的特征与城市集聚性和城市系统性有必然的联系。城市化进程的不断加速，城市人口和物质财富出现了明显的集聚性，这种集聚效益也使得城市自然灾害具有明显的放大效应。这种特点主要体现在两个方面：一方面城市主要灾害引发城市的次生灾害；另一方面城市灾害的直接损失引起巨大的间接损失。并且城市灾害效应的放大化是非线性的，主要表现在城市灾害的发生过程中，单种灾害变为多种灾害，小灾酿成大灾、点状灾害变成面状灾害等。由此可知，城市灾害的发生会呈现链发和群发的状态，即某单种灾害会形成灾害链，灾害链在一定条件下会形成灾害群，由此，城市灾害呈现一种放大效应。城市另外一个特征就是系统性，城市是"自然、经济和社会复合的人工系统"，日益庞大的城市系统，一旦灾害发生，就会有"牵一发而动全身"的效应。例如，2008年南方的低温冻害引起电路问题，导致铁路交通等运输受到制约，滞留旅客数量不断上升，居民水电资源得不到保障，各种物资的缺乏带来物价上涨，一系列的连锁事件就这样形成。如受这次新冠肺炎疫情的影响，也出现了医疗设施、应急医疗物资和人员紧张，交通管制受限，生活物资在一定程度上缺乏，人群心理紧张与不安等系列问题。因此，未来城市应对灾害以及灾后恢复的能力成为其可持续发展的一个必要条件。

（6）脆弱性强与恢复性难。城市人口和经济的密集性，空间集约性决定了城市灾害损失巨大的特性。城市是人口与财富聚集之处，一旦发生灾害，造成的损失很大。虽然，现代城市进行自我保护的能力有所增强，在灾害中人员的伤亡总体上呈下降趋势，但在同等灾情下，城市经济损失仍有快速上升的势头。但现代城市承受大地震、洪水、台风、火灾打击的能力并不强，城市在大型的自然灾害面前，脆弱性强。另外，城市灾害除了危害人类生命、健康，破坏房屋、道路等工程设施，造成严重的直接经济损失外，还破坏了人类赖以生存的资源与环境。而城市这个复杂的系统的再生能力和对环境的自净能力是有限的，一旦遭到破坏，往往需要几年、几十年或几百年才能恢复，甚至有的永远无法恢复。所以，城市灾害对于资源环境的破坏和恶化，不但直接危害当代人的生存与发展，而且会对子孙后代产生后效影响，使其生存发展条件紧张，给人类带来的影响是极其深远的，不利于可持续发展。

第三节　国外城市灾害研究进展

迅速扩张的城市化是 20 世纪后期以来最引人注目的现象，城市化是当今全球经济和社会发展的标志性产物，是全球化进展过程中的重要组成部分。世界一些发达国家在经历快速城市化后，都程度不同地遇到了一些生态、环境和灾害问题，使城市可持续发展面临严重的风险。值得注意的是，联合国国际减灾战略机构在 2010—2011 两年国际减灾日共用一个主题："建设具有抗灾能力的城市：让我们做好准备"，也足以说明国际社会对城市灾害的关注。人类已进入 21 世纪，联合国国际减灾战略业已开展近 20 年，面对灾害问题，人类更加惊醒。21 世纪城市综合防灾减灾能力的高低，将成为全面衡量城市整体功能及其安全防卫能力的标志。

（一）发展历程

国外城市化起步较早，在城市选址和人居环境等方面都有涉及灾害防治。随着工业化和城市化的发展，快速增长的人口和日益破坏的城市生态系统导致城市灾害频发，特别是饥饿、贫富差距、人口迁移带来的城市动乱和公共安全事件让政府无从下手，所以 20 世纪 70 年代初，国外开始重视城市减灾防灾，可让城市减灾活动成为专题研究是在 1989 年以后的国际减灾活动上。1994 年，联合国在日本横滨举行世界减灾大会，指出面向 21 世纪安全减灾的目标集中在大城市，城市灾害的研究随着城市化的进程也逐渐得到重视。联合国在 1997 年 7 月通过的日内瓦战略进一步明确了世纪全球减灾的重点是城市、社区及建筑安全本身[11]。2011 年，随着第二届世界城市科学发展论坛和首届防灾减灾市长峰会的召开，提出"让城市更具韧性"和"关注城市发展与合作：构建人类宜居和可持续发展城市"两大议题让城市公共安全和可持续发展成为研究热点。2015年，国际城市韧性峰会也提出了"100韧性城市·世纪挑战"项目，通过为城市制订和实施韧性计划及提供技术支持与资源，帮助城市打造韧性，提升城市抵御外来冲击、灾害的能力。由此看出，国外将城市灾害研究从国际问题逐渐演变为城市自身息息相关的前提和保障，使得城市灾害的内涵变得更为"亲民"与"实际"，将城市灾害与城市发展紧紧地联系在一起。

（二）研究内容与领域

国外对城市灾害的研究内容与领域主要基于城市化进程的影响和人类可持续发展的角度进行分析，在研究过程中关注发展中国家城市，注重国际合作，强调专题研究。

（1）为什么特别关注发展中国家城市？众所周知，发达国家在城市灾害中经过不断探索，已经形成了自身具有特色的防灾管理体系，比如美国、日本[12]、荷兰等国家在城市前期建筑设计和后期管理体制上都有较强的防灾意识，这对发达国家的城市灾害管理研究也提供了较多的发展空间。相反，在发展中国家，特别是一些城市本身就位于洪水、地震等灾害的高发区，加上城市空间结构不合理、经济发展程度空间差异大、城市管理体制松散，使得这些城市在灾害过程中出现明显的蔓延性和放大性，因此发展中国家城市灾害的研究视角和意义具有明显的典型性。哈姆扎和泽特（Hamza&Zetter）[13]指出发展中国家城市发展面临结构转型（SA）的挑战，发展中国家城市灾害风险不仅面临城市灾害的自然易损性，如洪水冲击区、海洋地震带、泥石流等影响；而且有来自人文社会易损因子的干扰，如环境恶化、贫困、疾病等。第三世界城市化进程较快，城市必须在结构转型上做出适当改变来适应时代的发展。另外，亚历克斯·德·舍比宁（Alex De Sherbinin）对印度孟买、巴西里约热内卢和中国上海三座沿海城市的气象灾害进行研究，对其从地理位置、居住环境和社会经济状况等方面深度分析了差异产生的原因[14]，这对于发展中国家沿海城市灾害横向和纵向分析提供了很好的思路，也在一定程度上反映了国外城市灾害研究注重区域之间的合作与联系。贝图尔·森格泽（Betül Sengezer）[15]等以土耳其国家地震灾害为例，用辩证的观点突显出城市规划与城市灾害的关系，不合理的土地开发利用导致城市过渡膨胀、缺乏强制的法律政策导致城市管理松散等原因暴露了发展中国家城市发展过程中普遍存在的问题，而这些问题恰好和城市灾害防治与管理密切相关。城市化发展最快的地区是发展中国家，所以发展中国家的城市灾害的研究不仅仅关系着这些国家自身城市的发展，也是实现国际社会可持续发展目标的重要举措。

（2）在专题研究方面，国外对于城市灾害的机制分析、影响评价和梳理城市与灾害之间的关系、城市灾害综合管理成果较多。对于任何一种问题研究的机制分析，都是具有挑战性的。国外城市灾害机制分析从多个学科领域如人口学、经济学、社会学、生态学等对城市灾害的影响因子做系统评价，可以窥探出其内在的复杂性，也突显出国外对机制分析的趋于专题化。大卫·桑德森（David Sanderson）从城市规模、灾害发生频次与自然和经济环境三者探讨城市灾害机制[16]；诺里斯（Norris）在回顾和总结灾害研究的基础上，从城市暴露性、城市人口的差异和城市决策能力等方面会对城市灾害有更好的理解，同时指出城市灾害研究者应该重视城市生态知识和城市防灾减灾知识，不断扩充城市灾害方面的知识[17]；汉森从城市人口和城市基础设施等角度探索西非城市灾害对城市未来发展的影响并进行了评价[18]，指出经济越落后的城市其灾害脆弱性越大，关注脆弱人群和易损地区成为城市灾害的重心。梳理城市与灾害之间的关系是理解城市灾害的重要前提之一，大卫·桑德森[16]引入 HLS（Household Livelihood Security）模型阐述城市、灾害和城市居民生存之间的关系，了解城市脆弱群体生存现状、城市应急管理体制等。不可否认，城市的发展给城市带来物质财富的集聚，可是如果连城市居民的安全都不能给予保障，那么这种城市发展理念就显得很脆弱。随着"韧性城市"的规划理念提出，城市公共安全必须给予更高的关注，并且要将这种理念贯穿于城市发展的整个过程，所以城市灾害综合风险管理成为研究的核心和热点。城市灾害综合风险管理是指在城市面对各种灾害风险进行识别、分析和评价的基础上，有效地控制和处置灾害风险，以最低的成本实现最大安全保障的决策过程。将灾前降低风险、灾时应急对应、灾后恢复重建三个阶段融于一体，是一个良性的循环过程。这种综合风险管理应由以下四个部分构成：风险识别、风险分析、风险评估、风险应对，这种灾害管理过程，集中于多灾害综合风险和承灾体脆弱性分析，并强调多层面、多元化和多学科共同合作，全面整合的灾害管理模式。

（三）研究方法与技术

国外城市灾害研究的技术与方法集中在理论方法和实验数据方法这两种。其中理论方法上主要表现在应急能力评价。灾害应急能力评价指的是地方政府为实现减轻自然灾害影响的目标而采取的措施的能力[20]。这种能力是来自多元的，既有政府力量也有非政府组织能力，反映出国外城市灾害应急能力评价体制是自上而下和自下而上相结合。美国是世界上开展应急能力评价最早的国家，设有专门的机构，如联邦紧急事务管理局和紧急管理协会，制定了相对完善的应急管理准备能力评估系统[21]；日本已形成完整的以防灾中心为核心的防灾系统，做到"平灾结合"分级管理的功能体系。国外城市灾害应急模式管理既具有高度统一性又积极发挥民众力量的特点，层次性分明，效率高。在实验数据方法上，国外注重灾害数据的更新和新技术的利用。卢里亚纳（Luliana）[22]以罗马尼亚的布加勒斯特这座历史城市的地震灾害为例，指出位于地震地带但防灾技术不能满足要求的历史古城，应急抗灾技术手段和标准应该随着时代发展不断更新；乌拉尔（Ural）[23]以土耳其西北部地区为例，发现灾害管理教育和政策对减少灾害人员损失的作用，使得灾害知识的教育和灾害救援训练在应对灾害中的作用更加明显；索米克（Somik）等[24]通过经济学角度说明城市灾害面临的风险，分析城市灾害风险中采取不同方式（积极应对、尽量减轻和转移3种方式）的差异，并且认为城市管理特别是城市土地管理和城市信息交流在城市灾害管理中的重要性。随着数据时代的来临，信息方法和技术在城市灾害研究方面也大显身手。如努斯勒（Nussle）[25]利用GIS数据分析，应用Robocup-Rescue仿真救援系统来为城市灾害应急系统管理自动化提供了可能；拉古坎特（Raghukanth）[26]以印度城市群为例，在翔实的综合数据（历史地震灾害数据和结构性数据）的基础上，定量计算地震灾害中的地震活动性参数，分析其对印度城市群中各个城市的影响并指出各城市地震灾害活动性参数的差异格局；另外在国外城市灾害计算机预警系统上，也开始采用动态的遥感数据，特别是高分辨率、全方位、不同尺度的遥感数据的成功获取，进一步开拓了遥感数据在灾害研究的应用，已成为解决城市灾害研究领域实际问题的重要途径之一。

　　总之，国外充分意识到城市灾害研究的重要性，认知程度较高。综合自然因素和人文社会因素，国外学者都积极探讨城市灾害形成机制、管理制度、技术方法等，特别对发展中国家的城市给予了较多的关注。随着城市化的发展和各国的密切交流，城市灾害研究更应该走向国际合作，在研究方法和信息方面实现共享。

第四节　国内城市灾害研究进展

北京国际城市发展研究院发布的中国首部《社会稳定风险评估指标体系研究报告》指出：中国城市特别是大城市，从整体上已经进入了一个典型的危机频发期，危机事件呈现高频次、多领域、大规模发生的态势。目前，中国正处在快速城镇化阶段，未来 20 年，中国将有超过 60% 的人口居住在城市，要实现可持续发展，必须降低城市脆弱性 [27]。基于文献计量对国内城市灾害研究的时间阶段、研究内容和方法等方面进行文献综述和回顾，以期促进中国城市灾害风险评价和城市可持续发展。

（一）时间：三大发展阶段

我国城市化起步较晚但发展迅速，城市高速发展的背后暗藏着很多问题，城市灾害的研究正是伴随这些问题"应运而生"。在国内，城市单种灾害系统研究出现在 20 世纪 70 年代，而从城市层面上真正关注灾害始于 20 世纪 90 年代联合国"国际减灾十年"活动。通过国内权威期刊数据库，以"城市灾害"作为检索词，以"篇名"或者"关键词"为检索入口，最后通过整理得到相关论文数量（如图 2-2 所示）。1987—2019 年，中国共有 626 篇关于城市灾害的期刊，通过整理发现我国城市灾害的研究有 3 个典型的阶段。

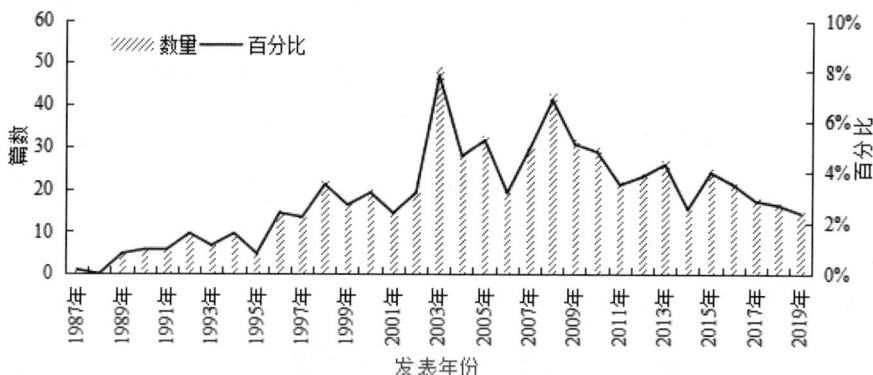

图2-2 国内城市灾害文献数量时间分布图

资料来源：根据中国知网整理。

第一阶段（1987—1995年）为萌芽起步时期，该阶段共发表文章较少，而且研究对象主要是地震灾害单种灾害类型，研究视角多是灾害防治管理和灾害动态，研究成果以报道和科普为主，没有形成系统研究模式，但在一定程度上加强城市灾害的认知。

第二阶段（1996—2007年）为积极探索时期，该阶段共发表文章285篇，共占总数的45.97%，共有以下5个特点：（1）城市灾害学已经成为一门新兴的学科。吴必虎（1997）等[28]从地理学的角度分析城市灾害学的地学背景，将中国城市灾害类型大体上划分为沿海台风暴雨洪涝地面沉降型、北方干旱缺水风沙地面沉降型和南方洪涝地面沉陷塌陷型等三大类型区，为中国城市灾害学的研究提供一种全新的地学视角。金磊（1998年）的《城市灾害学原理》奠定了城市灾害学的学科意义，这也是我国第一部创建城市灾害科学学科的全新理论专著[29][30]。（2）研究内容多样化。出现了气象灾害、水文灾害、环境灾害、地面沉降等新的灾害类型，丰富了城市灾害的研究案例。（3）研究区域的多尺度。逐渐摆脱了单纯宏观尺度的城市灾害浅析，出现了区域[31]、省[32]、市[33]、区（县）[34]多尺度多案例的研究，使城市灾害的研究范式变得更为系统；（4）研究方法和技术提升。开始采用经济学模型[35]、GIS[36]、遥感[37]、综合评价指标体系[38][39]对经济损失、风险区划、应急能力进行定量分析。（5）开始多学科交叉。在地理学、社会学、风险学和城市规划等学科出现了学科交融成果。这个阶段承上启下，既是对第一阶段的延伸深入，也为后期做了铺垫展望，是我国城市灾害研究的重要巩固期。

第三阶段（2008年—至今）为飞速发展时期，发表文章531篇共占总数的近50%。主要由于重大自然灾害（汶川地震和南方冰灾等）是研究热度在不断上升，特别在大数据和地理信息技术的带动下，在城市灾害易损性[40]、城市灾害综合风险区划[41]、城市灾害应急管理[42]上有很多亮点，在研究深度和影响力（下载量和引用率）方面大有提升。该阶段城市灾害的研究成果较好地体现了系统综合性和区域差异性的特色，在研究体系上趋于完整，在研究区域上突显出时空格局差异。值得一提的是，高中华[43]、王绍玉[44]等学者对于城市灾害学研究史、理论方法、综合管理、学科建议等方面推动了城市灾害学科的发展。

（二）内容：四大主要方向

（1）灾害风险区划研究。风险区划是城市灾害发展的核心内容之一，自然灾害风险区划也是自然灾害风险研究的重要成果和区域分异的一种可视化表达形式。灾害风险研究侧重从整体中剖析各要素对城市灾害的影响，是在灾害风险评估的基础上，以行政或格网为制图单元，将风险评估值进行等级划分，编制区域灾害风险图，以反映区域自然灾害风险等级的空间分布格局，为后期风险评估与管理奠定基础。关贤军等从灾害风险和构成要素的角度分析城市灾害的基本构成应包括人（man）、物（machine）、环境（medium）、管理（management）4M 要素[44]；金磊分析了城市灾害风险和城市公共安全的关系，提出城市安全社区和城市公众参与是城市公共安全的必要措施[45]；薛晔等构建了城市灾害风险综合评估的框架体系，提出了由阶段、灾害风险种类和级别组成的城市灾害综合风险管理的三维模式——阶段矩阵模式，为城市灾害风险管理模式提供了新的研究范式[46]；陈思源厘清了城市灾害特点和城市经济生态系统，阐述了中国城市灾害风险研究的基础上构建城市减灾策略的重要性[47]；同时在很多优秀的硕士、博士论文中也出现了城市灾害综合风险评估[48]和城市承灾能力与灾害风险的评估研究[49]等研究成果，这些都为城市灾害风险研究提供了更多的理论知识支撑。目前我国已经对地震、洪水、滑坡、泥石流、台风等自然灾害开展了不同程度的风险区划研究[50]。但是我国目前的灾害风险区划研究还存在较多问题：如风险估值准确性不够，大多基于统计规律的风险概率估计或者人为经验的估值，无法明显提高风险估值精度；风险评价模型的精度不高，风险区域缺少一致的评价指标；风险区域没有统一的等级规范，导致风险区划结果可比性较差，应用价值无法得到有效推广。所以，城市灾害风险评价未来研究须进一步探索多学科方法在灾害风险评估领域的应用；强化灾害风险中生命价值损失的研究；形成多灾种综合风险评估的思路与方法；推动适用于城市规划管理尺度的灾害风险评估理论与方法的研究[51]，提高灾害风险的应用价值。

（2）城市灾害技术方法研究。城市灾害研究的方法，国内最初主要是从定性的角度进行分析。如从灾害风险学的角度，对城市灾害的理论和研究方法做了归纳；从社会学的角度，段华明认为城市灾害的研究应重视具有整体性和综合性的社会调查方法（统计调查、客体观察、个案分析、文献分析、问卷等），并通过系统调查分析梳理社会行为在灾害中的主线[52]，周利敏[53]认为社会脆弱性将会成为灾害社会学新的研究范式，并从评价因子、方法模型和讨论面向3个方面对社会脆弱性进行阐述；从规划学的角度，丁建伟[54]、皇甫玥等[55]、唐进群等[56]、杨文斌等[57]纷纷从城市规划的角度剖析城市灾害的防治和管理，从城市规划选址、城市人类活动建设、城市绿地生态建设和城市避难场所的设置等方面阐述各自对城市灾害防治方法的探索。后期逐渐出现了定量研究方法，其中以城市地震灾害的模糊数学[58][59]和城镇泥石流危险度[60]及风险评估[61]最为突出。随着韧性城市理念的推动，很多学者以韧性基线模型（BRIC）为研究基础，从经济韧性、社会韧性、环境韧性、社区韧性、基础设施韧性及组织韧性6个方面构建我国的城市灾害韧性评价指标体系，并对城市灾害韧性进行实证评估[62]。近年来，更多的学者开始将自然灾害与遥感图像、GIS技术或者仿真模型相结合，大大提高了城市灾害研究的精度和相关制图的效果[63]。总之，城市灾害的研究方法正积极吸取多学科的思想，从定性评估到定量评估发生转变。

（3）城市灾害经济损失评估。自然灾害灾情评估指标系统是全面反映灾情、确定减灾目标、优化防御措施、评价减灾效益及进行减灾辅助决策的重要依据[64]。在进行专业灾害评估研究和实践的同时，不少专家对城市灾害评估理论和方法进行了日益深入的探讨和总结。城市灾害经济损失研究主要集中在灾害损失评估的指标体系、给出灾害损失（直接经济损失和间接经济损失）评估的定量方法。于庆东着重对灾害经济损失的分类、直接经济损失的评估和间接经济损失的评估进行探讨[65]；徐嵩龄在深化和拓展灾害经济损失概念的基础上，提出了自然灾害的产业关联型间接经济损失的计算方法，将经济学的投入—产出模型引入经济损失的评估中[66]；孙艳萍[67]利用数据挖掘技术，并且利用RS与GIS相结合的思想对城市自然灾害中的损失评估进行追踪评估，认为灾后经济损失的评估应该结合国情采用传统的统计分析法，建立科学的灾害数据库，提高整个灾害损失评估的实效性。与此同时，经济损失评估以城市地震灾害和城市洪涝灾害等单种灾害为多，对区域综合灾害偏少。如段永利对城市地震灾害经济损失预测方法进行综述并提出今后研究的方向[68]；康美娟等在考虑城市各系统的关联性的基础上，提出了对城市地震灾害经济损失预测的综合方法，特别是在城市生命线系统地震经济损失预测上有所创新[69]；刘朝辉等建立城市洪水灾害损失评估指标体系和城市洪水灾害损失评估模型，以哈尔滨城市洪水为例对城市洪水灾害经济损失进行实例分析[70]；王飞利用地理信息技术建立地理空间主体模型对上海市静安区暴雨洪涝经济损失进行预评估[71]；李春华等在洪水灾害间接经济损失评估中，指出洪水灾害间接经济损失主要指产业关联损失，投入产出法是间接经济损失评估的适用方法，为洪灾间接经济损失评价提供了参考[72]；姜玲等认为城市洪涝灾害的间接经济损失主要是由产业关联损失与资源关联损失所构成，基于存量—流量机理、产业关联机理和空间维度传导机理，提出了直接与间接经济损失关联分析、城市产业部门关联分析和资源关联分析的间接经济损失评估方法[73]。经过近年的发展，我国城市灾害评估工作在理论和实践方面都取得了丰硕成果。虽然目前尚没有形成系统完善的理论与方法，但为今后的深入研究奠定了重要的基础。

（4）城市灾害应急管理研究。应急管理研究是城市灾害实践探讨的重要方向，国内对于城市灾害应急管理的研究主要集中在评价指标上面。铁永波等[74][75]从灾害系统理论的角度建立了城市灾害应急能力评价指标并用层次分析法对城市灾害应急能力进行了综合评价和定量分析；冯百侠[76]认为城市灾害应急能力的评价框架内容应该包括城市灾害危险性、城市灾害危险性和包含灾害预测能力、社会控制效能、居民反应能力等六个方面的城市灾害应急管理能力的三大内容；对于城市灾害管理体制上，孙斌等[77]分析了当前城市灾害管理现状，并且提出了城市灾害协调机构不够集中、保障体制不健全等城市灾害管理体制存在的问题，为建立科学、系统、全面的城市灾害应急管理体制提供了解决对策；在具体城市和城市群的灾害应急管理研究中，翟永梅等[78]、李垠等[79]、莫靖龙等[80]、杜鹏等[81]分别以上海市、武汉市、长株潭城市群、珠江三角洲城市群的灾害应急管理进行了现状分析与综合评价，为经济发达地区的灾害应急管理研究提供了不同的案例分析。随着大数据和社交平台的发展，这些方法和技术含有丰富的灾害信息，能够依靠态势感知和信息共享支持灾害预警、实时监测、损失和救助需求评估、协助快速应急响应以及预测可能的灾害风险等灾害管理工作，也在灾害应急管理中能发挥重要的作用[82]。

第五节　城市灾害研究的相关展望

（一）加强交叉学科的城市灾害机制和多灾种综合风险区划研究

城市灾害机制分析一直是城市灾害研究的主要难题，如何从错综复杂的影响因子中找出关键因子值得探索。当前，从灾害系统理论出发对致灾因子、孕灾环境和承灾体分别建立评估模型仍是自然灾害风险评估的主要范式。未来需要进一步实现城市灾害危险性、城市灾害易损性、城市承灾能力、城市灾害风险等研究的有机结合，形成定量与定性、微观与宏观、时间和空间的有机结合和动态过程的研究范式。随着灾害科学研究的进一步深入，我国城市灾害研究的方法也在不断地创新并与各个相关学科进行交流和融合。在今后的研究中，应该广泛吸收国外对城市灾害研究成果，利用地理信息技术等新技术着重对城市灾害机制基础进行研究；在城市灾害定性研究的基础上过渡到定量模型的预测分析，随着计算机技术的突破，神经网络模型、结构模型、信息扩散模型、仿真模拟模型大大提高了城市灾害研究的精度；在静态分析和当前分析的基础上，利用大数据时代对城市灾害做宏观、中观和微观不同尺度的时空格局动态对比分析。

所以，风险区划对城市灾害的管理有着至关重要的作用，应该加大对城市灾害危险性、易损性和风险区划的支持力度，为城市灾害研究创造一个良好的学术平台。随着对灾害风险认知的加深，单一灾害的风险评估结果难以满足城市综合防灾研究的需要，未来多灾种风险综合评估研究正成为热门的研究方向。

（二）注重城市规划／国土空间规划在城市灾害防治中的作用

城市防灾减灾规划是城市总体规划的重要组成部分，目前，我国的城市防灾减灾规划研究尚不完善。缺乏对城市规划中的防灾规划的重视，城市灾害法制建设机制和管理还有待提升。紧凑的城市发展在面临巨灾风险时遭遇的损失可想而知，无序而陈旧的市政管网使得多少城市淹没在暴雨中的画面历历在目。因此需要加强城市规划／国土空间规划对城市安全的综合协调作用，将城市综合防灾的思想自觉地应用到城市规划中，在城市总体布局上提高防灾减灾能力。我国 2008 年 1 月 1 日起正式实施的《中华人民共和国城乡规划法》第一章第四条明确指出："制订和实施城乡规划，应当符合区域人口发展、国防建设、防灾减灾和公共卫生、公共安全的需要。"并在城乡规划的制订、实施中对防灾减灾做了详细规定。城市规划为城市发展提供了发展的框架，关系到城市经济、社会、基础设施、生态环境等各个方面。2020 年 1 月，我国自然资源部颁布了《省域国土空间规划编制指南》，在基础设施体系中明确规定了防灾减灾体系的内容。该指南中提出，考虑气候变化可能造成的环境风险，如沿海地区海平面上升、风暴潮等自然灾害，山地丘陵地区崩塌、滑坡、泥石流等地质灾害，提出防洪排涝、抗震、防潮、人防、地质灾害防治等防治标准和规划要求，明确应对措施。合理布局各类防灾抗灾救灾通道，明确省级综合防灾减灾重大项目布局及时序安排。2020 年 9 月，自然资源部又颁布了《市级国土空间总体规划编制指南》，提出要完善基础设施体系，增强城市安全韧性。基于灾害风险评估，确定主要灾害类型的防灾减灾目标和设防标准，划示灾害风险区。明确防洪（潮）、抗震、消防、人防、防疫等各类重大防灾设施标准、布局要求与防灾减灾措施。以社区生活圈为基础构建城市健康安全单元，完善应急空间网络。结合公园、绿地、广场等开敞空间和体育场等公共设施，提出网格化、分布式的应急避难场所、疏散通道的布局要求。

所以，未来的城市规划 / 国土空间规划应该从城市选址、城市结构、城市功能分区、城市避灾场所、市政设施等角度强化与城市灾害的关系，尤其是城市功能分析与应急避灾场所空间设置等方面至关重要。其中市政管道规划、建成区面积、城市绿地设施、避灾场所的空间布局、隔离带等对城市灾害防治的重要影响因子在城市规划中也要特别考虑。目前，韧性城市理论在城市规划和管理中已经得到越来越多的应用，并为城市建设和城市综合防灾规划提供了新思路。

（三）探讨健全、有效和科学的城市应急管理体系

国内对于城市灾害应急管理的研究起步相对较晚，尤其是重大突发事故应急决策和应急救援体系等方面尚存在着较大的差距，缺乏综合性和系

统性研究。有效、科学和及时的城市灾害应急管理体系在灾害防治和灾后救助中发挥着重要的作用。因此，建立和完善我国综合灾害管理体系，提高政府防灾抗灾的能力已迫在眉睫。在新型城镇化和国土空间规划的背景下，要加强城市防灾减灾能力建设，重要关注台风、洪涝、沙尘暴、冰雪、干旱、地震、山体滑坡等自然灾害，完善城市灾害监测和预警体系，加强城市消防、防洪、排水防涝、抗震等设施和救援救助能力建设；提高城市建筑灾害设防标准，加强对突发公共事件应急预案和应急保障制度管理。对灾害数据和信息进行公开，提高公民防灾意识和自救互救教育；在灾后保险方面，要建立巨灾保险制度，发挥社会力量在应急管理中的作用，加强区域灾害应急合作与对话。未来，城市灾害应急管理需要积极动援全社会的力量，建设成政府、专家人员和社会其他人员等多方力量共同参与、联合共治的社会保障体系。

本章小结

本章对国内外城市灾害和城市应急避难场所研究进行了回顾、梳理和评述，特别对研究时间阶段、研究内容、研究方法做出了总结。在面对全球气候变化和灾害环境多变的背景下，城市灾害发生频率增加，城市灾害类型多样，灾害的连锁反应更明显，对城市带来的风险更高。随着韧性城市理念的提出，如何打造一个具有高效的防灾减灾能力的可持续城市，是未来城市的努力发展方向。总之，无论在城市灾害理论研究还是实践案例上，国内都进行了较为深入的探讨，特别是在城市灾害经济损失和城市灾害应急管理上成果更为突出。尽管如此，在文献的查阅过程中，关于城市灾害形成机理和城市系统性综合风险研究的文献较少，城市灾害的机理研究是探究城市灾害问题的前提，只有梳理了复杂系统下灾害形成的机制，才能对后面的实践研究和案例分析提供坚实的依据。另外，在城市灾害研究方法上，还应该重视多学科、跨领域、定性和定量的结合，利用各种学科理论从不同的角度和思路来突破城市灾害现有的范畴。随着地理信息系统的高速发展、遥感技术的兴起和国内对城市灾害的不断重视，城市灾害的研究也将有更快的发展。

参考文献

［1］尹占娥，殷杰，许世远，等. 基于 GIS 的上海人为灾害时空格局特征分析［J］. 人文地理，2011，26（2）：44–48.

［2］陈颙，史培军. 自然灾害［M］. 北京：北京师范大学出版社，2007.

［3］唐川，张军，周春花，等. 城市泥石流易损性评价［J］. 灾害学，2005，20（2）：11–17.

［4］高汝熹，罗守贵. 大城市灾害事故综合管理模式的研究［J］. 中国软科学，2002（3）：104–108.

［5］尹占娥. 城市自然灾害风险评估与实证研究［D］. 上海：华东师范大学，2009.

［6］唐波，刘希林，尚志海. 城市灾害易损性及其评价指标［J］. 灾害学，2012，27（4）：6–11.

［7］邹乐乐. SEN 系统的易损性：理论与实践［M］. 北京：中国环境科学出版社，2010：1–3.

［8］史培军. 中国自然灾害风险地图集［M］. 北京：科学出版社，2011.

［9］戴慎志. 城市综合防灾规划［M］. 北京：中国建筑工业出版社，
2010：16-17.

［10］史培军. 中国自然灾害风险地图集［M］. 北京：科学出版社，
2011.

［11］戴慎志. 城市综合防灾规划［M］. 北京：中国建筑工业出版社，
2010：16-17.

［12］王静爱，史培军，王瑛，等. 中国城市自然灾害区划编制［J］. 自
然灾害学报，2005（6）：42-46.

［13］许厚德. 日内瓦战略使 21 世纪成为一个更安全的世界：减轻灾害
和危险［J］. 劳动安全与健康，1999（11）：12-13.

［14］Stephanie E, Chang. Urban disaster recovery：A measurement
framework and its application to the 1995 Kobe earthquake［J］.
Disasters，2010，34（2）：303-327.

［15］Mohamed Hamza，Roger Zetter. Structural adjustment，urban
systems，and disaster vulnerability in developing countries［J］.
Cities，1988，15（4）：291-299.

［16］Alex De Sherbinin，Andrew Schiller，Alex Pulsipher. The vulnerability
of global cities to climate hazards［J］. Environment and Urbanization.
2007，19（1）：39-64.

［17］Betül Sengezer Ercan Koç. A critical analysis of earthquakes and urban
planning in Turkey［J］. Disasters，2005，29（2）：171-194.

［18］David S. Cities，disasters and livelihoods［J］. Livelihoods and
disaster mitigation，2000，19（2）：93-102.

［19］Norris，Fran H. Disasters in Urban Context ［J］. The New York

Academy of Medicine, 2002, 79 (3): 308-314.

[20] Kobena Hanson. Vulnerabilitypartnerships and the pursuit of survival: Urban livelihoods and apprenticeship contracts in a West African City [J]. Geo-Journal, 2005 (62): 163-179.

[21] David Sanderson. Cities, disasters and livelihoods [J]. Environment&Urbanization, 2000, 12 (2): 93-102.

[22] North Carolina Division of Emergency management [EB/OL]. Local Hazard Mitigation Planning Manual, 1998: 28-32. http://www.ncem. org/.

[23] James LW. A report to the unite states senate committee on appropriations: State capabilityassessment for readiness [J]. Federal Emergency, 1997(12): 1-11.

[24] Luliana Armas. Social vulnerability, seismic risk perception. Case study: the historic center of the Bucharest Municipality/Romania [J]. Nat Hazards, 2008 (47): 397-410.

[25] Ural D N. Disater management education and policies in turkey [J]. Springer, 2008: 383-389.

[26] SLall omik V, Deichmann Uwe. Density and Disasters: Economics of Urban Hazard Risk [N]. wider Angle, 2002.

[27] Nussle. Timo A, KleinerAlexander, Brenner Michael. Approaching Urban Disaster Reality: The ResQ Firesimulator [J]. Springer-Verlag Berlin Heidelberg, 2005: 474-482.

[28] Raghukanth S T G. Seismicity parameters for important urban agglomerations in India [J]. Bull Earthquake, 2011 (9): 1361-1386.

［29］方创琳，王岩. 中国城市脆弱性的综合测度与空间分异特征［J］. 地理学报，2015（2）：234-247.

［30］吴必虎，彭加亮，王铮，等. 中国城市灾害地学背景研究［J］. 灾害学，1997，12（1）：28-33.

［31］金磊. 城市灾害学原理概论［J］. 新建筑，1998（2）：67-69.

［32］金磊. 城市灾害学研究及科学建议［J］. 自然灾害学报，2000，9（2）：32-38.

［33］刘佳. 珠江三角洲城市群地震灾害应急管理的问题分析及对策［J］. 国际地震动态，2006（10）：39-44.

［34］张洪岩，刘湘南，黄方，等. 吉林省城市灾害管理信息系统研究［J］. 东北师大学报（自然科学版），1999（4）：73-77.

［35］赵兴有，戴新俊. 新疆阿勒泰市城市山地灾害及减灾对策研究［J］. 干旱区地理，2005（2）：234-238.

［36］齐冬霖. 太原城市滨水区建设治理的综合效益：改善生态环境，增强灾害防御能力［J］. 自然灾害学报，2005（3）：140-144.

［37］陈明伟. 浅析城市洪涝灾害损失计算及其评估预测［J］. 广东水利电力职业技术学院学报，2004（4）：21-24.

［38］张晓晖，黄志全，王辉. 地理信息系统技术（GIS）在城市地质灾害研究中的应用［J］. 中国地质灾害与防治学报，1998（S1）：185-190.

［39］唐川，张军，万石云，等. 基于高分辨率遥感影象的城市泥石流灾害损失评估［J］. 地理科学，2006（3）：358-363.

［40］铁永波，唐川. 城市灾害应急能力评价指标体系建构［J］. 城市问题，2005（6）：78-81.

［41］危福泉，刘高焕，姚新，等．地震灾害预测和应急模拟系统的设计与应用：以永安市城市应急系统为例［J］．地理研究，2005（5）：749-756.

［42］尹占娥．城市自然灾害风险评估与实证研究［D］．上海：华东师范大学，2009.

［43］孙斌，韩传峰．城市灾害应急管理体制研究［J］．自然灾害学报，2009（1）：39-44.

［44］高中华，孙新．我国城市灾害史研究概述［J］．中国城市经济，2009（10）：35-36.

［45］王绍玉，冯百侠．城市灾害管理［M］．北京：化学工业出版社，2010.

［46］关贤军，徐波，尤建新．城市灾害风险的基本构成要素［J］．灾害学，2008，23（1）：128-131.

［47］金磊．中国城市灾害风险与综合安全建设［J］．城市理论前沿，2010，14（2）：4-12.

［48］薛晔，黄崇福，周健，等．城市灾害综合风险管理的三维模式：阶段矩阵模式［J］．自然灾害学报，2005，14（6）：26-31.

［49］陈思源．城市灾害风险与中国城市减灾战略［J］．城市社会管理，2011，18（11）：110-114.

［50］欧阳小芽．城市综合风险评价［D］．赣州：江西理工大学，2010.

［51］张明媛．城市承灾能力及灾害综合风险评价研究［D］．大连：大连理工大学，2008.

［52］周姝天，翟国方，施益军，等．城市自然灾害风险评估研究综述［J］．灾害学，2020，35（4）：180-186.

［53］段华明. 城市灾害社会学［M］. 北京：人民出版社，2010：37-40.

［54］周利敏. 社会脆弱性：灾害社会学研究的新范式［J］. 南京师大学报（社会科学版），2012（4）：20-28.

［55］丁建伟. 城市减灾与城市规划［J］. 灾害学，1993，8（3）：90-94.

［56］皇甫玥，张京祥，陆枭麟. 城市规划与城市灾害及其防治［J］. 2009，24（5）：51-55.

［57］唐进群，刘冬梅，贾建中. 城市安全与我国城市绿地规划建设［J］. 中国园林，2008（9）：1-4.

［58］杨文斌，韩世文，张敬军，等. 地震应急避难场所的规划建设与城市防灾［J］. 自然灾害学报，2004，13（1）：126-131.

［59］黄崇福，史培军. 城市地震灾害风险评价的数学模型［J］. 自然灾害学报，1995，4（2）：30-37.

［60］姚清林，黄崇福. 地震灾害风险因素和风险评估指标的模糊算法［J］. 自然灾害学报，2002，11（2）：51-58.

［61］方世跃，干得楷，干念秦，等 城镇泥石流灾害危险度评价方法研究［J］. 甘肃科学学报，2005，17（3）：46-48.

［62］铁永波，唐川. 山区城镇泥石流灾害风险控制模式探讨［J］. 灾害学，2008，23（3）：10-14.

［63］李亚，翟国方. 我国城市灾害韧性评估及其提升策略研究［J］. 规划师，2017，33（8）：5-11.

［64］李瑶，胡潭高，潘骁骏，等. 城市内涝灾害模拟与灾情风险评估研究进展［J］. 地理信息世界，2017，24（6）：42-49.

［65］郑远长. 防灾减灾的基础研究及应用研究进展概况［J］. 自然灾害学报，1996（4）：3-7.

［66］于庆东，沈荣芳. 灾害经济损失评估理论与方法探讨［J］. 灾害学，1996，11（2）：10-14.

［67］徐嵩龄. 灾害经济损失概念及产业关联型间接经济损失计量［J］. 灾害学，1998，7（4）：7-15.

［68］孙艳萍. 城市自然灾害损失评估方法应用研究［D］. 大连：大连理工大学，2010.

［69］段永利. 城市地震灾害经济损失预测方法综述［J］. 福建建筑，2007（2）：59-61.

［70］康美娟，吴云峰. 城市地震灾害经济损失预测方法探析［J］. 长春理工大学学报（社会科学版），2009，22（3）：403-404.

［71］刘朝辉，刘高峰，仇蕾. 城市洪水灾害损失评估及应用［J］. 水利经济，2009，27（1）：36-39.

［72］王飞. 基于地理空间主体建模的城市自然灾害间接经济损失评估［D］. 上海：上海师范大学，2010.

［73］李春华，李宁，李建，等. 洪水灾害间接经济损失评估研究进展［J］. 自然灾害学报，2012，21（2）：19-27.

［74］姜玲，邱志德. 城市洪涝灾害的间接经济损失评估：以北京市为例［J］. 现代城市研究，2014（7）：7-13.

［75］铁永波，唐川. 城市灾害应急能力评价指标体系建构［J］. 城市问题，2005（6）：76-79.

［76］铁永波，唐川，周春花. 城市灾害应急能力评价研究［J］. 灾害学，2006，21（1）：8-12.

［77］冯百侠. 城市灾害应急能力评价的基本框架［J］. 河北理工大学学报（社会科学版），2006，6（4）：210-212.

［78］孙斌，韩传峰. 城市灾害应急管理体制研究［J］. 自然灾害学报，2009，18（1）：39-44.

［79］翟永梅，韩新，沈祖炎. 国内外大城市防灾减灾管理模式的比较研究［J］. 灾害学，2002，17（1）：62-69.

［80］李垠，李杰. 城市地震灾害预测方法研究［J］. 大地测量与地球动力学，2012，32（1）：38-42.

［81］莫靖龙，夏卫生，李景保，等. 湖南长株潭城市群灾害应急管理能力评价［J］. 灾害学，2009，24（3）：137-140.

［82］杜鹏，夏斌，杨蕾. 经济发达地区城市灾害综合应对能力评价分析：以珠江三角洲城市为例［J］. 灾害学，2010，25（4）：16-21.

［83］邬柯杰，吴吉东，叶梦琪. 社交媒体数据在自然灾害应急管理中的应用研究综述［J］. 地理科学进展，2020，39（8）：1412-1422.

第三章 应急避难场所研究进展

随着我国城市现代化的加速和公共安全重要性不断提升，应急避难场所的建设已成为城市公共安全的重要组成部分。但我国的应急避难场所建设、布局和管理还存在一定的不足，所以有必要对应急避难场所的类型、国内外应急避难场所研究现状、特点和相关进展进行梳理，以期对未来应急避难场所的研究提供方向和相关借鉴。本章主要利用 Citespace 和 Netdraw 等方法与文献计量工具，梳理国内外应急避难场所的相关研究进展。

第一节 应急避难场所的类型

按照国家标准《城镇防灾避难场所设计规范》（报批稿）的定义，防灾避难场所是为应对突发性自然灾害和事故灾难，政府指定用于居民集中进行疏散和避难生活，配置有避难生活服务设施的一定规模场地和按照应急避难要求建设的建筑工程。城市综合避难场所则是综合应急避难场所，是指针对两种或者两种以上的灾种发生时，用于受灾人员疏散和避难的场所[1]。避难场所是城市防救灾避难圈的中心，其功能主要有以下六点：①进行避难的场所：避难场所最主要的功能是在住所受到灾害破坏时，或对住所有安全疑虑的民众，能进行安全避难的场所。②获得救护资源的场所：在灾害发生时，受灾地的民众无法直接取得生活所需的资源，须仰赖外界的协助。因此，避难场所作为受灾民众获取生活所需资源的场所。③邻近的灾害救灾传达中心：灾害发生时，通信十分困难，救灾措施的发布执行难以传达到灾民，避难场所可以作为防救灾信息的传达中心，帮助进行救灾。④邻近的救灾基地：在灾害发生时，会有许多民众受困于住家中，需要救援，而避难场所可以作为救灾资源的基地，提供救灾人员休息、机具整备的场所。⑤临时医护所：灾害发生时，医疗场所很可能会挤入大量的伤员，为避免重大伤员无法及时获得救援，可以在避难场所成立临时的医护所，提供较轻微伤员的医疗救护，疏解医疗据点的人流。⑥救灾物资的发放据点：避难场所在灾时会聚集许多避难民众，且邻近民众的住家，因此提供给灾民生活所需的物资，可以利用避难场所来进行发放。

应急避难场所属于一种特殊类型的应急公共服务设施，包括公园绿地、停车场、体育场馆、学校等场地与资源。这些场所除了拥有景观游憩、停车、体育活动、教学活动等本体功能以外，一旦发生灾害，就具有避难安置、医疗救助、联络转运、避免二次伤害等应急救灾功能[2]。此外，与城市应急避难场所功能类似的还有防灾据点、防灾公园等。防灾据点是采用较高抗震设防要求、有避难功能、可有效保证内部人员避难安全的建筑；防灾公园是城市中满足避难要求的、可有效保证避难人员安全的公园。下面主要来介绍几种典型的应急避难场所分类方法。

第一种，场地形态分类。城市应急避难场所按场地形态可分为场地型应急避难场所和建筑型（场所型）应急避难场所两类。场地型应急避难场所是指利用公园、绿地、学校操场、广场和大型停车场等开场空间建设的应急避难场所，用于接纳受灾人员紧急疏散时或较长时间避难及生活，确保避难人员安全；建筑型（场所型）应急避难场所是指利用公共场馆、校舍、地下空间（含防空工程）等公共建筑建设的应急避难场所。

第二种，建设标准及配套分类。按照《地震应急避难场所/场址及配套设施》标准，将地震应急避难场所分为三类：Ⅰ类（一类）要具备综合设施配置，能提高避难人员的生活条件，可安置受助人员30天以上。在基本设施、一般设施的基础上又需增加以下设施：应急停车场、应急停机坪、应急洗浴设施、应急通风设施、功能介绍设施。Ⅱ类（二类）要具备一般设施配置，能改善避难人员生活条件，可安置受助人员10至30天。除了要有基本设施配置，还要增加以下设施：应急消防设施、应急物资储备设施、应急指挥管理设施；Ⅲ类（三类）要具备基本设施配置，能保障避难人员的基本生活需求，可安置受助人员10天以内。设施配置包括：应急篷宿区设施、医疗救护与卫生防疫设施、应急供水设施、应急供电设施、应急排污系统、应急厕所、应急垃圾储运设施、应急通道、应急标志。

第三种，功能分类，这是最常见的一种划分方法。我国《城市抗震防灾规划标准》按功能将城市应急避难场所分为紧急避难场所、固定避难场所和中心避难场所三类。这三种避难疏散场所的概念和选址有以下特点和要求：①紧急避难场所：就是在灾难发生时可以第一时间到达的最近的避难场所，并可以在此短时间停留并集中后继续转移到更大的、可提供庇护时间更长的固定避难场所。这一类避难场所一般用地面积在0.1 ha以上，人均有效避难面积不小于1 ㎡，疏散半径为500 m左右。主要功能是供邻近建筑物内的人群临时避难，通常包括城市中的小型公园、小型广场与街边绿地、高层建筑中的避难层（间）等。②固定避难场所：这一级别的避难场所的面积相对比较大，面积在1 ha以上，人均有效避难面积不小于2 ㎡ / 人，疏散半径为2 ～ 3 km 左右。主要包括能容置人员较多的公园、广场、中高等院校操场、大型露天停车场、空地、绿化隔离带等。对避难人员的容纳能力更强，可以为人们提供更长时间的安全庇护，并适合接受集中性的救援活动。组团避难场所内，灾时搭建临时建筑或帐篷，是为灾民提供较长时间避难和进行集中性救援的重要场所，大多数是地震等灾害发生后用作短暂或中长期避灾的场所。组团避难场所与中心避难场所同属于中长期避难场所，它既具有短期避难功能，又要有支持中长期避难的条件。具有供水、排污、供电（临时发电照明设施）、应急厕所、标示、棚宿区、医疗急救设施、物资储备、消防设施、应急监控和通信广播设施等。③中心避难场所：主要包括全市性公园、大型开放广场等。这一级别的避难场所比固定避难场所的用地规模更大，面积在50 ha以上的规模较大，人均有效避难面积不小于4 m²/ 人，疏散半径为3 km 左右。它是防灾功能更全的固定疏散场所，在避难疏散中起着核心的作用。在其场所内设施较为齐全，通常要配备防灾应急指挥中心、医疗救护中心、重伤人员转移运输中心以及救援抢险部队的营地、应急监控和通信广播设施等功能。

第四种，城市社区尺度的应急避难场所分类。社区应急避难场所宜以避难场地为主，如社区的绿地、广场、小游园或活动场地等可以作为避难场地，满足就地疏散避难的需要。城市社区应急避难场所建设规模应依据社区规划人口或常住人口数量确定。城市社区应急避难场所项目应包括避难场地、避难建筑和应急设施。其中避难场地包括应急避难休息、应急医疗救护、应急物资分发、应急管理、应急厕所、应急垃圾收集、应急供电、应急供水等各功能区。避难建筑应由应急避难生活服务用房和辅助用房构成。应急设施应包括应急供电、应急供水、应急排水、应急广播和消防等。以下社区应急避难场所的分类（如表 3-1 所示）。

表 3-1　城市社区应急避难场所类型和特点

类别	社区规划人口 / 常住人口（人）	避难场地面积（m²）	避难建筑面积（m²）	建安投资（万元）	总投资（万元）	单位造价指标（元 / m²）
一类	10 000 ～ 15 000	10 000 ～ 15 000	200 ～ 300	70 ～ 90	80.85 ～ 103.95	
二类	5 000 ～ 9 999	5 000 ～ 9 999	100 ～ 199	55 ～ 70	63.53 ～ 80.85	2 600
三类	3 000 ～ 4 999	3 000 ～ 4 999	99	50 ～ 55	57.75 ～ 63.53	

资料来源：本研究根据《城市社区应急避难场所建设标准》自制。

为了与我国现行法律法规对城市防灾的规定相协调，对应不同的防灾目标和要求，提出了防灾空间分区的概念。防灾分区是按照一定的依据划分成若干分区，各分区之间形成有机联系的空间结构形式[3]。防灾分区有利于城市防灾资源整合和分配；指导城市用地建设，形成主动应对灾害的空间格局；并且与城市总体规划反馈协调，增强综合防灾的可操作性。主要有五大主要的功能：①明确本分区的范围，应防御的灾害和相应的对策措施；②布局分区内的防灾空间和设施；③明确防止和遏制次生灾害发生和影响的措施，④确保基础设施及配套设施正常运转的措施；⑤建立灾后重建的机制。防灾分区的划分标准一般与城市规模相适应，不同类型和规模的城市在防灾分区的划分标准上存在一定的差异。同时，防灾分区划定的目标可分为三个层次：①巨灾——保证救灾，外部救援到达，对外疏散实施。②大灾——城市防灾救灾功能实施，防灾应急保障设施维持运转，人员疏散。③中灾——城市自救、快速恢复、保障生活。国内外很多城市对各级防灾分区的划分标准做了探讨，为防灾分区建设、标准和配置提供了借鉴和基础。日本应急避难场所以建构防灾生活圈为核心的体系，强化避难场所的引导行为作为主要发展策略，对我国完善既有的防灾体系和规划有所启示，所以下面主要对日本防灾生活圈的划分标准进行介绍（如表3-2所示）。

表3-2　日本防灾生活圈空间类型、划分标准及必要设施简表

等级	空间类型	划分标准	必要设施和设备
城市防灾避难圈	学校，城市级公园、医学中心、消防队。警察局、仓库批发业、车站	覆盖全城	提供避难居民中长期居住的空间；提供避难居民所需的粮食生活必需品储存；紧急医疗器材药品；区域间资料汇集，建立防灾资料库及情报联络设备
地区防灾避难圈	中学、社区公园、地区医院、消防分队、警察分局	步行距离为1 500~1 800 m（约3个邻里单位）	区域内居民间情报联络及对外联络的设备；消防相关器材、紧急用车辆器材；进行救灾所需的大型广场、空地；提供临时避难者所需的饮用水、粮食与生活必需品的储存
邻里防灾避难圈	小学、邻里公园、诊所、卫生所、派出所	步行距离为500~700 m(约1个邻里单元）	居民进行灾害应对活动所需的空间与器材；区域内居民间情报联络及对外联络的设备

第二节　国外应急避难场所研究进展

本节对国外应急避难场所的研究进展分析主要采用了 Web of Science 科技文献数据库（下面简称 WoS 核心库）。WoS 核心合集数据库收录了包括自然科学、社会科学、艺术与人文领域的信息，来自全世界近 9 000 种最负盛名的高影响力研究期刊及 12 000 多种学术会议多学科内容。为研究人员和科研管理人员提供研究绩效的量化分析，了解在各研究领域中最领先

的国家、期刊、科学家、论文和研究机构；识别科学和社会科学领域的重要趋势与方向；确定具体研究领域内的研究成果和影响等。所以，本节以WoS 核心合集数据库为基础，以"主题 =（Emergency Shelter OR Emergency Refuge OR Emergency Evacuation），时间跨度 1986—2016 年"进行文献检索，检索结果为 3 691 篇。为保证分析的准确性和客观性，删除了期刊会议征稿、卷首语、书评等不相关文献，只保留了论文（Article）和综述（Review）两种类型，最后得到 2 472 篇文献。采用 CiteSpace 知识图谱和文献计量的分析方法，回顾和总结当前国内外应急避难场所的研究成果和发展动态，为今后中国应急避难场所理论研究和实践发展提供参考依据。

（一）发文量的时间特征分析

WoS 核心合集数据库中应急避难场所文章的年份（1986—2016）分布特征如图 3-1 所示。根据发文的数量时间分布和变化规律，尝试将其分为三个阶段：第一阶段为缓慢探索阶段（1986—1999），该阶段应急避难场所发文量较少，发展缓慢；第二个阶段为稳步发展阶段（2000—2009），该阶段文章数量保持稳定增长，共发表 774 篇，占总量的31.13%，属于重要的承上启下的过渡阶段，为应急避难场所研究提供了坚实的研究基础；第三个阶段为高速发展阶段（2010—2016），是研究热度最高和成果产出最多的一个阶段。近几年因为一些重大自然灾害频发，世界各国科研基金机构如中国国家自然科学基金会（National Natural Science Foundation of China）、美国国家科学基金会（National Science Foundation）、美国国家卫生研究所（National Institutes of Health）对应急避难场所研究不断重视，资助不断提高，7 年内共有 1 644 篇相关研究论文产出，占近 30 年总量的 66.50%。

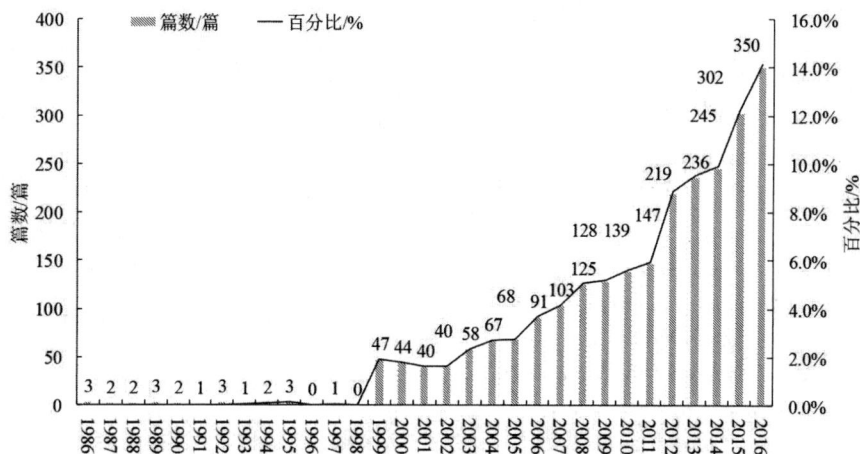

图3-1 1986—2016年应急避难场所研究领域发文数量及时间分布

资料来源：根据 WoS 数据库文献绘制。

（二）发文期刊分析

按照期刊分别统计1986—2016年各期刊的载文数量，其中载文15篇以上的期刊、影响因子、分区和类别如表3-3所示。发现发文期刊大部分为自然灾害、医学、工程技术、管理、建筑、环境等类别的学术期刊，体现了应急避难场所研究的多学科性和交叉性。根据发文期刊影响因子和2015年美国 ISI 公司出版的《期刊引用报告》（*Journal Citation Reports*），发现53%期刊属于 JCR 学科领域1区和2区期刊（即位于学科领域期刊影响因子排名前50%），期刊影响力相对较高。

表 3-3　发表应急避难场所论文的国际主要刊物

刊物	篇数 / 篇	2015 年 影响因子	2015 年 JCR 分 区	类别
Transportation Research Record	83	0.522	4 区	交通科学与技术类
Safety Science	68	2.157	1 区	工程和安全管理类
Natural Hazards	59	1.746	2 区	灾害和地球科学类
Disaster Medicine and Public Health Preparedness	42	0.923	4 区	公共和环境健康类
Physica A：Statistical Mechanics and its Applications	39	1.785	2 区	物理学类
Fire safety Journal	32	0.936	3 区	消防安全类
Fire technology	28	1.106	2 区	消防技术类
Natural Hazards Review	22	1.293	2 区	灾害与地球科学类
Journal of Emergency Medicine	19	1.504	3 区	紧急医学类
Fire and Materials	18	1.317	3 区	消防材料类
Building and Environment	17	3.394	1 区	建筑与环境类
European Journal of Operational Research	17	2.679	1 区	管理科学类
Journal of Hazardous Materials	17	4.836	1 区	灾害与地球科学类
Journal of Homeland Security and Emergency Management	17	0.466	4 区	应急管理类
Military Medicine	17	0.969	3 区	紧急医学类
Annals of Emergency Medicine	16	5.008	1 区	紧急医学类
Wilderness Environmental Medicine	16	1.163	3 区	紧急医学类
Disasters	15	1.080	3 区	灾害类
Natural Hazards and Earth System Sciences	15	2.277	2 区	灾害和地球科学类

资源来源：本研究自制。

（三）发文作者分析

发文作者图谱共现，能够识别出一个学科或领域的核心作者及其之间的合作强度和互引关系[4]。通过 CiteSpace 对 WoS 核心引文数据库中应急避难场所发文作者进行图谱分析。该图谱共有 512 个节点，233 个链接，网络密度为 0.001 8，图中的节点越大表示作者出现的次数较多。发文次数最多的两个作者分别是恩里科（Enrico）和布莱恩（Brian），分别达到 18 次和 17 次。另外有洛（Lo）、马吉德（Majid）、尼拉扬（Nirajan）、李（Li）等 10 位作者发文次数在 10 次以上。同时从作者图谱空间结构和链接分布上看出，应急避难场所研究学者们联系得较为紧密，出现了很多作者群。有恩里科（Enrico）、丹尼尔（Daniel）、安德烈亚斯（Andreas）等组成的团队，主要研究应急避难场所建设和防灾工程[5]；有布莱恩、帕梅拉（Pamela）、洛等组成的团队，主要研究应急与安全工程[6]；有马吉德、尼拉扬、马丁（Martin）等组成的团队，主要研究应急交通和人群疏散模型[7]；也有来自中国的郑小平、程远等组成的团队，主要研究安全科学与灾害防治[8]。但仍然还存在很多零散的作者，后期在学术合作方面可以有更好的深入。

（四）发文机构和国家分析

发文机构和国家分析能更好地了解应急避难场所研究的空间分布和世界各国的研究成果，但由于发文作者会出现工作单位频繁变动的现象，所以使得统计结果变得比较复杂，本次统计暂没有考虑发文作者的所在单位的变换。通过分析 1986—2016 年 WoS 核心引文数据库中 2 472 篇应急避难场所文献的研究机构，其中发表 15 篇以上期刊的机构有 29 个，占总量的 22.73%（如表 3-4 所示），其中排名前三的是路易斯安那州立大学、中国科学技术大学和清华大学。这些机构主要分布在美国、中国、荷兰、瑞典、澳大利亚、加拿大等国，都属于学术研究综合性较强且国际影响力靠前的大学或机构，在土木工程、建筑学、城市规划、公共卫生与安全、灾害学、环境学等学科优势较明显，这些都为应急避难场所的研究创造了很好的条件。

表 3-4　1986—2016 年应急避难场所研究发文次 15 篇以上的机构

序号	机构	国家	篇数 / 篇	序号	机构	国家	篇数 / 篇
1	路易斯安那州立大学	美国	34	16	隆德大学	瑞典	18
2	中国科学技术大学	中国	31	17	同济大学	中国	18
3	清华大学	中国	27	18	匹兹堡大学	美国	18
4	马里兰大学	美国	25	19	中国疾病预防控制中心	中国	17
5	得克萨斯 A&M 大学	美国	24	20	蒙纳士大学	澳大利亚	17
6	哥伦比亚大学	美国	23	21	多伦多大学	加拿大	17
7	纽约大学	美国	22	22	美国地质调查局	美国	17
8	明尼苏达大学	美国	21	23	台湾国立大学	中国	16
9	华盛顿大学	美国	21	24	宾州大学	美国	16
10	香港城市大学	中国	20	25	武汉理工大学	中国	16
11	伊利诺伊大学	美国	20	26	布朗大学	美国	15
12	代尔夫特大学	荷兰	19	27	亚利桑那大学	美国	15
13	南加州大学	美国	19	28	北卡罗来纳大学	美国	15
14	北京交通大学	中国	18	29	犹他大学	美国	15
15	香港理工大学	中国	18				

资料来源：根据 WoS 数据库文献绘制。

为了更好地体现各研究机构发文的次序和合作关系，用 CiteSpace Ⅲ 绘制发文机构时区视图，出现次数越多的发文机构在图谱中的节点越大。图中共有 380 个节点，59 个链接，网络密度为 0.000 8，说明应急避难场所研究机构间的联系和学术交流有待加强。另外从时间历程来看，前期阶段（1986—2000）发文机构数量较少，后期（2000 年后）应急避难场所的研究机构明显迅猛增加，这也体现应急避难场所研究的重要性不断提升，得到越来越多的关注。

在发文国家方面，采用 CiteSpace Ⅲ 绘制发文国家的知识图谱。如图

3–2 所示，美国是应急避难场所研究成果最多的国家，涉及应急避难场所研究发文达到 1 038 篇，但与其他国家合作交流较少，在这方面中国与美国极为相似。而欧洲如英国、德国、法国、意大利等国家不仅发表论文数量较多，同时形成较强的合作网络体系。如表 3–5 所示，通过总结发现，应急避难场所研究国家大部分属于发达国家，发展中国家较少，只有中国、印度和巴西。一方面，这些国家都十分重视公共安全管理和城市发展，所以在完善城市基础设施和社会可持续发展方面积极探索与相关支持较多；另一方面，这些国家都具有自然灾害和社会问题（事故灾害、突发公共卫生事件、突发公共安全事件）频发的特点，如美国的风暴潮灾害，日本、意大利和土耳其的地震灾害，中国和印度的洪涝灾害等，这为应急避难场所研究提供了背景和条件。

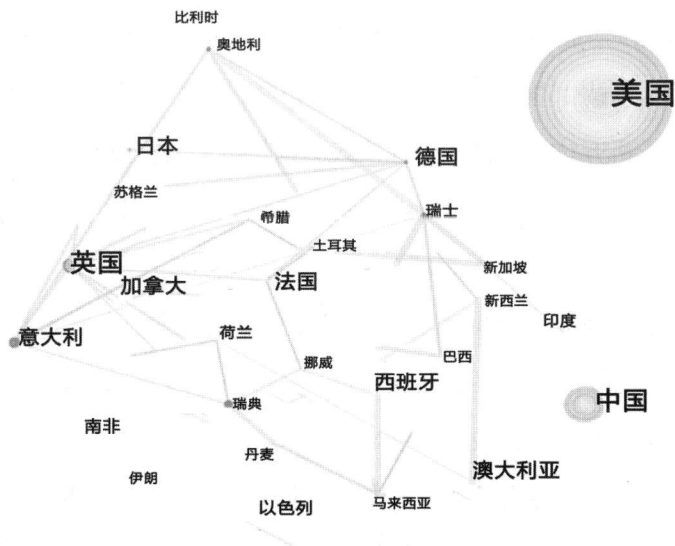

图 3–2 应急避难场所发文主要国家的图谱

表 3-5　应急避难场所发文的主要国家

序号	国家	篇数 / 篇	序号	国家	篇数 / 篇
1	美国	1 038	10	韩国	57
2	中国	404	11	西班牙	57
3	英国	180	15	新西兰	47
4	澳大利亚	123	13	土耳其	40
5	加拿大	119	14	以色列	38
6	意大利	103	15	瑞士	38
7	日本	102	16	瑞典	36
8	德国	92	17	印度	35
9	法国	79			

（五）关键词分析

文献关键词一般是文章研究思想核心内容的浓缩与提炼，在 CiteSpace 中高频度出现的关键词反映了该领域的研究热点。如图 3-3、表 3-6 所示，通过对应急避难场所的研究文献进行关键词共现及相关数据统计分析可知，1986—2016 年，出现频次高于 30 次的关键词有 45 个，其中疏散（evacuation）、模型（model）、模拟（simulation）、管理（management）等词的频次高达 150 次，而且出现年份较早，中心度较高，较好地体现了应急避难场所方法、模型和管理模式一直是研究的重点[9][10]；另外，风险（risk）、灾害（disasters）、地震（earthquake）、脆弱性（vulnerability）、应急准备（preparedness）、应急响应（emergency response）等关键词则体现了应急避难场所研究内容主要围绕灾害救援和应急管理[11]；如儿童（children）、无家可归的人（homelessness）、妇女（women）等关键词则体现了应急避难场所关注的对象是社会弱势或者救助群体，作为一项重要的基础配套设施，应急避难场所是解决社会问题的一条重要的途径，充满着较为浓厚的社会学基础[12][13]；又如动力学（dynamics）、优化（optimization）、时间（time）、系统（systems）、设计（design）、网络（network）、信息（information）

等关键词则体现了应急避难场所近期开始向动力模型、信息系统开发和优

化设计等内容和热点拓展[14][15]。

时间跨度：1986-2016年（分区长度=1）
选择标准：前30被引用的关键词/时区
网络：节点244个，链接421条（密度
0.0142）
连接规则：最小生成树

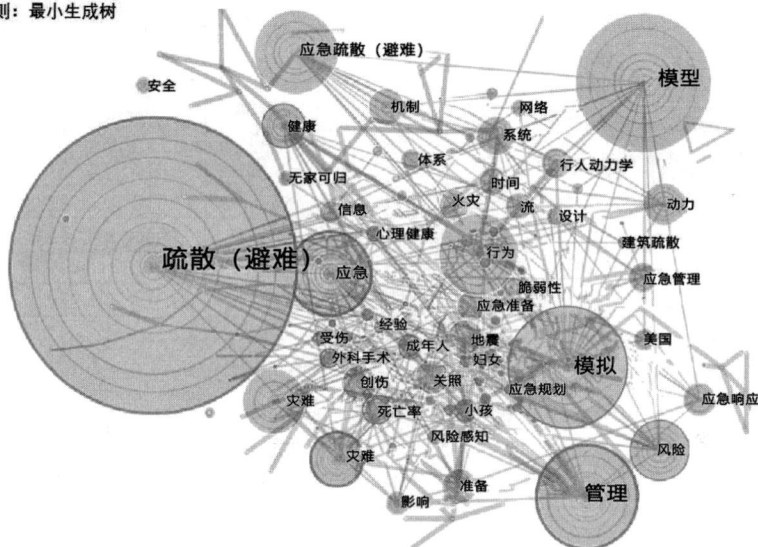

图 3-3　应急避难场所关键词的图谱

表 3-6　国外应急避难场所研究的关键词简表

关键词	出现年份	频次	中心度	关键词	出现年份	频次	中心度
behavior	1994	122	0.05	risk	2004	96	0.13
health	1994	73	0.14	disasters	2004	80	0.21
children	1994	47	0.13	trauma	2004	60	0.09
homelessness	1995	40	0.05	earthquake	2004	60	0
women	1995	35	0.14	preparedness	2004	59	0.07
mental-health	1997	32	0.12	emergency response	2004	57	0.03
management	1999	153	0.25	flow	2004	53	0
emergency	1999	122	0.27	safety	2005	35	0
mortality	1999	56	0.15	united-states	2007	45	0.03
experience	1999	39	0.09	building evacuation	2007	30	0

续表

关键词	出现年份	频次	中心度	关键词	出现年份	频次	中心度
emergency planning	1999	31	0.02	optimization	2008	60	0.02
evacuation	2000	402	0.32	network	2008	35	0
care	2000	59	0.04	system	2009	65	0.03
emergency preparedness	2000	52	0.01	fire	2009	54	0
injuries	2000	37	0.02	emergency evacuation	2010	127	0.02
simulation	2001	172	0.2	dynamics	2010	63	0.01
adults	2001	48	0.11	time	2010	49	0.01
surgery	2001	45	0.11	systems	2011	45	0
impact	2002	48	0.06	design	2011	37	0
model	2003	197	0.04	vulnerability	2012	39	0
disaster	2003	102	0.05	risk perception	2013	33	0
emergency management	2003	55	0.03	information	2014	38	0.02
pedestrian dynamics	2003	53	0.03				

基于关键词知识图谱和文献总结，国外应急避难场所的研究内容主要有以下 3 个特点。

（1）概念内涵：多学科交叉，注重微观尺度。"Emergency Shelters"（应急避难场所 / 应急避护场所）概念始于 1951 年格雷贝（Grebe）的 *Survival shelters，emergency supplies and first aid kits*，主要指核战争爆发时人们生存庇护的安全场所[16]；1977 年戴维斯（Davis）以 1960 年以来 12 次重要灾害和 46 项数据统计研究为基础，总结了国外应急避难场所认知、建设和管理中遇到的问题[17]；1995 年柯兰德利（Quarantelli）则对应急避难场所的概念和相关内涵进行了辨析，为灾害研究学者和政府管理人员提供了理论依据[18]。随后应急避难场所的概念内涵不断外延，不仅局限于灾害学，开始与社会学、城市管理学开始相互联系，如今成为城市管理和社会发展的一项重要公共基础设施。应急救援是一个复杂的过程，涉及自然环境、社会环境、经济环境的政府决策管理等因素，包括事故灾害前期救援预备、事故灾害发生过程中的反映、事故灾害后期的恢复等多个环节。所以在研究应急避难场所的过程中涉及的学科领域比较广泛，特别是在应急避难场所的目标人群[19]、应急避难场所建设和设计[20]、应急避难场所的管理[21]等方面，与社会学、心理学、城市规划和政府公共管理等密切相关。与此同时，国外应急避难场所研究注重微观尺度分析，比如美国提出韧性社区，鼓励社区灾害管理，注重社区应急救援文化氛围的营造，积极将社区内部及周边的学校、广场和绿地等空间进行应急疏散的功能转化[22]，而且在应急人口预测、车辆和人群疏散路径等方面成果较多[23]。

（2）研究范式：讲究实地调研，重视信息技术。在研究范式上，对应急避难场所的避难容量[24]、空间可达性[25]、疏散路径和规划[26][27]等方面，采用 Hybrid Bi-level 模型[28]、P- 中位模型[29]、GIS 空间模拟[30]、多目标决策[31]等进行定量评价和案例分析。国外应急避难场所在选址、建设和管理的过程中注重严谨的工程技术分析和实践调研。比如在建设和设计的阶段会具体勘察区域的地形和地质等自然条件，同时也会对区域的人口分布、经济密度、交通条件、避难人群行为及心理等人文条件进行翔实的调查，为应急避难场所的研究提供大量的前期数据[32]。同时在应急避难场所的避难容量、疏散路径和空间可达性等方面，国外学者采用多目标决策、计量模型和空间模拟等进行定量评价和案例实证分析，提高了应急避难场所研究范式的综合性和科学性[33][34]。在应急避难信息技术和传递方面，国外尝试建立信息共享平台，如美国建立了应急管理的信息网络平台，构建了政府、媒体、社区、公众的新型应急救灾合作关系，实现了应急避难点和应急信息的适时共享。总之，国外丰富的实地调研、严谨的实证分析和信息化的共享平台这三大特点，优化了应急避难场所研究范式。

（3）强调应急避难场所管理。国外应急避难场所发挥良好的效益主要得益于应急"法制化"和管理"日常化"。2005 年国际减灾大会（WCDR）就提出了国际灾后重建平台（International Recovery Platform：IRP），总结了地震、洪涝和海啸等自然灾害在灾后恢复的经验，得到了联合国开发计划署和其他政府决策者的支持。日本的《灾害对策基本法》对灾害预防、灾害对应、灾后重建和灾害管理等方面做出重要说明，确保了救灾工作有条不紊地开展，提高了救灾效率。国外很多国家专门设立了职能明确的应急管理分级机构，美国应急建立了联邦、州、市（县）、地方四个层级的管理和响应的应急管理机构，在共同制订救援计划，协同救灾中发挥了重要的作用[35]。学校、社区、企业的应急演习已成为每个城市的"日常化"，体现了国外救灾管理将民众的主动性和积极性摆在重要的位置。这几年国外应急避难场所的研究动态开始逐渐凸显社区居民的重要角色，在广泛吸纳社会力量、志愿者组织（Hayley，2014）[36]、营利性企业等方面进行了较好的尝试，为国内社区应急管理提供了有价值的经验。

为了更好地辨识学科研究的最新演化动态，预测研究领域的发展趋势，对代表该研究内容的词汇或短语出现次数的变化进行分析[37]。相对于单纯的高频率关键词，突现词更适合探测学科发展的新兴趋势和突然变化。在分析突现词时，可利用突现词探测技术和算法，通过考察关键词词频时间分布，从中探测出频次变化率高的突现词[38]。利用 CiteSpace Ⅲ 中的突现检测算法（Burst Detection），阈值（Threshold）选择以 TOP20，时间切割（Timespan）设置为 1a，导出应急避难研究领域的突现词图。如图 3-4 所示，发现应急避难场所研究视角从单一问题和事件开始向综合系统演变，研究方向从单一学科开始注重多学科交叉，研究方法从定性的方法模型探讨转向动力机制和信息系统开发。特别是在2011—2016年，应急响应（emergency response）、设计（design）、动力学（dynamics）、优化（optimization）、设计（design）、信息（information）这些突现词都属于高频率的关键词，较好地体现了未来的研究趋势[39]，同时应急出口（egress）、人群（crowd）这两个非高频的突现词则体现了应急避难过程中人群疏散模型和疏散路径的重要性[40][41]。

突现词	强度	开始	结束	1986-2016
洛杉矶	3.8269	1995	2004	
问题诊断	4.0059	1998	2007	
头部伤害	3.7103	1998	2010	
伤害	3.517	1998	2006	
头部外伤	3.3873	1998	2007	
生产	4.0012	2000	2003	
药物	3.3677	2000	2005	
脑出血	3.3313	2000	2011	
手术	4.5982	2001	2006	
存活（幸存）	4.2637	2002	2009	
暴力	3.8783	2003	2009	
恐怖主义	4.2945	2004	2009	
疏散模型	3.3303	2006	2011	
应急响应	4.0763	2011	2012	
出口	3.8613	2011	2013	
设计	4.6659	2013	2014	
动力学	5.0414	2014	2014	
优化	5.5882	2015	2016	
信息	4.034	2015	2016	
人群	3.2725	2015	2016	

图3-4 应急避难场所的突现词

　　应急避难疏散空间是为应对自然灾害和人为突发事件，经规划、设计、建设，可供居民紧急疏散的安全避难场所，这其中涉及的研究方向和学科较多。如表 3-7 所示，利用 CiteSpace Ⅲ 制作研究方向和学科知识图谱，图谱产生节点 86 个，链接 128 条，密度 0.035，说明应急避难场所研究是一个多领域的主题，研究方向比较多样化，且学科之间联系密切。应急避难场所研究方向主要为工程学（24%）和公共环境与健康（12%）两个学科，同时涉及环境科学、土木工程学、地球科学、医学、管理学、交通运输学、材料科学、计算机科学等。

表 3-7　应急避难场所涉及的主要研究学科（方向）

研究方向	篇数 / 篇	百分比 /%
ENGINEERING	591	23.49%
PUBLIC ENVIRONMENTAL OCCUPATIONAL HEALTH	301	11.96%
SURGERY	209	8.31%
TRANSPORTATION	194	7.71%
GENERAL INTERNAL MEDICINE	190	7.55%
NEUROSCIENCES NEUROLOGY	177	7.04%
COMPUTER SCIENCE	171	6.80%
OPERATIONS RESEARCH MANAGEMENT SCIENCE	169	6.72%
GEOLOGY	167	6.64%
ENVIRONMENTAL SCIENCES ECOLOGY	166	6.60%
WATER RESOURCES	147	5.84%
METEOROLOGY ATMOSPHERIC SCIENCES	138	5.49%
EMERGENCY MEDICINE	129	5.13%
MATERIALS SCIENCE	101	4.01%
PSYCHOLOGY	80	3.18%

研究方向	篇数 / 篇	百分比 /%
PHYSICS	72	2.86%
HEALTH CARE SCIENCES SERVICES	71	2.82%
MATHEMATICS	67	2.66%
BUSINESS ECONOMICS	66	2.62%
CONSTRUCTION BUILDING TECHNOLOGY	65	2.58%
PEDIATRICS	49	1.95%
PUBLIC ADMINISTRATION	46	1.83%
PSYCHIATRY	43	1.71%
OBSTETRICS GYNECOLOGY	42	1.67%
SCIENCE TECHNOLOGY OTHER TOPICS	41	1.63%
GEOGRAPHY	39	1.55%
RADIOLOGY NUCLEAR MEDICINE MEDICAL IMAGING	37	1.47%
SPORT SCIENCES	37	1.47%
NUCLEAR SCIENCE TECHNOLOGY	35	1.39%
SOCIAL SCIENCES OTHER TOPICS	32	1.27%
SOCIAL WORK	31	1.23%

（六）小结

近 30 年来 WoS 数据库中应急避难场所发文时间呈现缓慢探索、稳步发展及高速发展的 3 个不同阶段，特别是 21 世纪以来，受一些重大自然灾害频发和世界各国科学基金机构对应急避难场所研究资助不断提高的影响，应急避难场所的研究热度和成果产出不断增加；在应急避难场所论文刊登的期刊方面，主要有 *Transportation Research Record*、*Safety Science*、*Natural Hazards* 等，期刊涉及自然灾害、紧急医学、工程技术等类别，体现了应急避难场所的多学科性和交叉性，同时这些期刊的影响因子都比较高、影响力较大；致力于应急避难场所的研究学者较多，如恩里科、布莱恩等，同时也形成了几个典型的研究作者群，学术交流较为紧密，但后期仍须加强；发文机构数量随着时间逐渐增多也较为集中，如路易斯安那州立大学、中国科学技术大学成为发文最多的机构；发文国家方面则出现明显的空间差异，美国和中国是应急避难场所发文数量最多的国家，但与其他国家合作总体较少，而英国、德国等欧洲国家之间形成较强的合作网络体系；从关键词图谱结构来看，应急避难场所的目标人群主要关注灾害救援和社会弱势群体，研究视角从单一问题和事件开始向综合系统演变，研究方法从定性的方法模型探讨转向动力机制和信息系统开发，研究内容方面注重多学科交叉和微观尺度、重视案例实证和信息共享和强调应急避难场所管理；学科方向主要为工程学和公共环境与健康两个学科，学科比较多样化且联系密切。

第三节　国内应急避难场所研究进展

从 2003 年第一个应急避难场所——北京元大都城垣遗址公园建设到现在有 14 年了，应急避难场所作为城市防灾和公共安全建设的一项重要内容，逐渐受到学者们的关注。特别在我国遭遇重大自然灾害（南方冰灾和汶川地震）损失后，随着城市化进程的不断加快，城市内部风险不断提升，对应急避难场所的需求、建设和管理有了新的审视和反思。本节基于韧性城市的视角下，首先从时间分布、学科领域、研究区域空间分布、研究单位与作者分布 4 个角度对中国应急避难场所进行文献计量分析，然后通过概念内涵、空间布局和方法技术三大内容剖析当前应急避难场所的重点。

（一）文献数量的时间变化

通过文献发表数量和时间分析，在一定程度上可以反映该领域研究现状和发展变化趋势。根据期刊数据库的检索"应急避难场所"篇名的文献总数为共计 245 篇（2003—2015 年），相对于其他学科领域，应急避难场所研究时间相对比较年轻。但从图 3–5 中可看出，2003—2015 年中国应急避难场所文献数量和波动呈上升的趋势，后期文献数量发展速度较快。根据变化特点，将中国应急避难场所论文发表情况分为两个阶段：第一阶段（2003—2007）萌芽探索期，这一阶段发文 27 篇，占总数的 11.9%。由于城市灾害意识和城市可持续发展观念不够不深，该阶段文献数量较少，总体上研究层次和深度不高，多普通期刊，无硕博士论文。第二阶段（2008—2015）快速发展期，其中 2008—2013 年为发展前期，2014—2015 年为发展后期。前期由于中国发生了多起重大灾害，灾害评价和灾害管理的研究热度上升，应急避难场所的文献达到 139 篇，占总数的 56.7%；后期主要在新型城镇化的背景下，对城市规划和城市研究的关注不断提高，这两年文献数量就达到 77 篇，占总数的 31.4%。无论是发展前期和后期，文献数量明显增多，研究深度不断加强，该领域逐渐得到研究学者的关注。

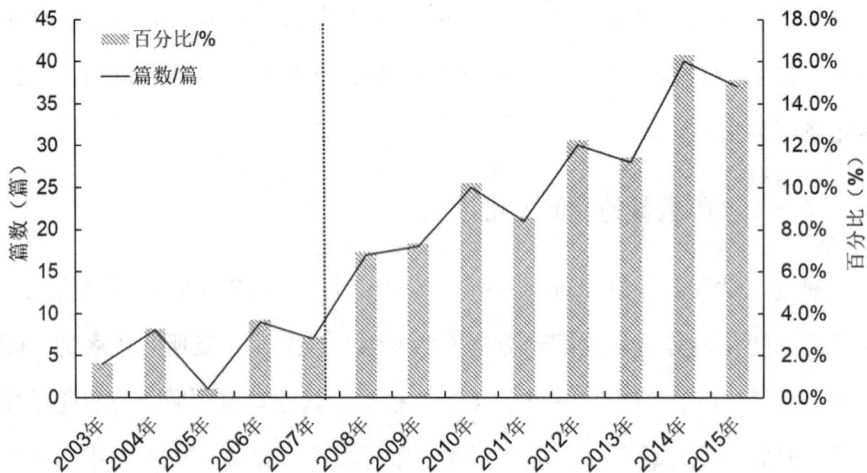

图3-5　2003—2015年国内应急避难场所研究论文发表趋势

资料来源：根据中国知网的数据库绘制。

（二）学科和刊载期刊分布

在2003—2005年间，根据期刊数据库的检索"应急避难场所"篇名的文献总数为共计245篇。如图3-6所示，主要文献类型为学术期刊，共201篇，占文献总量的82.04%；硕士、博士论文27篇（博士论文3篇，硕士论文24篇），分别占文献总量的1.63%和9.39%；会议论文17篇，占文献总量的6.94%。

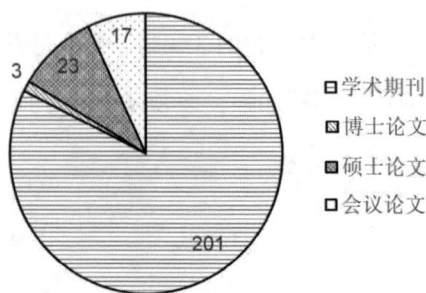

图3-6　2003—2015年国内应急避难场所研究文献类型分布

资料来源：根据中国知网的数据库绘制。

从应急避难场所相关文献所属的学科看，研究涉及的学科较广泛，根据统计居前 5 位的学科如表 3-8 所示。主要包括城市发展与规划、公共安全与管理、灾害学、景观与建筑、地理学。其中城市发展与规划为最主要的学科，涉及该学科的文献有 79 篇，占期刊总数的 32.24%。

表 3-8　2003—2015 年中国应急避难场所文献涉及主要学科

学科	篇数 / 篇	百分比
城市发展与规划	79	32.24%
公共安全与管理	48	19.59%
灾害学	45	18.37%
景观与建筑	30	12.24%
地理学	28	11.43%
其他	15	6.12%

资料来源：根据中国知网的数据库绘制。

研究应急避难场所的 201 篇学术期刊分别发表在 63 种期刊上，为了解国内该领域发表论文的分布情况以及刊文主流杂志，通过对检索出来的文献进行期刊来源统计，发表应急避难场所论文数量 ≥ 2 篇的来源期刊（如表 3-9 所示）。其中《城市与防灾》《中国应急救援》《城市规划通讯》位列前 3，刊载期刊数量总数为 42 篇，占总数的 20.90%。但是这 3 种期刊的影响因子较低，其中有两份期刊没有影响因子，在上面发表的文章大多为应急避难场所的报道简介和科普宣传，同时期刊被引频次比较低，说明中国应急避难场所研究学术期刊发表层次不高，在研究深度上面还需提升。但值得注意的是，《城市规划》《自然灾害学报》《规划师》《中国园林》和《中国安全科学学报》等核心期刊近几年刊载该领域的文章有所增加，文献质量也有所提高。

表 3-9 2003—2015 年中国应急避难场所文献主要代表期刊

学科	代表期刊	篇数 / 篇	影响因子	TP	TC
城市发展与规划	《城市与减灾》	20	无	1 943	1.45
	《城市规划通讯》	10	无	13 257	0.08
	《江苏城市规划》	5	无	1 771	1.17
	《规划师》	4	1.470	6 430	7.84
	《北京规划建设》	4	0.229	5 166	2.21
	《上海城市规划》	4	0.731	2 189	1.91
	《城乡建设》	2	0.089	9 526	1.18
	《城市规划》	2	2.471	6 829	15.76
公共安全与管理	《中国应急救援》	12	0.210	1 083	0.74
	《中国安全科学学报》	6	1.445	6 052	11.2
	《安全》	4	0.107	4 742	1.19
	《安全与环境学报》	3	1.150	5 123	5.71
灾害学	《自然灾害学报》	8	1.262	3 292	14.89
	《防灾减灾学报》	8	0.164	1 793	1.57
	《世界地震工程》	4	0.510	3 417	8.37
	《中国园林》	3	1.099	7 039	11.15
	《城市建筑》	3	无	8 610	1.09
	《北京园林》	2	无	1 860	1.09
	《安徽建筑》	2	0.090	10 556	1.24
地理学	《测绘与空间地理信息》	7	0.363	7 350	2.72
	《云南地理环境研究》	2	0.384	2 115	6.27

注：（1）影响因子数据来源于中国知网；（2）TP：总发文量；TC：总被引频次。

资料来源：根据中国知网的数据库绘制。

（三）研究区域空间分布

通过对文献的梳理，发现应急避难场所研究区域空间的分布有如下几个特点（如表 3-10 所示）：（1）从宏观尺度上，呈现出"东部高于中部、中部高于西部"的特点，在一定程度上与中国综合自然灾害相对风险等级的格局相吻合。史培军等认为中国 7 个综合自然灾害高风险分别为长三角及长江下游沿江地区、淮河流域、华北平原及京津唐地区、两湖地区、汾渭盆地、四川盆地、下辽河地区，这在研究区域和研究次数上得到一定的体现。（2）从微观尺度上，北京、四川、江苏、上海这4个省（直辖市）的研究次数超过了10，这4个地区体现了经济发达和自然灾害频发两大属性地区是应急避难场所研究的热点。

表 3-10　2003—2015 年中国应急避难场所文献研究区域概况

研究区域		研究次数		研究区域		研究次数	
北京市		36		陕西省	西安市	5	7
四川省	汶川县	8	17		咸阳市	2	
	成都市	5		安徽省	合肥市	3	6
	绵阳市	3			淮南市	1	
	攀枝花市	1			安庆市	1	
江苏省	南京市	3	12		铜陵市	1	
	徐州市	2		山西省	太原市	4	5
	溧阳市	2			晋城市	1	
	连云港市	2		天津市		5	
	盱眙县	1		辽宁省	沈阳市	3	5
	扬州市	1			鞍山市	1	
	洪泽区	1			大连市	1	
上海市		10		浙江省	杭州市	2	3
重庆市		9			宁波市	1	
山东省	济南市	4	9	广西壮族自治区	柳州市	2	3
	潍坊市	2			南宁市	1	
	淄博市	2		陕西省	咸阳市	2	
	聊城市	1		吉林省	长春市	2	
福建省	厦门市	4	8	新疆维吾尔自治区	乌鲁木齐市	1	2
	福州市	2			克拉玛依市	1	
	泉州市	1		河北省	邢台市	1	2
	莆田市	1			唐山市	1	
云南省	昆明市	4	8	甘肃省	玉树市	1	
	剑川市	3		湖南省	长沙市	1	
	盈江市	1		湖北省	武汉市	1	
广东省	广州市	4	7	贵州省	贵阳市	1	
	深圳市	3					

资料来源：根据中国知网的数据库绘制。

（四）研究单位和作者分布

通过文献计量，应急避难场所研究单位总共有 272 个，将研究单位发表文章 3 篇以上的进行统计发现（如表 3-11 所示），河北理工大学、北京市地震局和中国地震局的文章篇数位于前 3。应急避难场所研究的主要作者有河南理工大学的钱洪伟、北京师范大学的陈志芬、北京市地震局的曹金龙、南京师范大学的刘少丽等。

表 3-11　2003—2015 年中国应急避难场所文献研究单位（篇数大于 3）

研究单位	文章篇数
河南理工大学	18
北京市地震局	12
中国地震局	9
北京师范大学	8
中国科学院	7
北京工业大学	6
西南交通大学	6
云南大学	6
河北联合大学	5
重庆市规划局	5
北京市城市规划设计研究院	4
成都市规划设计院	4
同济大学	4
重庆大学	4
安徽农业大学	3
东北师范大学	3
河南工业大学	3
上海大学	3
西北大学	3
武汉大学	3

资料来源：根据中国知网的数据库绘制。

（五）研究重点内容

通过文献题目和关键词分析，利用 Netdraw 软件画出应急避难场所、城市、空间布局等 17 个高频词组成的关系网络图（如图 3-7 所示）。从图中可知，红色部分如城市、应急避难场所和空间布局出现频次最高，线条粗细表示其关系性的大小，线条越粗高频词之间关联度越高，反之越低。但是要对一个研究领域做研究内容和重点阐述还需要深入文献内容，所以本书从概念内涵、合理性空间布局和方法技术 3 个角度进行应急避难场所的分析。

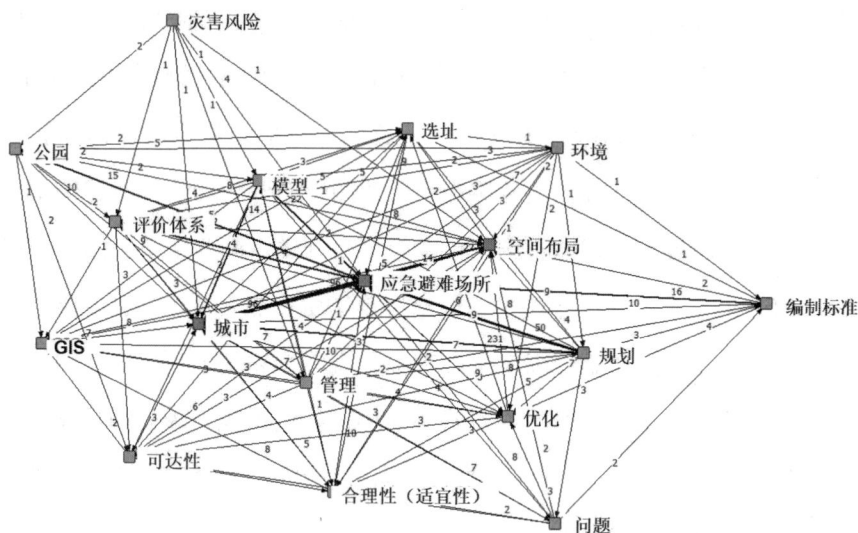

图 3-7 国内应急避难场所研究高频词关系网络图

资料来源：根据中国知网的数据库绘制。

（1）概念内涵。在理论研究与实际规划建设中，与应急避难场所（紧急避难场所、防灾避难场所）相近的词语较多，如防灾空间、避震疏散场所、防灾公园（防灾绿地）等。虽然它们的内涵和范围有所不同，但都具备一定的防灾减灾功能，在本质上是一致的，本次概念内涵主要针对城市应急避难场所。2001 年 10 月 16 日颁布的《北京市实施〈中华人民共和国防震减灾法〉办法》中明确规定："在城市规划和建设中，应当考虑地震发生时人员紧急疏散和避险的需要，预留通道和必要的绿地、广场和空地。"齐瑜认为应急避难所是指利用城市公园、绿地、广场、学校、操场等场地。经过科学的规划建设与规范化管理，能为社区居民提供安全避难、基本生活保障及救援、指挥的场所[40]。林晨等人提出应急避难场所是城市中具有特殊功能的公共空间，其组成多为开敞的城市公共空间，如公共绿地、城市广场、体育场、学校运动场、停车场及绿化分隔带等[41]。苏群等人认为城市应急避难场是指利用城市公园、绿地、广场、体育场、学校操场等场地，经过科学的规划建设与规范化管理，能为社区居民提供安全避难、基本生活保障及救援、指挥的场所[42]。总结发现应急避难场所内涵有以下几个特点：①场地选择：应急避难场所按照形态分为场地型和建筑型，如城市绿地、广场、学校体育场、校舍等城市开敞空间和建筑空间，一般面积达到 10 000 m²；②基本类型：应急避难场所按照其覆盖半径、要求、作用分为 3 种：紧急避难、固定避难和中心避难，体现了其多样性和差异性[43]；③基本功能：主要分为在日常生活中承担城市规划固有的功能（如旅游、休闲、科教等），和临灾时或灾时、灾后人员疏散和避难生活避难功能。

（2）空间布局合理性评价。选址和空间布局的合理性是应急避难场所规划过程中需要解决的最主要问题之一。可在现实中，城市可用避难场所用地空间分布非常不均衡，而且受经济因素影响城市中心作为人口最密集的地方，空地异常稀少。毛培等[44]在南京市城市应急避难场所研究中指出不是仅要求避难面积和设施的总量达标，而是要因地制宜，合理布局，并从选址、可到达、关注灾害弱势群体、标志牌、疏散通道多方面来提高其合理性；李久刚[45]利用避难场所的分配唯一性准则、容量不超限准则、受灾人员总行程最小化准则、服务区空间连续性准则等组成的多准则的决策模型对乌鲁木齐中心城区空间进行选址与优化；刘少丽[46]等以徐州市为例，基于 GIS 的网络分析法，构建了服务面积比、服务人口比、人均避难场所面积等五个指标分析城市应急避难场所空间布局的合理性；徐伟等[47]从避难所区位布局原则和模型两个方面，系统归纳了灾害避难所区位优化布局研究工作所取得的进展和存在的主要问题，并对未来避难所研究进行了展望；施益军[48]通过对应急设施区位选址模型的对比分析，构建起山地小城市应急避难场所的选址模型体系，依托技术和模型划分各应急避难场所的服务范围，并结合实际的城市用地和建设情况对应急避难场所的空间布局进行优化调整。另外，朱鸿伟[49]、赵来军[50]、黄谦[51]、龙晓露[52]以广州、上海、柳州、长沙等城市进行了多案例分析。总之，我国应急避难场所布局合理性方面的研究工作还处于起步阶段，侧重于区位选择等方面；而且多集中在县域和市域两种尺度和城市地区，而宏观尺度和乡村避难场所的研究明显欠缺。

（3）方法和技术。我国应急避难场所的研究的方法和技术经历了定性到定量，从单一视角到综合范式的两大转变。2003—2008 年，应急避难场所研究大部分集中于宣传普及[53]、功能[54]、问题[55]和建议[56]等方面，所以研究方法以定性为主。2009—2015 年，以 DEA、GIS、AHP 等模型利用综合评价指标体系陆续进入研究过程中，陈志芬等建立以建设成本和运营成本为输入指标，以服务性、可达性、安全性为输出指标的效率评价指标体系，并选择有界 DEA 模型，分层次对应急避难场所的投入产出效率进行评价[57]；李刚等根据地震应急避难场所和责任区域的特点，提出以各场所的覆盖半径为权重，使用加权 Voronoi 图方法在 GIS 技术上对场所责任区域进行空间剖分[58]；戴晴选取分析应急避难场所适宜性评价指标，建立适宜性评价指标体系，运用灰色关联法熵值权重法，利用 GIS 对深圳市应急避难场所进行适宜性评价，为城市应急避难场所规划提供建设性参考意见[59]。在应急避难场所工作方面，目前采用的手段主要有地理信息空间分析技术和数学优化模型。数学模型的使用更为灵活和广泛，能够解决更为复杂的问题。目前，关于避难所选址主要的研究有单目标、层次及多目标模型研究，其中以单目标模型的研究最为成熟。然而在实际问题中，往往需要满足不同的目标，因此多目标选址模型的建立极为必要。如刘强等通过地震灾害进行风险分析与评估，建立层次化评价指标体系，应用 AHP 方法建立选址原则层次分析模型并进行定量分析，为地震灾区恢复重建选址和确定特大地震应急避难场所的选址提供科学技术依据[60]；赵秀娟等采用改进粒子群算法（MPSO）获得避难所选址分配非劣解结果。最后通过建立综合评价指标对非劣解中各个结果进行分析评价，为避难所选址规划工作提供可行性建议[61]。最近几年风险评估[62]、百度地图[63][64]、均衡原则[65]、多目标决策等模型方法也逐渐被运用于应急避难场所的管理建设、查询系统开发。在综合研究范式上面，钱宏伟[66]、熊焰等[67]对城市应急避难场所规划环境影响评价体系、减灾能力评价体系和适宜性评价体系的研究。总体而言，在应急避难场所的方法和技术方面逐渐趋向定量模型和信息可视化分析，但在综合范式研究方面还存在不足，后期要考虑灾害模型中的不确定性因素、提高模型的解算效率，完善多灾种综合的避难场所规划等。

（六）小结

1. 文献计量方面

我国应急避难场所研究经历了萌芽探索期（2003—2007）和快速发展期（2008—2015）两个重要阶段；在学科分布上，主要集中在城市发展与规划、公共安全与管理、灾害学、景观与建筑、地理学 5 大学科；在研究区域有明显的空间差异：从宏观尺度上，呈现出"东部高于中部、中部高于西部"的特点，在一定程度上与中国综合自然灾害相对风险等级的格局相吻合；从微观尺度上，北京、四川、江苏、上海这 4 个省（直辖市）的研究次数超过了 10，体现了经济发达和自然灾害频发两大属性地区是应急避难场所研究的热点；应急避难场所研究主要单位有河北理工大学、北京市地震局和中国地震局。

2. 研究内容方面

根据 Netdraw 可视化可知"城市""应急避难场所"和"空间布局"3 个高频词成为研究重点。从起初普及宣传逐渐对概念内涵、功能和合理性评价进行了全面总结，体现了应急避难场所研究内容的延伸；并从县域和市域 2 种尺度对不同城市应急避难场所选址、可达性、空间布局、环境评价和编制标准等方面进行了多案例较为全面的论述。但我国应急避难场所研究多集中在市域和县域两种尺度，而宏观尺度和微观尺度较少，城市地区较多，乡村应急避难场所的研究明显欠缺；空间布局合理性主要侧重于区位选择等方面，而且以近期建设和规划为主，跨时间尺度分析不足；另外应该重视城市应急避难规划编制，做到"和而不同"，体现城市特色。

3. 研究方法方面

我国应急避难场所的研究的方法和技术经历了定性到定量，从单一视角到综合范式两大转变。以 DEA、GIS、AHP 等模型利用综合评价指标体系陆续进入研究过程中，加快了该领域发展速度和提升了研究深度；在综合范式方面，不断重视城市应急避难场所规划环境影响评价体系、减灾能力评价体系和适宜性评价体系的研究。但大多是研究方法多基于单学科如地理学、灾害学等，在多学科交叉研究上存在不足；尽管计量模型成为该领域研究的主流，但后期要考虑灾害模型中的不确定性因素（关注受灾人群的避灾行为）、提高模型的解算效率（精简评价体系），完善多灾种、综合的避难场所规划。

第四节　应急避难场所研究展望与建议

（一）提升应急避难场所规划的地位

尽管北京、深圳、广州、上海等城市已经完成了应急避难场所专项规划的编制工作，城市总体规划也将防灾规划列入其中，但城市防灾规划未深入人心或者整合度不高。新时期，城市规划应该转变成为"智慧—绿色—韧性"多元弹性的规划，注重城市的防灾规划，努力提升城市的公共安全能力和应变能力。所以城市总体规划中要合理布局城市空间结构和用地结构，留出适宜的开放空间和防护用地，满足城市综合防灾要求。当然，应急避难场所专项规划必须尊重城市总体规划和土地利用总体规划，应该根据疏散人口数量、空间分布、服务区面积计算，分期分批建设各类应急避难场所，并且能及时对现有的应急避难场所进行合理布局和优化。

（二）加快应急避难场所体系的管理

城市应急避难场所体系是由不同规模、等级和职能的避难场所，并辅以疏散通道，以及一套规范的避难场所识别标志组成。在这个复杂的体系中需要多个管理部门的相互配合，所以政府要积极建设城市应急指挥机构和应急避难场所数据库，将交通、卫生、环境、教育等部门纳入城市应急避难场所体系建设中来，提高保障条件。作为城市灾害综合管理的重要组成成分，社区灾害研究应该成为应急避难场所体系管理中一个重要部分。建立有"准备"、有"恢复能力"的社区，提高社区市民的灾害认知程度、调查市民避灾行为和关注弱势群体，

（三）关注乡村应急避难场所的研究

乡村自然灾害发生机制更复杂、乡村防灾能力更为薄弱，乡村灾害的类型伴随着"美丽乡村"的政策推进，村镇层次的应急管理体系和应急避难场所规划建设逐渐重视起来。但是，防灾的重点和城市有较大的差异，乡村应急避难场所的规划建设也非常重要。所以在村镇规划过程中可以将中小学操场和社区广场乡（镇）建设成避难场地、村级避难场地；同时村委会、学校、福利院或仓库等公共建筑作为避难建筑，完善乡村公路设施和配套设施，让应急避难场所成为乡村公共服务体系中的重要组成部分。

本章小结

应急避难场所作为城市防灾和公共安全建设的一项重要内容，已经成为灾害学、地理学和城市规划等学科的研究热点之一。其选址、布局、适宜性、可达性和管理等多个层面都影响着一个城市的安全。但城市应急避难场所的建设与管理又是一件复杂的工程，涉及经济、社会、文化、管理、政策等多层面。广州位于珠江三角洲地震重点监视防御区内，除花都区、从化区、增城区地震基本烈度为Ⅵ度外，绝大部分地区均为Ⅶ度。广州市发育规模宏大的北东向、东西向构造带及北西向断裂带，按照我国东南沿海地震发生的新生性和重复性特点，广州仍有遭受破坏性地震

袭击的可能[68]。同时，广州作为我国的中心城市之一，城市化进程快，人口密度和经济密度较大，城市风险遇到较大的外在威胁。在韧性城市的背景之下，提高城市安全性和韧性，未雨绸缪地开展地震应急避难场所空间布局和管理显得非常有必要性。

参考文献

［1］翟国方. 城市公共安全规划［M］. 中国建筑工业出版社，2016.

［2］黄雍华. 基于 GIS 的上海市都市功能优化区应急避难场所适宜性评价与分析［D］. 上海：上海师范大学，2018.

［3］戴慎志. 城市综合防灾规划［M］. 北京：中国建筑工业出版社，2011：118-122.

［4］佟瑞鹏，梁明添，李春旭. 《中国安全科学学报》载文特点及研究主题变化分析［J］. 中国安全科学报，2016，26（1）：8-14.

［5］Enrico R，Paul A R，Richard D. A Method for the analysis of behavioural uncertainty in evacuation modelling［J］. Fire Technology，2014，50（6）：1545-1571.

［6］Pamela M T，Brian W. Evacuation transportation modeling：An overview of research，development，and practice［J］. Transportation Research Record，2013（22）：25-45.

［7］Milad H，Majid S. Human exit choice in crowded built environments：Investigating underlying behavioural differences between normal egress and emergency evacuations［J］. Fire Safety Journal，2016（85）：1-9.

［8］Zheng X P，Zhong T K，Liu M T. Modeling crowd evacuation of a building based on seven methodological approaches［J］. Building and

Environment, 2009, 44（3）：437–445.

［9］Cova TJ，Johnson JP. A network flow model for lane–based evacuation routing ［J］. Transportation Research Record, 2003, 37（7）：579–604.

［10］Song W G，Yu Y F，Wang H，et al. Evacuation behaviors at exit in CA model with force essentials：A comparison with social force model ［J］. Physica A：Statistical Mechanics and its Applications, 2006, 371（2）：658–666.

［11］Sun Y Y，Nakai F，Yamori K，et al. Tsunami evacuation behavior of coastal residents in Kochi Prefecture during the 2014 Iyonada Earthquake ［J］. Natural Hazards, 2017, 85（1）：283–299.

［12］Raven M C，Tieu L，Lee C T，et al. Emergency department use in a cohort of older homeless adults：results from the HOPE HOME study ［J］. Academic Emergency Medicine, 2017, 24（1）：63–74.

［13］Jessica L P. The cost of seeking shelter：How inaccessibility leads to women's underutilization of emergency shelter ［J］. Journal of Poverty, 2014, 18（3）：254–274.

［14］Tim A，Susan F，Stephen WH，et al. Identifying the patterns of emergency shelter stays of single individuals in canadian cities of different sizes ［J］. Housing Studies, 2013, 28（6）：910–927.

［15］Xie C，Lin D Y，Waller S T. A dynamic evacuation network optimization problem with lane reversal and crossing elimination strategies ［J］. Transportation Research Record, 2010, 46（3）：295–316.

［16］Grebe J J. Survival shelters emergency supplies and first aid kits ［J］.

Michigan State Medical Society，1951，50（3）：271-274.

［17］Davis I. Emergency Shelter［J］. Disasters，1977，1（1）：23-39.

［18］Quarantelli E L. Patterns of sheltering and housing in US disasters［J］. Disaster prevention and Management，1995，4（3）：43-53.

［19］Davis A P. Targeting the vulnerable in emergency situations：who is vulnerable［J］. The Lancet，1996，348（9031）：868-871.

［20］Kar，Hodgson ME. A GIS - Based Model to Determine Site Suitability of Emergency Evacuation Shelters［J］. Transactions in GIS，2008，12（2）：227-248.

［21］Davis I. What have we learned from 40 years' experience of Disaster Shelter［J］. Environmental Hazards，2011，10（3-4）：193-212.

［22］姜乃力，李刚，郑晓非，等. 日本城市防灾减灾的经验与启示：以城市防灾公园建设为例［J］. 世界地理研究，2004（04）：46-50.

［23］FEM Agency. Design and Construction Guidance for Community Shelters. FEMA 361［M］. Federal Emergency Management Agency，Washington，DC，2000.

［24］Anne L D. Review of shelter from the storm：Repairing the national emergency management system［J］. Journal of Homeland Security and Emergency Management，2011，3（4）：547-556.

［25］Anhorn J，Khazai B. Open space suitability analysis for emergency shelter after an earthquake［J］. Natural Hazards and Earth System Science，2015，15（4）：789-803.

［26］Mohammad S，Ali M，Mohammad T. Evacuation planning using multi-objective evolutionary optimization approach［J］. European journal of operational research，2009，198（1）：305-314.

[27] Helbing D，Buzna L，Johansson A，et al. Self-organized pedestrian crowd dynamics：Experiments，simulations，and design solutions [J]. Transportation science，2005，39（1）：1-24.

[28] Ng M，Park J，Waller S T. A hybrid bilevel model for the optimal shelter assignment in emergency evacuations [J]. Computer-Aided Civil and Infrastructure Engineering，2010（25）：547-556.

[29] Pan A P. A Constructive genetic algorithm for the P-Median location problem of typhoon emergency shelter in China coastal rural areas [J]. Key Engineering Materials，2011，1272（480）：1215-1220.

[30] Unal M，Uslu C. GIS-Based accessbility analysis of urban emergency shelters：the case of Adada city [J]. The International Archives of the Photogrammetry，Remote Sensing and Spatial Information Sciences，2016（XLII-2/W1）：95-101.

[31] Trivedi A，Singh A. A hybrid multi-objective decision model for emergency shelter locationrelocation projects using fuzzy analytic hierarchy process and goal programming approach [J]. International Journal of Project Management，2017，35（5）：827-840.

[32] Bashawria A，Garritya S，Moodleya K. An Overview of the Design of Disaster Relief Shelters [J]. Procedia Economics & Finance，2014（18）：924-931.

[33] Khazai B，Hausler E. Intermediate Shelters in Bam and Permanent Shelter Reconstruction in Villages Following the 2003 Bam，Iran，Earthquake [J]. Earthquake Spectra，2005，21（S1）：487-511.

［34］Manley M, Yong SK. Modeling emergency evacuation of individuals with disabilities（exitus）: An agent-based public decision support system［J］. Expert Systems with Applications, 2012, 39（9）: 8300-8311.

［35］Davis I. Learning from Disaster Recovery Guidance for Decision Makers［J］. Technology & Society Magazine IEEE, 2007, 28（3）: 28-36.

［36］Hayley Walters RVN. A VN's perspective on emergency shelter volunteering in Thailand［J］. Veterinary Nursing Journal, 2013, 28（10）: 338-340.

［37］Barnett J. Security and climate change［J］. Global Environmental Change, 2003, 13（1）: 7-17.

［38］秦晓楠, 卢小丽, 武春友. 国内生态安全研究知识图谱: 基于 CiteSpace 的计量分析［J］. 生态学报, 2014, 34（13）: 3693-3703.

［39］Abdalla R. Evaluation of spatial analysis application for urban emergency management ［J］. Springerplus, 2016, 5（1）: 2081-2090.

［40］Haghani M, Sarvi M. Stated and revealed exit choices of pedestrian crowd evacuees［J］. Transportation Research Record, 2017（95）: 238-259.

［41］林晨, 许彦曦, 佟庆. 城市应急避难场所规划研究: 以深圳市龙岗区为例［J］. 规划师, 2007（2）: 58-60.

［42］苏群, 钱新强. 城市避难场所规划的空间配置原则探讨［J］. 苏州大学学报（工科版）, 2007, 27（2）: 66-70.

［43］张雪菲. 城市地震应急避难场所规划及管理机制研究［J］. 城市规划，2009（8）：71-74.

［44］毛培，宋伟轩. 建设本地特色的城市避风港：以南京地震应急避难场所规划为例［J］. 城市与减灾，2009（2）：32-29.

［45］李久刚. 城市应急避难场所服务区决策模型及选址优化方法研究［D］. 武汉：武汉大学，2011.

［46］刘少丽，陆玉麒，顾小平，等. 城市应急避难场所空间布局合理性研究［J］. 城市发展研究，2012，19（3）：113-120.

［47］徐伟，胡馥好，明晓东，等. 自然灾害避难所区位布局研究进展［J］. 灾害学，2013（4）：143-151.

［48］施益军. 山地小城市应急避难场所空间布局优化研究：以云南剑川为例［D］. 昆明：云南大学，2015.

［49］朱鸿伟，李珠，刘锦. 广州城市应急避难场所规划建设与管理研究［J］. 广州城市职业学院学报，2013，7（3）：23-27.

［50］赵来军，马挺，汪建，等. 城市应急避难场所布局与建设探讨：以上海市为例［J］. 工业安全与环保，2013，39（11）：61-65.

［51］黄谦，黄存平，颜华. 岩溶发育地区地震应急避难场所空间布局和建设探讨：柳州市案例研究［J］. 自然灾害学报，2014，23（6）：124-128.

［52］龙晓露. 长沙市应急避难场所规划布局研究［D］. 长沙：湖南大学，2014.

［53］韩淑云. 北京19处应急避难场所将于年底建成［J］. 城市与减灾，2004（4）：43-44.

［54］简永辉. 城市公园：应急避难场所的功能：以元大都城垣遗址公园

为例［J］．建设科技，2008（19）：80-82．

［55］李传贵，张晓峰．城市灾害与应急避难场所规划问题分析［J］．安全，2006（5）：5-7．

［56］周长兴．城市地震应急避难场所研究［J］．北京规划建设，2008（4）：22-25．

［57］陈志芬，李强，王瑜，等．基于有界数据包络分析（DEA）模型的应急避难场所效率评价［J］．中国安全科学学报，2009，19（11）：152-158．

［58］李刚，马东辉，苏经宇．基于加权 Voronoi 图的城市地震应急避难场所责任区的划分［J］．建筑科学，2006，22（3）：55-59．

［59］戴晴．基于 GIS 的应急避难场所适宜性评价：以深圳市地震应急避难场所为例［D］．北京：中国地质大学，2010．

［60］刘强，阮雪景，付碧宏．特大地震灾害应急避难场所选址原则与模型研究［J］．中国海洋大学学报，2010，40（8）：129-135．

［61］赵秀娟，马运佳，梁埔君，等．粒子群算法在地震灾害应急避难所选址中的应用：以云南省鲁甸县文屏镇为例［J］．北京师范大学学报（自然科学版），2018，54（2）：217-223．

［62］昂玉洋．基于灾害风险评估的城市应急避难场所建设研究：以南京市为例［D］．南京：南京师范大学，2013．

［63］郑黎辉，叶应树，肖健，等．基于百度地图的应急避难场所查询系统的设计与开发［J］．内陆地震，2014，28（3）：202-210．

［64］周浩．基于百度地图 API 地震应急避难场所信息地图化动态显示的实现［J］．地震工程学报，2015（37z）：114-118．

［65］魏东，唐楠，徐姗．基于均衡原则的城市应急避难场所布局合理性

评价：以西安市中心城区为例［J］．现代城市研究，2015（5）：43-50．

［66］钱洪伟．城市应急避难场所规划环境评价理论及应用研究探析城市应急避难场所规划环境评价理论及应用研究探析［J］．中国公共安全（学术版），2010，19（2）：59-63．

［67］熊焰，梁芳，乔永军，等．北京市地震应急避难场所减灾能力评价体系的研究［J］．震灾防御技术，2014，9（4）：921-931．

［68］闫永涛，唐勇，魏宗财．地震应急避难场所专项规划编制探索：以广州市地震应急避难场所专项规划纲要为例［R］．2010中国城市规划年会论文集．

第四章 广州主要城市自然灾害和脆弱性空间格局

第一节 广州市主要城市自然灾害

广州位于中纬度灾害带与环太平洋带的交会处海陆接合部，是自然灾害多发地区。主要自然灾害类型包括台风、暴雨、洪水、地震和滑坡等，另外，广州人口密集，社会经济集中程度高，人为灾害类型也非常多样。广州城市灾害形成的孕灾环境主要是气候气象环境、地形地貌环境、地质水文环境、土壤植被环境和城市化快速发展的人为环境，再加上致灾因子多样、承灾体特殊。这些城市灾害发生频率高、受灾范围广和危害重的特点对该区的经济发展和社会公共安全造成了严重的威胁。

1. 台风灾害

广州是气象灾害的多发城市，其中台风是广州影响范围最大、危害最严重的灾害之一。台风灾害作为一种热带低压气旋,破坏力主要包括强风、暴风和风暴潮三种表现,同时还会引发暴雨、河堤决口、泥石流等其他次生灾害。根据广东台风过程数据库统计,1949—2009 年登陆或经过广东省的台风数量已经达到 245 场,使得广东省的历史台风频数在沿海省份中位居首位。广东省台风路径主要分为 4 条,其中在珠江口岸附近登陆的台风路径直接影响深圳、广州、珠海、东莞、中山等地区,甚至还会延伸到粤中和粤北地区,造成严重的暴雨天气。广州台风具有发生频繁、成灾速度快、成灾种类多、影响范围广的特征[1]。如台风灾害具有典型的季节性,登陆或者影响广东的台风时期为 4—12 月份,长达 9 个月,其中 7—9 月为台风频发期[2]。虽然直接在广州市范围内登陆的台风次数较少,但是影响广州的台风次数还是很多。广州的台风灾害多来自西太平洋,约占70%,对广州造成的影响最大、造成的灾害最严重。虽然广州是沿海城市,但北部如从化、花都等区域距离海洋较远,又受山地丘陵阻挡,影响较少;因此距离海洋较近的南部地区受影响较大,如番禺、增城,年影响次数为2.5 ~ 2.7 次。

2．暴雨洪水灾害

广东省是"典型气候脆弱区",由于常年受到热带气旋和锋面气旋的影响,暴雨洪涝灾害极为频繁。广州地处我国东南沿海地区,形成暴雨的水汽、热力、动力条件皆强于其他的沿海省份,暴雨强度之大、雨期之长皆居于全国前列。广州暴雨洪涝灾害形成机制复杂,曾昭璇等指出广州洪水的产生主要是由于西、北、东三江同降暴雨形成暴雨洪水,加上河口潮汐顶托、洪潮汇流共同所致[3]。陈俊合指出影响广州市洪涝的主要因素是洪水和潮汐,其中洪水主要来自北(西)江及流溪河;广州市的涝灾主要有三种类型：雨涝、洪涝和潮涝，暴雨是造成广州内涝的主要因素 [4]。

随着广州强降水事件增加、全球海平面上升、不透水面积增加、湿地面积减少、江河水道变化、城市排水排涝等孕灾环境的变化 [5]，广州成为中国洪灾风险最高的城市之一，也是全国 24 个重点防洪城市之一 [6]。广州市的暴雨洪水灾害主要发生在 4-9 月份，主要跟夏季风的进退快慢有关。再加上该区地势相对平坦、河网密集，城市排水设施与暴雨强度不适应，极易产生城市排水不畅和城市内涝灾害，使得广州市的暴雨洪涝灾害损失较大。广州市暴雨季节长，暴雨日数多。5-6 月出现暴雨最多，平均每月为 1.3 或 1.4 个暴雨日。同时季节分布不均、年际变化大，在空间上，北部的从化、增城多暴雨，南部的番禺、广州市区相对较少。这是因为受地形北高南低的影响，夏季风带来的暖湿空气在北部山地抬升，易形成暴雨；而南部多为低丘、平原区，对海洋的气流抬升作用小，暴雨也较少。暴雨本身具有极大的冲击力和破坏力，对地表建筑和农作物造成一定的破坏；同时，暴雨洪水灾害还会引起雷电、大风、山洪暴发、城市内涝、泥石流等一系列次生灾害。如暴雨在广州城区最主要的影响是产生内涝及水浸街，由于广州老城区地势低洼，大多数地方在城市高程面以下，加上排水设施陈旧不能满足现代排水要求，一遇暴雨极易形成内涝，给城区的人民生活、交通和工作带来很大不便。2010 年 5 月，广州市普降特大暴雨，全省总雨量超过 100 毫米的站点共有 65 个，全省多个水文站点出现了 20 年一遇、50 年一遇的降雨量级。降雨远超城市排水能力，城市主要干道水浸严重，大雨造成了城市内涝。该次特大暴雨造成 100 多处房屋被摧毁，广州市内约 118 处局部区域出现内涝，1 000 多辆车辆受到水浸影响，受灾人口 87.53 万人，转移人口 6.75 万人，死亡 12 人，失踪 3 人，直接经济损失达 10.52 亿元，其中水利设施直接经济损失达 2.27 亿元。

3. 地震灾害

广州地震在空间分布上集中在珠江带状沉降区的西部。广州市发育规模宏大的北东向、东西向构造带及北西向断裂带，从而构成了广州市断裂构造总体的网络构造格局[7]。其中北东向广州—从化断裂带与东西向断裂交错在广州市中心通过，北西向断裂组自北东而南西斜贯而过，这是破坏性地震多发区，广州市有 4 次 4.75 ～ 5.0 级地震发生在此断裂带上或附近。北东向广州—从化断裂带位于研究区东部的广州、从化一带，属于恩平—新丰区域断裂带的中段，由广从断裂、仙溪等一组呈多字型排列的北东向断裂组成。东西向断裂带由广三、瘦狗岭断裂及燕山早期形成的南岗韧性剪切带等组成。北西向断裂带主要要有沙湾断裂带、西塘断裂组和旗杆断裂组。北西向构造带构造规模巨大，呈不等间距的排状排列，主要表现为山地的边缘构造，其形成时间相对较早。北东向构造带由西至东呈似平行状列，该构造形成时间相对较晚[8]。环形构造主要发育在本区北部，与岩体、地层有关。广州市地震活动水平不高，据史料记载，广州市发生 3 ～ 5 级地震有 66 次，破坏性地震 4.75 ～ 5.0 级仅有 4 次。自 1970 年广东省建立台站网以来，广州市发生的地震为数不多，于 1982—1983 年先后发生 0.6 ～ 2.0 级地震 5 次。所以广州地震活动频度不高，强度不大，但是随着人口的不断集聚和经济的快速发展，广州市的地震灾害风险也不容忽视。在城市规划、交通设计、防灾管理等方面要充分考虑地震灾害的风险。

4. 地质灾害

广东省突发性地质灾害主要有山体滑坡、崩塌、泥石流、地面塌陷和地面沉降 5 种类型，其主要原因是大雨和暴雨相对集中，造成群发性地质灾害，这些也是广州典型的地质灾害类型[9]。广州市是广东省人类活动最为强烈和城市化进程最快的地区之一，也是地质灾害影响破坏最为严重的地区之一。随着广州市的城市建设和社会经济持续不断发展，以及人类工程活动对地质环境作用的加剧，再加上地质环境条件和气象条件的变化，导致广州各类地质灾害时有发生，且具有一定的地域性[10]。广州市北部从化、花都、增城山地丘陵区受地貌、强降雨和人类工程活动综合影响，诱发崩塌、滑坡、泥石流等突发性地质灾害；在广州主城区、番禺区和南沙区为珠江三角洲冲积平原区，由于大面积的软土分布，导致软土地基沉降和基坑边坡失稳；在西北部的广花盆地、从化良口、增城派潭的隐伏岩溶区，由于不合理的矿产资源开发以及大量开采地下水和不合理的工程经济活动，导致岩溶地面塌陷[11]。尽管与粤西和粤北地区相比，广州地质灾害相对较少，但一旦发生，也会造成严重的人员伤亡和经济损失。

第二节　韧性城市视角下广州市脆弱性评价体系和方法

伴随着大量的人口和经济向城市集聚，水资源、土地资源和生态环境问题已成为城市化进程中的突出问题，城市脆弱性是努力实现城市可持续发展亟须开展的重要研究内容。本节借鉴国际韧性城市框架和理念，从人口脆弱性、经济脆弱性、社会脆弱性和生态环境脆弱性4个方面18个指标构建了城市脆弱性评价体系，利用综合指数模型和GIS空间分析法，总结了2005—2014年广州市城市脆弱性空间差异和演变，以期提高广州城镇化的发展质量和公共安全的能力。由于城市管理、政策宏观调控、城市发展规划目标等指标获取难度较大或者无法定量分析，没有纳入这次评价体系，但囊括了韧性城市的内涵和反映了广州城市发展特征。城市脆弱性时空格局演变为广州城市脆弱性的应对管理与调控措施提供了相关依据和理论基础。

广州是国家中心城市、广东省省会、珠三角城市群的核心城市，是"一带一路"倡议下的重点关注区域。为了更好地体现广州市脆弱性空间变化，本次的研究范围统一按照 2014 年的行政区划，共辖 10 区 2 市。其中，中心组团（荔湾区、越秀区、海珠区、天河区、白云区、黄埔区）和外围组团（番禺区、萝岗区、花都区、南沙区、增城区、从化区）。本节的人口、社会经济、基础设施、环境等统计数据主要来源于广州市各区的年鉴、广州市统计信息网、《中国城市年鉴》《广东省建设年鉴》。由于部分地区数据缺失，根据相邻年份值补齐，数据起止日期为 2005—2014 年。

一、评价体系

（一）城市脆弱性评价的理论框架

城市脆弱性是指一个城市在各种慢性压力和急性冲击下存续、适应和可持续发展的能力。是指在自然因素和人为因素的共同作用下，城市发展过程中的人口增长、经济发展、资源利用、环境污染、生态破坏等，超过了现有社会经济和科学技术水平所能维持城市长期发展的能力[12]。为了有效评价和科学量化城市脆弱性，不同学者和机构从不同视角建立了城市脆弱性研究的理论框架[13][14]。如风险—灾害框架、压力—释放框架、区域—地方分析框架、双重结构框架和耦合系统框架（Turner 等，2007）这 5 种最常见[15]。这些理论框架为后期城市脆弱性评价体系的构建奠定了理论基础，有利于解释城市脆弱性的产生原因和作用途径，为预测未来城市发展并制定相应对策提供依据，为城市可持续发展提供决策支持。

1. 风险—灾害框架

RH（risk-hazards）框架是 20 世纪 60—70 年代出现的脆弱性评价模型的雏形，该框架认为区域自然灾害是致灾事件和人类相互作用过程的产物，将灾害影响看作是由对灾害事件的暴露以及暴露实体的剂量—反应（即敏感性）构成的函数[16]。所以在评价自然灾害影响时，主要强调承灾体对扰动的暴露性和敏感性。但该模型存在较多不足：在对自然灾害的评价过程中没有注意承灾体的差异，没有考虑到区域系统对灾害的放大和缩小的影响，同时在影响因素中没有重视考虑经济方面尤其是社会结构、制度等因素。

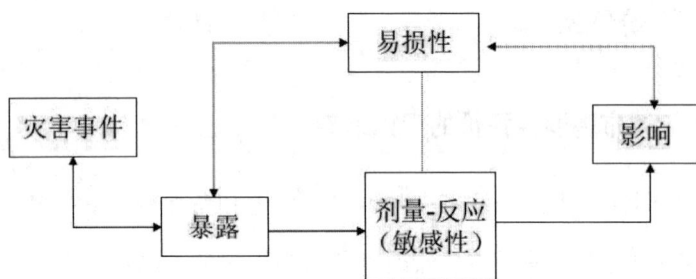

图 4-1　RH 分析框架

资料来源：本研究自制。

2. 压力—释放框架

在 RH 框架的基础上，以布莱基（Blaikie）为代表提出压力—状态—响应模型（PAR），该模型将风险定义为扰动或压力与暴露单元易损性相互作用的产物，其中扰动可以分为"动态压力"和"不安全条件"[17]。在评价过程中探讨承灾体易损性形成的条件及其产生的原因。该框架为灾害脆弱性评价提供了新的思路，开始重视致灾因子与人文因素的相互联系，但仍然处于一种静态的、单向的模型框架。

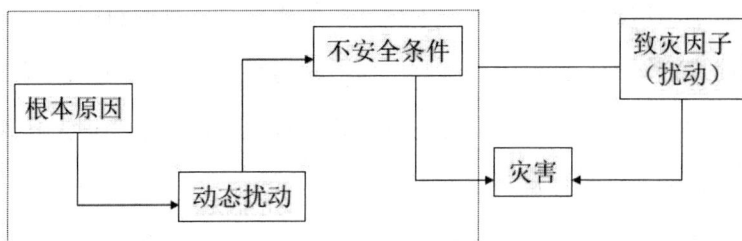

图 4-2　PAR 分析框架

资料来源：本研究自制。

3.HOP 模型

为了综合自然灾害脆弱性和社会脆弱性的观点，卡特认为脆弱性研究应该建立在地理学、社会学等多学科的基础上，提出了 HOP（hazards of place）模型，即地方灾害模型[18]。该模型认为脆弱性研究应该以特定地区作为研究对象，根据自然环境和社会结构状况，在地理学的框架下进行分析，提出区域风险调节能力对脆弱性的动态变化影响，强调了脆弱性的动态性。但该模型忽视了外部环境对脆弱性的影响。

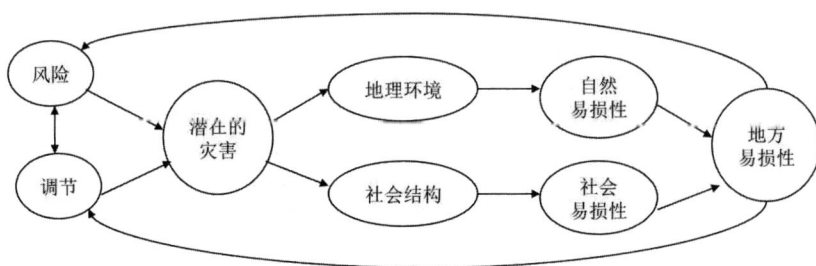

图 4-3　HOP 脆弱性分析框架

资料来源：本研究自制。

4. 双重结构脆弱性框架

2001 年，钱伯斯（Bohle）在结合 Chambers 脆弱性研究成果的基础上，提出了双重结构脆弱性模型，主要从外部暴露性和内部应对能力两个方面对易损性进行评价，弥补了脆弱性内部因素的研究[19]。该模型重视内部和外部条件的相互作用，从资源可达性、行为理论方法、权利理论和人类生态学等理论方面剖析内部"应对"和外部"暴露"的相互联系，值得一提的是，在该模型涉及的冲突和危机理论中，认为妥善处理应对资源调配过程是成功应对外部扰动影响的基本因素。

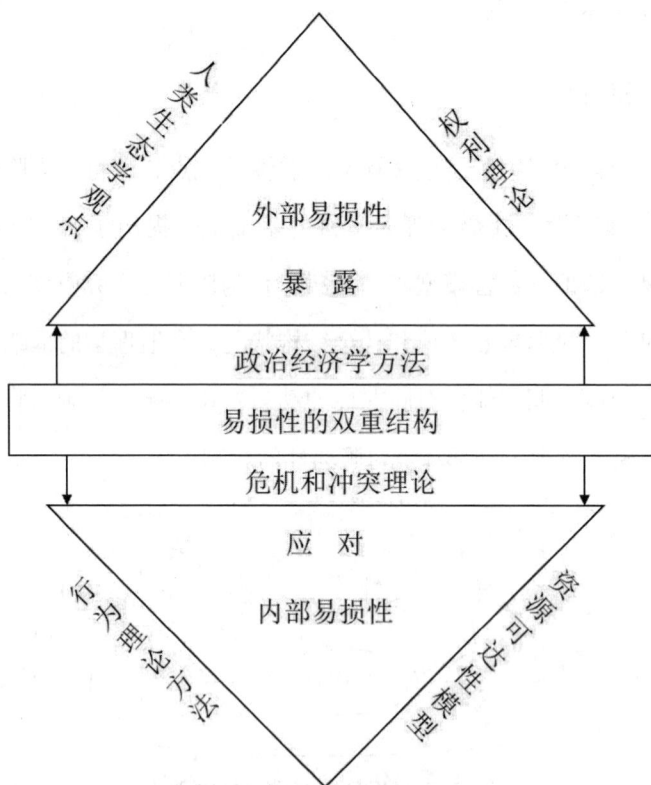

图 4-4　双重结构模型

资料来源：本研究自制。

5.耦合系统脆弱性框架

耦合系统模型从可持续发展的角度，使得脆弱性研究逐渐过渡到耦合系统的研究框架。特纳（Turner）等认为，脆弱性研究应该以耦合系统为研究分析对象，主要包括以下分析要素：多重相关作用的扰动及其先后顺序；暴露性；敏感性；应对和响应能力；系统响应后的重构等。该模型集合了暴露性、敏感性和应对恢复力等概念，强调了扰动的多重性和多尺度性，并且认为耦合系统评价框架是多要素、多流向、跨尺度、多重循环的闭合回路[20]。该模型下的脆弱性同时具备社会性、动态性、地方性等特点，同时强调人类活动与自然环境的相互关联。

（二）脆弱性评价指标构建原则

1. 科学性原则

科学性原则是指标体系中最重要的原则之一。科学性原则不仅体现在指标的范围上，还涉及指标体系的标准化和权重的计算，甚至影响到最后的评价结果，所以该原则贯穿整个评价过程。当然，不同的研究对象和侧重点不同，反映的科学问题各有差异，在评价指标体系中也会有所区别。所以，本文选取 2005 年、2010 年、2014 年 3 个时间节点，从目标层、指标层和要素层构建指标体系，主要是为了体现广州城市脆弱性的时空格局。

2. 可操作性原则

可操作性原则关系到数据的可得性和整个评价结果到底能不能达到预定的目标。所以在指标体系中一方面要顾及其全面性，也要考虑数据的可得性。本文指标体系构建筛选的过程中，充分遵循可操作原则和数据的可得性。例如，在最初的指标体系中考虑了灾害预警水平和灾害应急能力，但是考虑到这些指标的定量化存在一定困难，最后没有纳入评价的指标体系。

3.针对性原则

这个原则主要是针对研究对象和科学问题。不同的承灾体涉及的指标应该存在差异，没有一种特定专一的指标体系能运用于任何类型的脆弱性的科学问题，所以在面对不同类型和不同尺度的案例实证分析时，指标体系需要做针对性的修改和完善。例如，在研究某一微观尺度的脆弱性时，如某社区，应该要具体统计这个社区的房屋数量、土地面积、土地价格和居民财产等，但如果要研究珠江三角洲城市群中、宏观尺度案例分析时，要计算其房屋数量、不同土地价格和居民财产将是一个工作量巨大的过程，而且还不能完成预期的评价目标。

4.系统性原则

系统由若干子系统构成，各子系统又包含不同要素，各要素又相互作用和相互影响，共同决定着系统的结构和功能。城市脆弱性发生在城市这个复杂的系统中，因此不仅要弄清城市系统内部各要素之间的联系，考察其对城市脆弱性的影响，并且在时空格局差异评价上，更要了解城市内部各个要素的稳定性和变化趋势。所以应从系统整体的角度，重点考察不同要素之间的相互联系，同时对各个要素在不同时期的变化趋势进行综合的评价。

5.动态性原则

城市脆弱性作为灾害承灾体的内在属性，在不同的时期会表现出不同的变化特征。所以在脆弱性的时空格局分析中，指标体系要凸显不同时期、不同区域的脆弱性变化。因此，在拟定广州市城市脆弱性时空格局评价指标体系过程中，为了反映珠江三角洲城市群经济的高速发展和城市化进程，剔除了一些动态性不明显的指标。

（三）评价指标体系的构建

指标体系的构建是脆弱性评价的基础，指标体系的选择和构建对研究结果产生重要影响。基于对脆弱性概念的理解不同领域学者构建了不同的指标体系，涉及自然、生态、环境、经济、社会等方面因素。当前城市脆弱性评价体系主要集中于社区、城市、区域 3 种不同尺度，不同尺度的评价侧重点不同，导致评价体系有所差异（如表 4-1 所示）。社区脆弱性最为常见，主要聚焦于基础设施、社会资本的评价[21]；城市脆弱性则考虑综合风险，多关注城市人文和环境层面要素的韧性差异性[22][23]；区域脆弱性以空间灾害风险评价基础来提升系统安全性为目标，强调对冲击的自我调适与转型能力[24]。这些为建立客观、合理、可操作性强的评价指标体系提供了参考和借鉴。

表 4-1 脆弱性评价的研究尺度和指标体系

研究尺度	评价维度	主要指标	文献来源
社区脆弱性	基础设施、社会、经济、机构、自然	生态系统服务、自然灾害频率、城镇登记失业人口、危机管理框架有效性、人口密度、财政收支、防灾减灾经验与培训等	Joerin 等，2012；周利敏，2016；彭翀等，2017；刘佳燕等，2017；杨莹等，2019
城市脆弱性	经济、社会、社区管理	产业结构系数、城镇人均可支配收入、就业比例、老龄化率、城市治理能力、公共卫生设施、建成区绿化覆盖率等	李亚和翟国方，2017；Hudec 等，2018；Zheng 等。2018；张明斗等，2018
区域脆弱性	社会、经济、基础设施、机构、环境	第三产业占 GDP 的比重、就业率、自住房屋比例、每万人医院病床张数、防灾减灾设施完善度、土地利用混合度等	Cutter 等，2014；孙久文等，2017；陈梦远，2017；李连刚等，2019

借鉴韧性城市理念框架和城市脆弱性的相关成果[25]，尝试从人口脆弱性、经济脆弱性、社会脆弱性、生态环境脆弱性4个方面18个指标构建广州的城市脆弱性评价体系，如表4-2所示。和以往的韧性评价指标相比，该指标体系着重从社会科学方面探讨城市脆弱性的形成机制和影响因素，充分体现了城市在面对自然灾害过程中的暴露性、敏感性和恢复力，同时重视各评价指标之间的相互作用，并由部分向整体逐渐对脆弱性进行综合的评价。

表4-2 城市脆弱性评价体系

指标层	要素层	要素解释	单位
人口脆弱性（A1）	B1 人口密度	常住人口/行政区面积	（人/km²）
	B2 人口年龄结构	60岁以上的人口比例	（%）
	B3 人口受教育程度	初中以上学历人口/总人口	（%）
	B4 人口自然增长率	当年出生人口/当年总人口	（‰）
	B5 人口迁入率	迁入人口数/同期平均总人口数	（‰）
经济脆弱性（A2）	B6 人均GDP	GDP/常住人口	（元/人）
	B7 对外出口额	对外出口额	（亿美元）
	B8 第三产业比重	第三产业产值/GDP	（%）
	B9 消费水平指数	社会消费品零售总额/GDP	（%）
	B10 经济密度	GDP/行政区面积	（元/km²）
社会脆弱性（A3）	B11 恩格尔系数	家庭食品支出/总支出	（%）
	B12 城市失业人员就业率	失业人员中就业人口/失业人口	（%）
	B13 千人拥有病床数	病床数量/常住人口	（张/千人）
	B14 人均固定资产投资	固定资产投入/常住人口	（万元/人）

指标层	要素层	要素解释	单位
生态环境脆弱性（A4）	B15 单位 GDP 能耗	单位 GDP 能耗	（吨标煤 / 万元）
	B16 城市污水集中处理率（%）	城市污水集中处理率	（%）
	B17 空气质量优良率（%）	空气质量优良率	（%）
	B18 城市绿化率(%)	建成区绿化率	（%）

（四）韧性评价指标体系的解释

1. 人口脆弱性

主要反映了韧性城市指标体系中最小人群易损性、有效的人类健康、减少暴露 3 个层面，从人口密度、人口年龄结构、人口自然增长率、人口受教育程度和人口迁移率 5 个方面来分析。其中人口密度是体现城市暴露性的指标之一，这里的人口是指城市的常住人口；人口年龄结构主要体现城市的易损人群，选取高于 60 岁年龄段的户籍人口来分析，侧面反映了城市人口的老龄化；人口受教育程度表达的是城市人口素质，受教育程度越高在一定程度上会提高公众对城市风险的认知；人口自然增长率作为 HDI（人口发展指数）指标之一，主要通过婴幼儿出生数量会影响城市的脆弱性；人口迁入率反映城市人口的流动，城市良好的就业、医疗和教育资源等会吸引外来人口的流入。已有研究表明，迁移人口作为弱势群体，当迁移人口给城市的就业市场、住房市场、医疗和教育体系、基础设施和社会管理造成压力时，是城市脆弱性的一个重要的驱动因素。

2. 经济脆弱性

主要反映了韧性城市指标体系中稳定的经济、多样化生活、减少暴露

3 个层面，采用人均 GDP、对外出口额、第三产业比重、消费水平指数和经济密度 5 个指标。人均 GDP 体现城市平均人口的拥有的经济实力，对外出口额体现了经济的外向程度和活力，第三产业比重反映的是城市经济发展的产业结构优化程度，消费水平指数则通过社会消费品零售总额看出城市居民的消费能力；经济密度体现的是城市经济的集聚状况。经济脆弱性主要包含敏感性（sensitivity）和恢复力（resilience）两个方面，前 4 个指标主要体现城市恢复力，而经济密度体现城市暴露程度及敏感性。

3. 社会脆弱性

主要反映了韧性城市指标体系中多样化的就业、有效的人类健康和生命保障、便捷的交通、关键服务的有效性等层面，主要强调城市社会保障能力和基础设施建设。恩格尔系数和失业人口的就业率反映城市收入分配和城市社会保障能力，良好的城市管理和福利制度能为城市发展塑造良好的外在环境；万人拥有病床数和人均固定资产投资说明城市医疗卫生条件和政府对基础设施的投入力度。研究表明，良好的基础设施能提高城市应对外部风险的能力，能在一定程度上降低其脆弱性。

4. 生态环境脆弱性

体现了综合开发计划、有效的人类健康、关键服务的有效性、高校的领导和管理等层面，反映出一个城市的环保意识和规划理念，分别用单位GDP能耗、城市污水集中处理率、空气质量优良率、城市绿化率 4 个指标。这些指标与城市的合理规划和政府决策者对城市可持续的重视程度有着密切的关系。

二、研究方法

（一）脆弱性研究的主要方法

随着国内外对脆弱性研究的深入，其主要方法已经取得较大的进展，由于在研究的过程中，不同学科领域的研究背景各有特色，出现了较多的数理统计方法和社会学方法，由此涉及经济学、心理学和社会学等相关理论。例如，1980 年于光远先生提出的灾害经济学，在灾害损失和减灾机制方面得到较好的应用[26]，特别是生产函数模型、投入产出模型、一般均衡模型和社会核算矩阵模型等在灾害影响分析中不断得到运用和发展[27]。另外，学者们也意识到学科交叉对于脆弱性研究的重要性，同时利用计算机手段和地理信息系统技术也已成为近年来灾害易损性研究方法的主要趋势。

1. 多因子复合函数方法

自然灾害对承灾体的破坏主要表现在人口和财产两个方面，也是脆弱性研究的核心内容之一。可是涉及人口和财产的内容非常广泛，为了准确可靠地定量地区承灾体易损性（度），刘希林在泥石流易损性（度）评价中，发现灾害承灾体数目和易损度影响因子众多，应该要找出承灾体中具有代表性的主要因子和评价指标，由此将易损度分为 4 类：物质易损度、经济易损度、社会易损度和环境易损度，并且通过赋值转换公式将 4 类易损度转换为财产指标和人口指标，用于评价单沟泥石流易损度和区域泥石流易损度，最后对易损性进行等级划分，为泥石流等其他自然灾害易损性评价提供了一种有效的方法[28][29]。

2. 模糊综合评价法

1965 年，美国扎德（Zadeh）教授发表了题为"模糊集合论"的论文，标志着模糊数学的产生。模糊综合评价（FCE）是一种对受多种因素影响的事物做出全面分析的决策方法，其特点是评价结果是一个模糊集合。按照不同的灾害承灾体和多方面的影响因子，可以分为一级模糊评价、二级模糊评价和多级模糊评价。其中，樊运晓和冯利华在利用模糊综合分析评价方法进行区域脆弱性研究时，对其进行了方法步骤的总结[30][31]。其主要步骤可以分为 4 步：①确定因素集，选择具有代表性且能反映承灾体区域特征的指标体系；②确定评价等级集，一般根据区域易损性在 0 ~ 1 中的定量分布，根据实际情况将其平均分为 4 ~ 5 个等级；③ 确定单因素集，分别建立模糊矩阵对其各自分析；④ 数据标准化，从而确定隶属函数，最后根据最大隶属原则确定最后的等级结论。该方法在公路灾害易损性[32] 和不同范围自然灾害社会易损性等方面得到了较好的运用[33]。

3. 数据包络分析方法（DEA）

数据包络方法是从运筹学中评价相对效率的系统分析中演变而来，本质上就是一个系统的"投入—产出"模型，是近几年来自然灾害易损性分析的一种新方法。分析过程中，将灾害的形成过程也可以看作一个"投入—产出"系统，由此可以将孕灾环境、致灾因子和承灾体要素作为输入因素[34]，那么灾害造成的损失就可以看作输出因素。该方法主要运用线性规划原理与统计数据对决策单元（DMU）来进行有效性评价，其中最为经典的是 C2R 模型。2004 年，魏一鸣等[35] 利用 1989—2000 年的灾害历史数据，利用 DEA 方法对中国自然灾害易损性进行了分析，并在此基础上进行中国自然灾害易损性区划。随着研究的深入，DEA 模型也得到了不断改进和创新。2010 年，刘毅等[36]运用 C2R 模型对我国自然灾害区域脆弱性进行评价时，运用因子分析方法对数据进行标准化，将主成分因子作为输入和输出指标，提高了 DEA 的区分能力。2011 年，温宁[37]等引入对抗交叉评价模型对区域自然灾害的脆弱性进行分析，进一步提高了 DEA 模型运行的效率。总之，数据包络分析不需要预先估计权重参数和函数模型，避免了主观因素影响，提升了评价的客观性；但在评价时未考虑被评价单元的差异性，并且无法区分不同扰动对系统造成的影响程度的差异。

4. 集对分析法（SPA）

经济体系的复杂性和开放性使其具有确定性和不确定性，国内外学者在研究评价模型构建领域，已经获得了一定的成效[38]。其中，集对分析可以高效处理多目标和多属性，并在评估和预测范围得到了普遍的运用。该方法将要评价的要素构成的集合与最优评价集组成一个对子，通过计算同一度、对立度得出贴近度，用贴近度的大小反映脆弱程度。将决策因素和不稳定性因素，作为集对分析法的主要因素。两者之间的联系程度可以通过具体计算不同的同异公式来实现。其具体运算过程如下：假设在某个特定背景下存在两个集合 A 与 B，两个集合间具有某种联系。按照集对分析的理论，将 A 与 B 看成一个集对 $U=\{A，B\}$，为了满足研究方向 H 的分析，得到 N 个特性。N 个特性中有 S 个是 A、B 集合共有的，有 P 个特性是 A、B 所对立的，其余的 $F=N-S-P$ 个特性是既不同一也不对立的。在问题集合 H 下，S/N 称为集合 A 与集合 B 的同一度，记作 a；F/N 称为集合 A 与集合 B 的差异度，记作 b；P/N 称为集合 A 与集合 B 的对立度，记作 C；a、b、c 满足 $a+b+c=1$。刻画集合 A 和集合 B 的联系状况可用联系度表示。

$$\mu（H）= \frac{S}{N} + \frac{F}{N}i + \frac{P}{N}j = a + b_i + c_i \qquad （4-1）$$

式中，分别采用 a、b、c 来代表集合 A 和 B 在同一方向下的同一度、差异度和对立度，且满足条件 $a+b+c=1$。i 和 j 代表差异度和对立度自身的系数，其中 i 值要满足 $[-1，1]$，j 的取值为 -1。

关于多种表征的评估，可以记为 $Q=\{C，D，E，W\}$，其中评估方案集 $C=\{c_1，c_2，\cdots，c_m\}$，c_m 为第 m 个评价方案；评估指标集 $D=\{d_1，d_2，\cdots，d_n\}$，d_n 为第 n 个评价指标；评价对象集为 $E=\{e_1，e_2，\cdots，e_k\}$，e_k 为第 k 个被评价对象；评价指标权重集 $W=\{w_1，w_2，\cdots，w_n\}$，在相同条件下，用比较的方式确定对所有评价对象中的优劣质指标，建立最佳指标集为 $U=\{u_1，u_2，\cdots，u_n\}$，最劣评价集为 $V=\{v_1，v_2，\cdots，v_n\}$，其中 u_n 和 v_n 分别为指标的最优值与最劣值。在 $[U，V]$ 上，对集合 $\{F_m，U\}$ 为：

$$\begin{cases} \mu(f_m, U) = a_m + b_m i + c_m j \\ a_m = \sum w_p a_{pk} \\ c_m = \sum w_p c_{pk} \\ p = （1，2，\cdots，n） \end{cases} \qquad （4-2）$$

式中，a_{pk} 和 c_{pk} 分别表示评价指标 d_{pk} 与集合 $[v_{pk}，u_{pk}]$ 的同一度和对立度，w_{pk} 表示第 p 项指标所占的权重。

评价结果有利时：

$$\begin{cases} a_{pk} = \dfrac{d_{pk}}{u_p + v_p} \\ c_{pk} = \dfrac{u_p v_p}{d_{pk}(u_p + v_p)} \end{cases} \qquad （4-3）$$

评价结果不利时：

$$\begin{cases} a_{pk} = \dfrac{u_p v_p}{d_{pk}(u_p + v_p)} \\ c_{pk} = \dfrac{d_{pk}}{u_p + v_p} \end{cases} \qquad （4-4）$$

方案 f_m 与最佳方案集 U 的相对贴合度 r_m 可以表示为：

$$r_m = \frac{a_m}{a_m + c_m} \qquad （4-5）$$

式中，r_m 为选定的评价方案 f_m 与最佳方案集 U 之间具有的联系，r_m 值越大表明评价对象与最佳方案的贴合度越大。

集对分析法处理不确定性问题时较为客观，运算也较简单；但是对于最优评价集的选择目前没有统一标准，影响了集对分析在脆弱性研究领域的应用。

5. 其他研究方法

自1996年提出地方灾害模型以来，小区域的灾害易损性逐渐得到发展。美国地理学家 Cutter[39] 以县为单元，主要从人口的角度构建了地方自然灾害社会易损性的评价指标体系（SOVI）。王威等 [40] 运用贝叶斯随机方法分析了小城镇灾害易损性，加强了数学方法和灾害易损性之间的联系。值得一提的是，文献系统分析方法（Meta-analysis）作为一种集文献梳理、分析和总结为一体的综合方法，在经济学、心理学和生态环境科学等领域得到广泛的应用，邹乐乐等 [41] 人将 Meta-analysis 引入灾害易损性研究，并对东南亚八国海岸灾害易损性进行了综合分析与评价，发掘该地区易损性形成和发展的机制要素，为今后自然灾害特别是海岸带自然灾害易损性研究机制和发展提供了良好的方法借鉴。最近几年，脆弱性研究方法逐渐注重多学科交叉和定量模型的分析。主要有综合指标评价、遥感模型评价、韧性网络评价等。①综合指标评价：通过概念内涵对城市脆弱性进行分解，建立城市脆弱性要素的指标体系，测算城市系统的内部韧性。②遥感模型评价：通过遥感栅格数据、物理与社会经济模型来评估城市韧性，关注城市脆弱性的空间异质性和时空演变的定量化表征。③网络韧性评价：通过网络效率、多样性、连通性来评估城市脆弱性。随着新方法和新技术的探索，出现了仿真系统、动态模拟、情景分析、社会网络模型等。这些有助于城市脆弱性定量评价的精细化和科学性，为脆弱性评价和治理提供相应的思路和方案。

本次对于广州城市脆弱性的评价主要采用综合指标评价法，该方法对选取的指标数据进行标准化处理，采取加权求和的方法得出脆弱度指数，来评价单元脆弱性程度的相对大小。

（二）数值标准化

为了使评价指标体系中各指标具有可比性，需要对各评价指标进行标准化，使得每个评价指标的数值在 0 ～ 1 的范围之内。评价指标中涉及正向指标、逆向指标。正向指标的意思是该指标数值越大导致城市脆弱性越高，逆向指标即数值越大脆弱性越低。采用归一化公式对评价指标进行标准化处理。

$$X_{正} = (x_i - x_{min})/(x_{max} - x_{min}) \quad\quad （4-6）$$

$$X_{负} = (x_{max} - x_i)/(x_{max} - x_{min})$$

式中：X 为标准化后的数据；x_i 为各指标的原始数据；x_{min} 为原始数据中最小值；x_{max} 为原始数据中最大值。

（三）评价指标权重的计算

计算评价指标的权重主要是为了体现各因子在评价体系中的地位，权重越大，表示这个因子贡献率越高，越重要，即在城市脆弱性评价中应引起足够重视。常用的权重计算方法可以分为主观和客观两种方法，主观权重主要代表方法为层次分析法，其主要优点是能快速有效地计算出各评价指标的权重，是应用最为普遍的方法之一；客观权重方法有熵权法、贡献率法等，其主要特点是根据评价指标体系的数据而不夹杂主观喜好，保证权重的客观性。在自然灾害风险评价过程中，常常都是用主观权重赋值或者客观分析法来计算权重。本书采用层次分析法和熵权法相结合来计算评价指标权重。

1. 层次分析法

层次分析法（AHP）是 20 世纪 70 年代出现的一种多目标决策的分析方法，主要通过从复杂的多因素问题中分解若干要素进行重要性的对比，以其操作简便，思路合理，被广泛应用于多目标、多因素、多准则的决策问题的权重计算中。其分析主要参照以下步骤。

①在表 4-3 的基础上，本书将评价指标体系分为目标层、准则层和指标层，其中准则层包括人口易损性、经济易损性、社会易损性和生态环境易损性 4 个，指标层主要包括了 13 个评价指标因子。

②在指标层次建立之后，根据 AHP 原则，需要建立判断矩阵分别进行重要性分析，因此需要建立相应的 4 个判断矩阵，同时根据 AHP 中的评分标准[42]（如表 4-4 所示）和相关专家的意见来确定各矩阵中评价因子的重要性。

表 4-3　判断矩阵的形式

	B_1	B_2	...	B_n
B_1	B_{11}	B_{21}	...	B_{n1}
B_2	B_{12}	B_{22}	...	B_{n2}
...	...	....	...	....
B_n	B_{1n}	B_{n2}	...	B_{nn}

表 4-4 AHP 1~9 比较标度法评分标准

主要程度标度	含义
1	指标 A 和指标 B 一样重要
3	指标 A 比指标 B 略微重要
5	指标 A 比指标 B 明显重要
7	指标 A 比指标 B 强烈重要
9	指标 A 比指标 B 极端重要
2, 4, 6, 8	介于各分值相邻的重要程度

③层次单排序计算，每一个判断矩阵根据指标因子的重要性可以算出特征向量 W_i，当矩阵中的所有特征向量求出后，就可以确定总特征向量 W 的矩阵和最大特征根。首先按照公式（4-7）将判断矩阵归一化

$$\overline{b_{ij}} = b_{ij} / \sum_{k=1}^{n} b_{kj} \ (i=1,2\cdots n) \qquad (4-7)$$

然后将判断矩阵归一化的值按照公式（4-8），按行求和：

$$\overline{w_i} = \sum_{j=1}^{n} \overline{b_{kj}} \ (i=1,2\cdots n) \qquad (4-8)$$

再将向量 $\overline{w} = [\overline{w_1}, \ \overline{w_2}, \ \overline{w_3}, \ \cdots \overline{w_n}]^T$ 矩阵进行归一化

$$\overline{w_a} = \overline{w_i} / \sum_{j=1}^{n} \overline{w_i} \ (i=1, \ 2\cdots n) \qquad (4-9)$$

最后根据 W 矩阵利用公式（4-10）就出最大特征根

$$\lambda_{max} = \sum_{n=1}^{n} \frac{(AW)_i}{nW_i} \qquad (4-10)$$

④层次单排序的一致性检验。为了使每个评价指标的权重具有科学性和避免错误，必须对每个矩阵进行单排序一致性检验。在 AHP 中当矩阵的阶数 ≤ 2 时，矩阵满足完全一致性无须检验；当矩阵的阶数 > 2 时，需要求最大特征根 λ_{max} 与一致性指标（CI）和随机一致性指标（CR）进行检验，只有当 CR < 0.1 时，判断矩阵具有满意的一致性，否则需要调整判断矩阵中的重要性取值，直到满足随机一致性指标的检验。

$$CI = \frac{\lambda_{max} - n}{n-1} \qquad (4-11)$$

$$CR=CI/RI \qquad\qquad (4-12)$$

表 4-5 AHP 中平均随机一致性指标 RI 参数表

阶数	1	2	3	4	5	6	7	8	9	10	11	12	13
RI	0	0	0.58	0.90	1.12	1.24	1.32	1.41	1.45	1.49	1.52	1.54	1.56

通过对城市自然灾害易损性评价指标体系的分析和各个判断矩阵的计算，得到了各指标的权重和一致性检验结果。

2.Topsis 熵权法

采用 Topsis 熵权法计算各因子的权重，该方法最大的优点是客观地描述指标在整个评价系统中的重要性，尽量削弱个别异常值的影响，同时也避免了多重共线性在计算中的影响。主要针对 m 个对象，n 个指标来进行计算，首先构建矩阵，然后进行数值标准化处理，最后求出熵值。一般熵值越小，熵权越大，表明相应的指标体系的信息量越有效，则该指标越重要。由于熵值法主要体现指标间差异为原则，一般指标差异比较大的数据影响更明显。但对于一些指标如人口迁移、基尼系数、失业人群就业率，各主体之间差异不大，但是对于评价结果有重要影响。为使权重更加符合科学性和实际情况，再用 AHP 方法对熵权权重加以修正，得到最后的综合权重值 w_i。

根据公式（4-13）求出 m 个对象对 n 个指标的熵 H_j

$$H_i = \frac{1}{-\ln m}\sum_{j=1}^{n} f_{ij}\ln f_{ij} \qquad\qquad (4-13)$$

$$f_{ij} = \frac{1+b_{ij}}{\sum_{j=1}^{m}(1+b_{ij})} \qquad\qquad (4-14)$$

其中 b_{ij} 为归一化后的标准值，利用熵值计算评价指标的熵权

$$w^* = \frac{1-H_i}{n-\sum\limits_{i=1}^{n}H_i} \qquad\qquad （4-15）$$

由于本书涉及 2005 年、2010 年、2014 年 3 组数据，为了客观反映该阶段广州城市脆弱性各评价指标重要性的变化，根据公式（4-13）、（4-14）、（4-15），先计算 2005 年、2010 年、2014 年各指标的熵值和熵权（如表 4-6 所示），然后再求综合指标权重。

表 4-6　广州城市脆弱性评价指标体系权重

指标层	要素层	熵权 2005	熵权 2010	熵权 2014
人口脆弱性（A1）	B1 人口密度	0.2170	0.2059	0.2208
	B2 人口年龄结构	0.0123	0.0218	0.0137
	B3 人口受教育程度	0.1010	0.0130	0.0085
	B4 人口自然增长率	0.0619	0.0532	0.0632
	B5 人口迁入率	0.0215	0.0702	0.0518
经济脆弱性（A2）	B6 人均 GDP	0.0637	0.0753	0.0713
	B7 对外出口额	0.0963	0.0363	0.0070
	B8 第三产业比重	0.0280	0.0948	0.0895
	B9 消费水平指数	0.0370	0.0467	0.0394
	B10 经济密度	0.2308	0.2564	0.2870
社会环境脆弱性（A3）	B11 恩格尔系数	0.0007	0.0010	0.0008
	B12 城市失业人员就业率	0.0007	0.0001	0.0002
	B13 万人拥有病床数	0.0351	0.0513	0.0676
	B4 人均固定资产投资	0.0871	0.0658	0.0622
生态环境脆弱性（A4）	B15 单位 GDP 能耗	0.0019	0.0027	0.0097
	B16 空气质量优良率（%）	0.0004	0.0001	0.0006
	B17 城市污水集中处理率（%）	0.0002	0.0004	0.0018
	B18 城市绿化率（%）	0.0049	0.0048	0.0049

3.综合脆弱性测度计量模型

最后根据数据标准化和综合权重，可以对城市脆弱性进行综合的计算：

$$WVD = \sum_{i=1}^{n} W_i U_i \qquad\qquad （4-16）$$

式中：WVD 为城市脆弱性综合值；W_i 为权重；U_i 为各指标的归一化结果；i 为指标的个数。

第三节　广州市脆弱性时空格局与演变

一、城市脆弱性指标贡献率

通过公式可以得到影响 2005—2014 年广州市城市脆弱性 18 个指标的权重，如表 4-7 可知，经济密度和人口密度的贡献率最高，在 0.15 左右，而且有逐步增加的趋势，表明城市人口和经济的集聚程度是城市风险的重要扰动因子；人均 GDP、人均固定资产投资、第三产业比重和人均病床数量成为重要的负向指标，保持在 0.05 ~ 1 之间，表明区域人均收入水平、基础设施投资建设、经济产业结构优化和医疗设施完善对降低城市脆弱性起到较大的作用；其他因子贡献率较少且变化不大，基本在 0.05 以下，但不容忽视。

表 4-7　城市脆弱性评价因子贡献率

指标层	要素层	2005	2010	2014
人口脆弱性（A1）	B1 人口密度	0.217 0	0.205 9	0.220 8
	B2 人口年龄结构	0.012 3	0.021 8	0.013 7
	B3 人口受教育程度	0.101 0	0.013 0	0.008 5
	B4 人口自然增长率	0.061 9	0.053 2	0.063 2
	B5 人口迁入率	0.021 5	0.070 2	0.051 8
经济脆弱性（A2）	B6 人均 GDP	0.063 7	0.075 3	0.071 3
	B7 对外出口额	0.096 3	0.036 3	0.007 0
	B8 第三产业比重	0.028 0	0.094 8	0.089 5
	B9 消费水平指数	0.037 0	0.046 7	0.039 4
	B10 经济密度	0.230 8	0.256 4	0.287 0
社会环境脆弱性（A3）	B11 恩格尔系数	0.000 7	0.001 0	0.000 8
	B12 城市失业人员就业率	0.000 7	0.000 1	0.000 2
	B13 万人拥有病床数	0.035 1	0.051 3	0.067 6
	B14 人均固定资产投资	0.087 1	0.065 8	0.062 2
生态环境脆弱性（A4）	B15 单位 GDP 能耗	0.001 9	0.002 7	0.009 7
	B16 空气质量优良率（%）	0.000 4	0.000 1	0.000 6
	B17 城市污水集中处理率（%）	0.000 2	0.000 4	0.001 8
	B18 城市绿化率（%）	0.004 9	0.004 8	0.004 9

二、城市脆弱性空间格局分析

（一）人口脆弱性时空格局

2005—2014 年，广州市人口总量和人口密度都在不断上升，人口受教育程度总体提高，但随着外来人口的不断迁入和人口老龄化加剧，使得广州市各区的人口脆弱性有明显的时空差异（如表 4-8 所示）。总体而言，中心组团城市人口脆弱性明显高于外围组团城市，特别是老三区（越秀区、海珠区和荔湾区）人口脆弱性始终保持较高的程度，这和它们人口密度高、人口老龄化不断加剧和人口迁入率高有密切的关系。据 2015 年广州市人口统计数据分析，老三区的平均户籍人口老龄化已经达到 20%，荔湾区甚至到达了 21.37%；另外通过人口迁入率可以看出，中心组团城市户籍人口迁入率保持在 15% ~ 25% 之间，所以城市弱势群体的增多和外来人口的流动管理在一定程度上加大了中心组团城市风险应对的难度。尽管外围组团城市脆弱性较低，但是在人口受教育程度上普遍偏低、人口自然增长率不断提高，使得这些城市脆弱性在后期有较大的隐患。

表 4-8　广州市人口脆弱性分布表

地区	2005 年		2010 年		2014 年	
	数值	等级	数值	等级	数值	等级
天河	0.120	中	0.124	高	0.143	高
越秀	0.207	高	0.179	高	0.188	高
海珠	0.077	低	0.116	高	0.128	高
白云	0.108	中	0.068	中	0.088	中
黄埔	0.077	低	0.068	中	0.085	中
番禺	0.133	中	0.061	中	0.087	中
南沙	0.079	低	0.043	低	0.056	低
增城	0.045	低	0.053	低	0.075	低
从化	0.087	低	0.059	低	0.063	低
花都	0.094	中	0.072	中	0.070	低
荔湾	0.099	中	0.107	高	0.109	高
萝岗	0.091	中	0.061	中	0.079	中

（二）经济脆弱性时空格局

城市经济脆弱性主要关注城市经济质量和经济效益，例如产业结构、对外经济开放程度、居民消费水平等方面。2005—2014 年是广州经济发展速度最快的 10 年，经济集聚程度提高，对外经济开放程度加强，产业机构也不断优化，这些都极大地刺激了广州人均 GDP 和消费指数，但由于广州市各区地理位置和经济基础的差异，使广州市经济脆弱性呈现出较大的空间差异。如表 4-9 可知，中高脆弱性主要分布在中心组团和西部、北部外围组团，中心组团属于典型的高度脆弱性区且有增加的趋势，如越秀区和天河区，经济密度高是导致这些地区脆弱性高的主要原因；东部、北部外围组团如增城区和从化区也呈现出中高脆弱性，这主要与人均 GDP 和对外经济开放程度较低有关。低经济脆弱性主要分布在中心组团的萝岗区，外围组团的东部和南部如南沙区、番禺区，由于地缘优势和政策优势（技术开发区、南沙新区、"一带一路"倡议），对外出口优势明显，2014 年广州市对外出口额前三位就是这三个地区，再加上经济密度较低，总体而言经济脆弱性较低。

表 4-9 广州市经济脆弱性分布表

地区	2005 年		2010 年		2014 年	
	数值	等级	数值	等级	数值	等级
天河	0.232	高	0.233	高	0.237	高
越秀	0.330	高	0.361	高	0.370	高
海珠	0.212	低	0.227	中	0.219	高
白云	0.171	低	0.199	中	0.176	中
黄埔	0.208	低	0.260	高	0.202	中
番禺	0.122	低	0.162	低	0.147	低
南沙	0.214	低	0.214	中	0.171	低
增城	0.224	中	0.236	高	0.209	中
从化	0.225	中	0.238	高	0.220	高
花都	0.222	中	0.230	中	0.203	中
荔湾	0.227	中	0.234	高	0.229	高
萝岗	0.110	低	0.101	低	0.085	低

（三）社会脆弱性时空格局

社会环境脆弱性是城市脆弱性的重要组成部分，能够从收入分配、社会保障和社会福利等角度反映区域社会问题，体现一个城市的幸福感和城市化质量。通过表4-10发现2005—2014年广州市社会环境脆弱性有稍微上升的趋势，同时呈现出外围组团整体高于中心组团的空间格局。外围组团如从化、增城和花都，这三个地区在医疗水平和医疗设施较为欠缺，在居民收入分配上较为不合理，恩格尔系数较高，社会固定资产投资较低，使得在社会脆弱性属于高值区；中心组团例如天河、越秀和海珠，作为城市化程度较高的中心地带，社会基础设施方面如固定资产和人均病床这一块的优势相对较为明显。值得一提的是，广州市城市失业人口再就业率保持在72%左右，通过解决失业问题来提高社会保障，对降低城市脆弱性是一种有效的举措。

表4-10　广州市社会脆弱性分布表

地区	2005年		2010年		2014年	
	数值	等级	数值	等级	数值	等级
天河	0.128	中	0.109	中	0.115	低
越秀	0.058	低	0.035	低	0.080	低
海珠	0.114	中	0.125	中	0.114	低
白云	0.135	中	0.139	高	0.149	高
黄埔	0.118	中	0.134	高	0.137	中
番禺	0.115	中	0.136	高	0.124	中
南沙	0.068	低	0.105	中	0.120	中
增城	0.152	高	0.151	高	0.156	高
从化	0.148	高	0.148	高	0.141	高
花都	0.145	高	0.143	高	0.150	高
荔湾	0.122	中	0.128	中	0.133	中
萝岗	0.083	低	0.070	低	0.066	低

（四）生态环境脆弱性时空格局

从能源消耗、污水处理率、空气优良率和城市绿化覆盖率4个方面评价广州城市生态环境脆弱性。从表4-11中可以看出，2005—2014年广州市生态环境脆弱性缓慢下降，高脆弱度的地区有所减少，从2005年的4个下降到2014年的2个，可以看出广州市在水、空气、能源和生态环境治理等方面非常重视，特别在污水集中处理方面效果较为明显，2005年广州市污水集中处理仅为71.34%，但是在2015年已经上升到93.22%。从空间格局上看，外围组团整体高于中心组团，这是因为中心城区在污水处理和能源消耗方面明显优于外围组团。从《广州市城市污水处理总体规划》看出，外围组团如番禺、南沙、花都等都是规划治理的重点目标。虽然广州城市环境脆弱性整体有所下降，但2015年空气优良率仅为85.5%，明显低于2010年和2005年的92%、97.5%；相关研究表明，50%以上的绿化覆盖率能保持城市良好的生态环境，可是目前广州建成区绿化率仅为40%，这表明广州在空气治理和城市绿化覆盖率还有上升的空间。

表4-11　广州市生态环境脆弱性分布表

地区	2005 年		2010 年		2014 年	
	数值	等级	数值	等级	数值	等级
天河	0.028	中	0.014	低	0.010	低
越秀	0.021	中	0.023	低	0.010	低
海珠	0.017	低	0.029	中	0.019	低
白云	0.017	低	0.024	低	0.022	中
黄埔	0.019	低	0.029	中	0.024	中
番禺	0.033	高	0.029	中	0.026	中
南沙	0.034	高	0.030	高	0.023	中
增城	0.033	高	0.039	高	0.031	高
从化	0.023	中	0.027	中	0.024	中
花都	0.029	中	0.032	高	0.030	高
荔湾	0.024	中	0.039	高	0.022	中
萝岗	0.037	高	0.018	低	0.014	低

（五）城市综合脆弱性时空格局

通过表 4-8 和表 4-12 可知，2005—2014 年广州城市综合脆弱性在空间上有较大的差异，中心组团平均值整体高于外围组团。中心城区尽管近几年在基础设施上有一定的改善，社区服务和社区保障更贴近民生，经济结构环境治理力度不断加强，居民的风险认知程度也有一定提升，但是城市化进程使得广州市中心城区人口急剧增多，人口流动性大，同时经济密度的不断提高，使得这些地区在面对城市内部扰动和外部风险时有较高的脆弱性，存在较大的隐患，如越秀区、天河区和荔湾区。外围组团（如南部的番禺区和南沙区，东部的萝岗区、增城区和北部的从化区，西部的花都区）因其经济发展和城市化程度比中心城区低，所以在人口和经济集聚程度不高，大多处于中、低脆弱性。

表 4-12 2005—2014 年广州市各区城市综合脆弱性

地区		2005 年		2010 年		2014 年	
		数值	等级	数值	等级	数值	等级
中心组团	天河	0.508	高	0.479	中	0.505	高
	越秀	0.617	高	0.599	高	0.648	高
	荔湾	0.473	中	0.508	高	0.493	高
	海珠	0.420	低	0.498	中	0.445	中
	白云	0.430	低	0.430	低	0.435	低
	黄埔	0.421	低	0.491	中	0.448	中
外围组团	番禺	0.401	低	0.389	低	0.384	低
	南沙	0.396	低	0.392	低	0.370	低
	增城	0.455	中	0.479	中	0.470	中
	从化	0.484	中	0.472	中	0.447	中
	花都	0.491	中	0.477	中	0.453	中
	萝岗	0.321	低	0.251	低	0.244	低

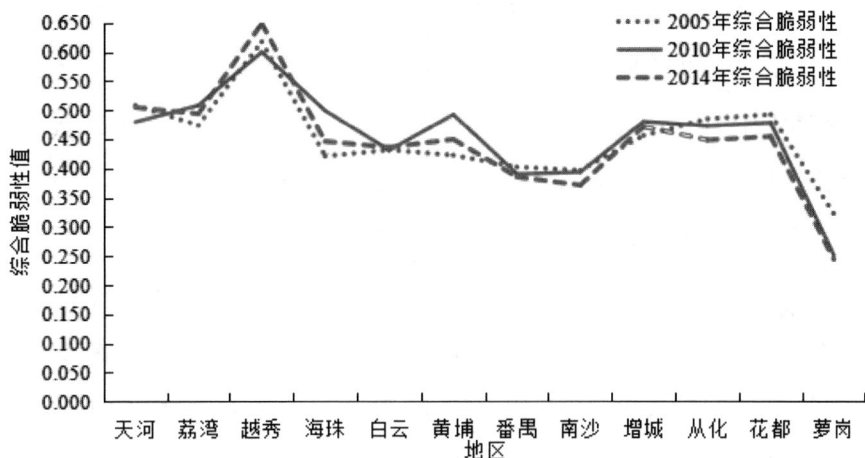

图4-5 2005—2014年广州市中心组团和外围组团的综合脆弱性变化图

最后通过GIS的自然断点法将广州市城市综合脆弱性划分为3个等级，广州市城市综合脆弱性有明显的圈层结构，有内圈层主要为高脆弱度、中圈层为低脆弱度，外圈层为中脆弱度。

本章小结

自然灾害一直都是威胁人类生存和发展的重大障碍。广州地处珠江三角洲，地理位置和气候条件特殊，人为活动影响深刻，所以广州是一个受自然灾害威胁严重的大城市。本章总结了广州台风、暴雨洪涝、地震灾害和地质灾害的孕灾环境、时间特点、空间变化和对城市发展的影响。这些有助于了解广州城市灾害的形成机制和变化，对今后广州市自然灾害风险区划和管理提供了相关数据和理论基础，同时有利于优化广州市应急避难场所的布局和功能，提高广州市防灾减灾和应急管理的能力。

基于韧性城市理念，通过综合测度计量模型，从人口脆弱性、经济脆弱性、社会环境脆弱性和生态环境脆弱性建立城市综合脆弱性评价指标体系，对广州市城市脆弱性进行时空格局演变分析，发现以下结论：①通过指标权重的计算，经济密度、人口密度、人均 GDP、第三产业比重、固定资产投资成为广州城市脆弱性贡献率高的影响因子，这些因子为今后广州城市脆弱性的管理和调控提供了重要的方向。② 2005—2014 年，广州城市脆弱性存在较大的时空演变，特别是内部组团和外部组团差异较大。中心组团城市的人口脆弱性明显高于外围组团城市，老三区的人口脆弱性最高；经济脆弱性体现出中心组团和外围组团交错的格局；外围组团的社会脆弱性整体高于中心组团；生态环境脆弱性整体缓慢下降，但外围组团稍高于中心组团；最后，广州市城市综合脆弱性有明显的圈层结构，内圈层为高脆弱度、中圈层为低脆弱度，外圈层为中脆弱度。

韧性城市理念为城市可持续发展之路提供了新的思路，城市脆弱性作为其中重要的研究内容不断得到重视，城市脆弱性测度和管理是内容的核心。广州作为"一带一路"倡议下重要的节点城市，研究其城市脆弱性的时空格局演变，对广州在"一带一路"倡议中的角色定位、应对挑战和抓住机遇有深远的意义。但城市脆弱性涉及的层面很多，如何科学地测度城市综合脆弱性，一直是研究探索过程中的难点。由于数据收集的限制，在评价体系中对于广州自然灾害的属性数据、韧性城市的管理和城市应急能力防治的政策欠考虑，后期可以采取定性结合定量的分析方法，结合遥感和大数据分析对广州城市脆弱性进行综合评价。

参考文献

[1]王晓静.广州主要气象灾害及其影响研究［D］.广州：广州大学，2007：40-41.

［2］黄敏辉，陈嘉玲，吴晓芳. 登陆广东台风的路径、强度和移速特征与广州降水关系分析［J］. 广东气象，2000（3）：5-8.

［3］曾昭璇，曾新. 关于广州市防洪的意见［J］. 人民珠江，1995，8（4）：24-29.

［4］陈俊合. 广州市防洪治涝初步分析［J］. 中山大学学报（自然科学版），1997，36（3）：93-96.

［5］尚志海. 当代全球变化下城市洪涝灾害的形成机制与风险管理研究［D］. 广州：华南师范大学，2005：21-33.

［6］王静爱，王珏，叶涛. 中国城市水灾危险性与可持续发展［J］. 北京师范大学学报（社会科学版），2004（3）：138-143.

［7］王耿明，王利花，刑宇. 基于 SPOT 数据的广州市遥感地质构造解译分析［J］. 海洋地质动态，2010，26（1）：41-44.

［8］郭钦华，郭良田，陈庞龙. 广州市城区地震地质灾害探讨［J］. 华南地震，2008（2）：85-94.

［9］广东省文史研究馆编. 广东省自然灾害史料［M］. 广州：广东科技出版社，1999.

［10］刘会平，王艳丽，刘江龙，等. 广州市主要地质灾害成灾机制与时空分布［J］. 自然灾害学报，2005（5）：153-157.

［11］谢久兵. 基于 MAPGIS 的广州市主要陆地地质灾害风险评估模型研究［D］. 广州：中国科学院研究生院（广州地球化学研究所），2006：10-16.

［12］王岩，方创琳，张蔷. 城市脆弱性研究评述与展望［J］. 地理科学进展，2013，32（5）：755-768.

［13］Ahen J. From fain-safe to safe-to-fail：sustainability and resilience in the new urban world［J］. Landscape and urban planning，2011，100（4）：341-343.

［14］戴维·R. 戈德沙尔克，许婵. 城市减灾：创建韧性城市［J］. 国际城市规划，2015，30（2）：22-29.

［15］Tunner II L，Kasperson R E，Matson P A，et al. A framework for vulnerability analysis in sustainability science［J］. PNAS，2003，100（14）：8074-8079.

［16］Burton I，White G F. The Environment as Hazard［M］. 2nd Edition. New York：The Guilford Press，1933.

［17］Blaikie P，Cannon T，Davis I，et al. At Risk：Natural Hazards，People's Vulnerability and Disaters［M］. London：Psychology Press，2004.

［18］Cutter S L. Vulnerability to environmental hazards Progress in Human Geography，1996，20（4）：529-539.

［19］Watts M J，Bohle H G. The Space of Vulnerability：The Causal Structure of Hunger and Famine［J］. Progress in Human Geography，1933，17（1）：43-67.

［20］Cutter S L. Social Vulnerability to Environmental Hazard［J］. Social Science Quarterly，2003，84（2）：242-261.

［21］卢阳旭. 国外灾害社会学中的城市社区应灾能力研究：基于社会脆弱性视角［J］. 城市发展研究，2013，20（9）：83-87，118.

［22］于瑛英. 城市脆弱性评估体系［J］. 北京信息科技大学学报（自然科学版），2011，26（1）：57-61，72.

［23］方创琳，王岩. 中国城市脆弱性的综合测度与空间分异特征［J］.

地理学报，2015，70（2）：234-247.

［24］田亚平，向清成，王鹏. 区域人地耦合系统脆弱性及其评价指标体系［J］. 地理研究，2013，32（1）：55-63.

［25］唐波，刘希林，尚志海. 城市灾害易损性及其评价指标［J］. 灾害学，2012，27（4）：6-11.

［26］徐嵩龄. 灾害经济损失概念及产业关联型间接经济损失计量［J］. 自然灾害学报，1998，7（4）：7-15.

［27］唐彦东. 灾害经济学［M］. 北京：清华大学出版社，2011：9-115.

［28］Liu X and Lei J. A Method for Assessing Regional Debris Flow Risk：an Application in Zhaotong of Yunnan Province（SW China）［J］. Geomorphology，2003，52（1-2）：181-191.

［29］Liu Xilin. Site-specific Vulnerability Assessment for Debris Flows：Two Case Studies［J］. Journal of Mountain Science，2006，13（1）：20-27.

［30］樊运晓，罗云，陈庆寿. 区域承灾体脆弱性综合评价指标权重的确定［J］. 灾害学，2001，16（1）：85-87.

［31］冯利华，吴樟荣. 区域易损性的模糊综合评判［J］. 地理学与国土研究，2001，17（2）：63-66.

［32］赵绪涛. 公路灾害易损性模糊综合评价［D］. 西安：长安大学，2007.

［33］孙蕾. 沿海城市自然灾害脆弱性评价研究：以上海市沿海六区县为例［D］. 上海：华东师范大学，2007.

［34］魏权龄. 评价相对有效性的 DEA 方法：运筹学的新领域［M］. 北京：中国人民大学出版社，1988.

［35］Wei Y M，Fan Y．The assessment of vulnerability to natural disasters in China by using the DEA method［J］．Environment Impact Assessment Review，2004，24（4）：427-439.

［36］刘毅，黄建毅，马丽．基于DEA模型的我国自然灾害区域脆弱性评价［J］．地理研究，2010，29（7）：1153-1162.

［37］温宁，刘铁民．基于对抗交叉评价模型的中国自然灾害区域脆弱性评价［J］．中国安全生产科学技术，2011，7（14）：24-28.

［38］武剑，杨爱婷．基于SPA的广东省区域经济脆弱性及障碍因素研究［J］．经济地理，2012，32（9）：32-38.

［39］Cutter S L．Social Vulnerability to Environmental Hazard［J］．Southwestern Social Science Association，2003，84（2）：242-261.

［40］王威，田杰，苏经宇，等．基于贝叶斯随机评价方法的小城镇灾害易损性分析［J］．防灾减灾学报，2010，30（5）：524-527.

［41］Zou LeLe，Wei Yi Ming．Driving factors for social vulnerability to coastal hazards in Southeast Asia：results from the meta-analysis［J］．Natural Hazards，2010（54）：901-929.

［42］杨澍，初禹，杨湘奎，等．层次分析法（AHP）在三江平原地质环境质量评价中的应用［J］．地质通报，2005，24（5）：485-490.

第五章　广州市应急避难场所资源空间分布特点

本章首先分析广州市应急避难场所资源现状特点，然后通过 GIS 缓冲区、核密度分析、空间自相关等方法分别对公园绿地、学校和体育场馆 3 种资源进行缓冲区分析，从空间分布和覆盖范围来探寻其特点和存在的问题；然后以主要道路（高速路、一级道路和二级道路）为要素做线性缓冲区分析，进一步体现应急避难场所的交通区位，为后期应急避难场所空间优化和规划建设提供基础。最后分析了广州市应急避难场所资源空间分布的主要影响因子，提出优化策略。

第一节　广州市应急避难场所资源概况

（一）广州市应急避难场所资源的概况

广州市目前建成东风公园、晓港公园、陈家祠广场等 11 个应急避难场所，共可利用面积约为 55 万平方米，可容纳 30 万人，另外在建有花都广场及人民公园。表 5-1 为目前广州市主要的应急避难场所相关情况表。

表 5-1 广州市主要地震应急避难场所情况一览表

序号	名称及地址	建成时间	可利用面积（万平方米）	可容纳应急避难人数（万人）	基本功能	主要特色
1	海珠区晓港公园	2006.7.28	4.38	3	应急指挥、应急避难疏散篷宿区、应急供水、排水系统、应急供电系统（固定式发电机）、应急厕所、应急物质储备、应急卫生防疫、应急广播系统、应急消防系统	试点建设、全市首个、设施齐全、功能完善
2	荔湾区陈家祠绿化广场	2007.9.20	2.3	1.15	应急避险疏散、防震减灾科普宣传、社区志愿者队伍	因地制宜、毗邻社区、通达方便
3	越秀区东风公园	2007.12.26	3.6	2.4	应急指挥中心、应急避难疏散篷宿区应急供水（新钻一口井）、应急供电系统（移动式发电机）应急厕所、应急物资储备、应急卫生防疫应急消防系统、应急广播系统	因地制宜、选址合理功能完善、小巧精致
4	花都区花都广场及人民公园	在建	30	20	应急指挥中心、应急避难疏散篷宿区、应急供水、排水、应急供电系统、应急厕所、应急物资储备、应急卫生防疫、应急消防系统、应急广播系统	拟建成花都区首个符合国家《地震应急避难场所场址及配套设施》（GB 21734-2008）标准的Ⅱ类地震应急避难场所

序号	名称及地址	建成时间	可利用面积（万平方米）	可容纳应急避难人数（万人）	基本功能	主要特色
5	增城区增城广场	2010.9.15	20	13	应急指挥中心、应急避难疏散篷宿区应急供水、排水、应急供电系统应急厕所、应急物资储备、应急卫生防疫	增城市首个符合国家《地震应急避难场所场址及配套设施》（GB 21734-2008）标准的Ⅱ类地震应急避难场所
6	黄埔区体育中心	2011.7.8	7.33	4.88	应急指挥中心、应急避难疏散篷宿区应急供水、排水、应急供电系统应急厕所、应急物资储备、应急医疗救护应急消防系统、应急广播系统	增城区首个符合国家《地震应急避难场所场址及配套设施》（GB 21734-2008）标准的Ⅱ类地震应急避难场所
7	番禺区南区公园	2008.7.8	4	2	应急指挥中心、应急避难疏散篷宿区应急供水、排水、应急厕所应急物资储备、应急医疗救护、应急宣传栏	番禺区区首个符合国家《地震应急避难场所场址及配套设施》（GB 21734-2008）标准的Ⅱ类地震应急避难场所

资料来源：广州市地震局。

广州市现状各类避难场所资源的有效面积共 3449.85 ha（如见图 5-1 所示）。其中，公园绿地所占比重最大，成为主要的应急避难场所，约占 3/4，像晓港公园、南区公园、东风公园等都属于典型的公园绿地型应急避难场所。

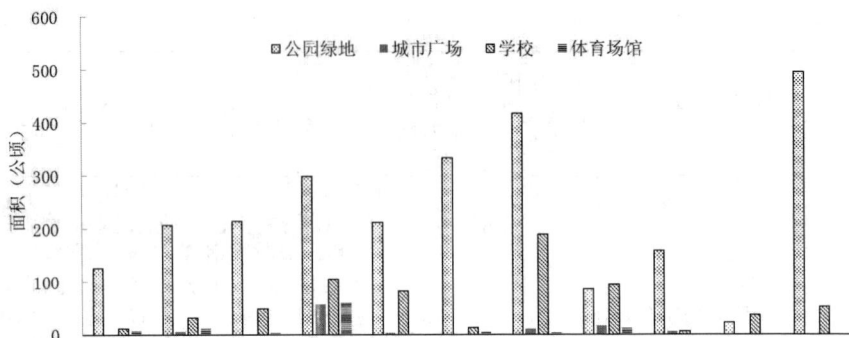

图 5-1 广州市各区应急避难场所资源统计图

资料来源：本研究绘制。

广州市人均有效避难场所资源为 2.52 m²，大于全国规定的人均 1.5 m²，表明广州市应急避难场所资源基本满足其需求，但应急避难场所的规划建设工作仍严重滞后于城市整体建设，这在一定程度上加了大城市风险程度，不利于城市应急管理。从表 5-2 可知，广州各区应急避难场所资源空间分布不平衡，中心城区总体高于外围地区。但广州市中心圈层人口密度较大，尽管应急避难资源有效总面积较多，但是人均有效面积较少，如荔湾区、海珠区。

表 5-2 广州市各区人口密度、应急避难场所有效面积和人均有效面积

	行政区	人口密度 （万人/km²）	有效总面积 （ha）	人均有效面积 （m²）
中心圈层	荔湾区	1.56	145.10	1.57
	越秀区	3.42	258.05	2.23
	海珠区	1.79	266.15	1.65
	天河区	1.60	519.40	3.36
	白云区	0.30	299.25	1.25
	黄埔区	0.18	352.02	3.92
外围圈层	番禺区	0.29	621.61	4.03
	花都区	0.10	207.53	2.04
	南沙区	0.08	171.05	2.61
	从化区	0.04	63.35	1.01
	增城区	0.06	547.79	4.89
广州市		0.18	3 451.30	2.52

资料来源：本研究整理。

（二）广州市地震应急避难场所等级分类

广州市地震应急避难场所分为紧急避难场所、固定避难场所和中心避难场所三类（如表5-3所示）。其中，固定避难场所与中心避难场所同属中长期避难场所，既有短期避难功能，又有中长期避难生活的支撑能力。

表5-3　广州市地震应急避难场所分类标准

场所类型	等级	有效面积（公顷）	人均有效面积（平方米）	服务半径（米）	选址说明	备注说明
紧急避难	社区级	≥ 0.2	1.50	500（步行10分钟）	附近的邻里公园、街旁绿地、小花园（游园）、小广场、小健身活动场、学校操场等	根据服务半径配置
固定避难	区级	≥ 3	2.00	500～3 000（步行1小时）	区级公园绿地，广场、体育场、学校操场等	根据服务半径配置
中心避难	市级	≥ 10	3.00	10 000（可借助交通工具到达）	市级公园绿地、广场、大型体育场、学校操场等	建议每区（县级市）配置1~2个

资料来源：广州市地震应急避难场所专项规划纲要。

紧急避难场所是供避难疏散人员临时或就近避险的场所。主要是紧急或临时避险，不具有长时间避难及救援的功能。但是随着城市土地价格升高和开发强度增大，建筑物间的活动空间相对减少，对市民逃生、避难形成了极大的威胁，次生灾害的危险性加大[1]。紧急避难场所是城市避难疏散的基层单元，也是城市建设中的一个薄弱环节。因此，在城市规划建设中必须加强紧急避难场所的布局与建设。基于此，紧急避难场所布局主要指的是对短暂的不用于居民长时间使用、不用于解决村民居住等问题的避护场所进行服务设施的配置、功能分区的划分等。

固定避难场所为区级避难场所，兼具紧急避难场所的功能，主要用于地震发生后，安排区（县级市）政府管辖范围内的灾民较长时间（10 ～ 30天）的集中避难、生活及救援。固定避难场所是城市避难疏散的主要场所，承担灾民安置与救援的主要功能，应具有一定的救援能力，拥有较为完善的生活配套设施，使灾民能够较长时间地生活。

第二节　广州市应急避难场所资源空间分布特点

一、研究方法和数据来源

本次研究主要采用缓冲区分析方法、核密度分析、空间自相关方法等对广州应急避难场所资源空间格局进行研究。

（一）缓冲区方法

缓冲区分析是重要工具之一，主要分为点、线、面3种类型[2]，主要是为了识别某地理事物对其邻近性或影响度，在其周围建立的一定宽度的带状区[3]。随着地理空间信息技术的不断提高，缓冲区分析在旅游资源[4]、医疗设施[5]、城市饭店[6]等地理事物在空间布局合理性评价得到了较好的运用。缓冲区半径主要结合应急避难场所的服务范围，采用邻近距离法。以绿地公园、学校、体育场馆和主要公路为分析主体，将应急避难场所资源作为受主体影响的客体即邻近对象建立线性分析模型[4]，为

$$F_i = f_0(1-r_i) \qquad （5-1）$$

其中，$r_i = d_i/d_0$；$0 \leq r_i \leq 1$

当地理空间中的点状要素呈随机分布时，其理论上的最邻近距离表

达为

$$r_e = \frac{1}{2\sqrt{n/A}}$$

（5-2）

式中：r_e 为最邻近距离，n 为节点数，A 为区域面积。

最邻近点指数 R 定义为实际距离与理论距离之比，即 $r_e = r_i/r_e$。

当 $r_e = 1$ 时，为随机分布；$r_e > 1$ 时，为均匀分布；$r_e < 1$ 时，为集中分布。

线状要素的最大影响距离与要素的等级和总长度有关，一般而言，级别越高则影响距离也越大。一般按下式计算：

$$d_0 = S/2L$$

（5-3）

式中：S 代表研究区的面积，L 代表各级线状要素的总长度。

（二）核密度分析

核密度分析方法是空间分析中最常运用的分析方法。作为现代非参数统计方法的代表，核密度（KDE）借助一个移动的单元格对点或线格局的密度进行估计的方法，利用核心估计模拟出属性变量数据的详细分布，比其他密度表达方法有较为明显的优势 [7][8]。采用自适应带宽的核密度方法探究广州应急避难场所资源的集聚区，并根据核密度值估计其周围的密度范围，并选取适用于本文数据分析的最优搜索半径 [9]。核密度函数的表达式为

$$\lambda(s) = \sum_{l=1}^{n} \frac{1}{\pi r^2} \varphi\left(\frac{d_{ls}}{r}\right)$$

（5-4）

式中：$\lambda(s)$ 为 s 处的核密度估计值；r 为核密度函数的搜索半径；n 为样本的总体个数；d_{ls} 为应急避难场所资源点 l 与 s 间的距离；φ 为距离的权重，本研究不考虑交通因素等方面的内容对应急避难场所资源距离之间的影响，因此将 φ 距离的权重设置为1。

（三）空间自相关

空间自相关是空间依赖性的重要形式和表现，主要指研究对象和其空间位置之间存在的相关性，包括全局空间自相关和局部空间自相关两种[10]，该方法在空间（如经济发展、人口分布、土地利用等）区划和空间异质性分析中应用广泛。

1. 全局空间自相关

全局空间自相关用于分析区域总体的空间关联和差异程度，利用莫兰指数（Moran's I）分析广州市应急避难场所资源整体的空间关联性。

$$Moran'sI= \frac{\sum_{i=1}^{n}\sum_{j=1}^{n}W_{IJ}(Y_J-\overline{Y})}{S^2\sum_{i=1}^{n}\sum_{j=1}^{n}W_{IJ}} \tag{5-5}$$

$$其中，S^2=\frac{1}{n}\sum_{i=1}^{n}(Y_J-\overline{Y}),\quad \overline{Y}=\frac{1}{n}\sum_{i=1}^{n}Y_i \tag{5-6}$$

式中：Y_i为应急避难场所资源的数量；W_{ij}为空间权重矩阵，空间相邻为1，不相邻为0。当Moran's I数值大于0表示为正相关，空间上出现集聚；等于0为不相关（无作用）；小于0为表示负相关，说明在空间上出现差异。

2. 局部空间自相关

全局空间自相关分析一定程度上掩盖小范围的局部不稳定性，而局域空间自相关更能准确地揭示空间要素的异质性特征[11]。所以在广州市应急避难场所资源整体的空间关联性的基础上，利用LISA指标对局部自相关进行研究。公式为

$$I=\sum W_{IJ}Z_iZ_j \tag{5-7}$$

式中：Z_i及Z_j是创新载体产值的标准化值。当I和Z_i同时为正数时，

第 i 个行政区及其周边行政区的产值效益均较高时，则为高高集聚（H–H）；当 I 为负值，Z_i 为正数时，行政区效益为高效益，周边行政区为低效益，则为高低聚集区（H–L）；当 I 为正值 Z_i 为负值时，行政区为低效益而周边行政区也为低效益的，则为低低集聚（L–L）；当 I 和 Z_i 同时为负值时，行政区为低效益且周边为高效益，为低高集聚（L–H）。

（四）数据来源

数据主要来源于《广东省应急避护场所建设规划纲要（2013—2020）》《广州市地震应急避难场所专项规划纲要（2010—2020）》《广东省突发事件应急体系建设"十二五"规划》《广州市城市总体规划纲要（2010—2020）》、广州市地震局信息中心等整理得出；人口数据来源于2016年广州市人口统计年鉴。

二、应急避难场所缓冲区的结果分析

（一）公园绿地缓冲区分析

公园绿地类型是广州市主要的应急避难场所选址资源，利用 GIS 缓冲区分别以 500 m、1 000 m、3 000 m 半径分析，同时用 Excel2013 软件进行数据统计制图，如图 5-2、图 5-3、图 5-4 所示。根据这些图可知，公园绿地主要分布在广州市内部圈层，外部圈层较少，体现出较大的空间差异。如中心城区如越秀区、荔湾区和海珠区的公园绿地 3 000 m 缓冲区面积基本覆盖全区，而外围圈层如从化区公园绿地 3 000 m 缓冲区面积只占了本区的 6.36%。但是广州市公园绿地在 500 m、1 000 m、3 000 m 缓冲区覆盖面积还是相对较少，最大半径 3 000 m 覆盖面积也只占了全市 39%，不足一半。同时通过重叠率可知，公园绿地 3 000 m 缓冲区覆盖面积重叠率较高，达到 79.71%，导致难以实现避难服务的全覆盖。

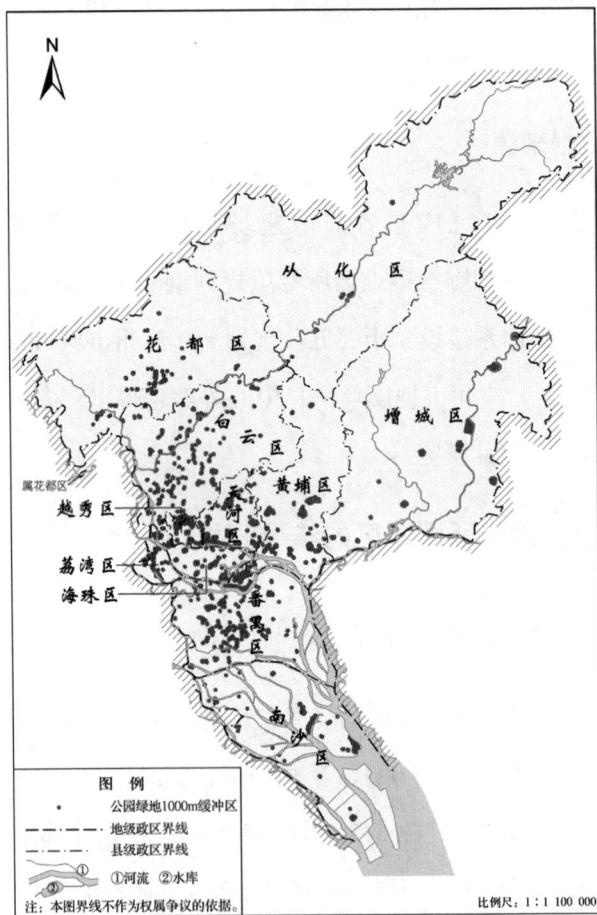

图 5-2　广州市公园绿地 1 000 m 缓冲区分布图

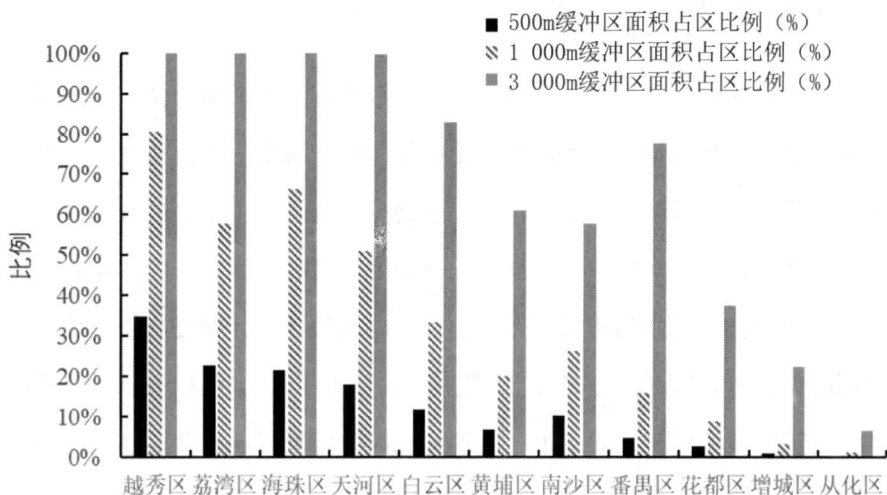

图 5-3　广州市各区公园绿地缓冲区面积比例图

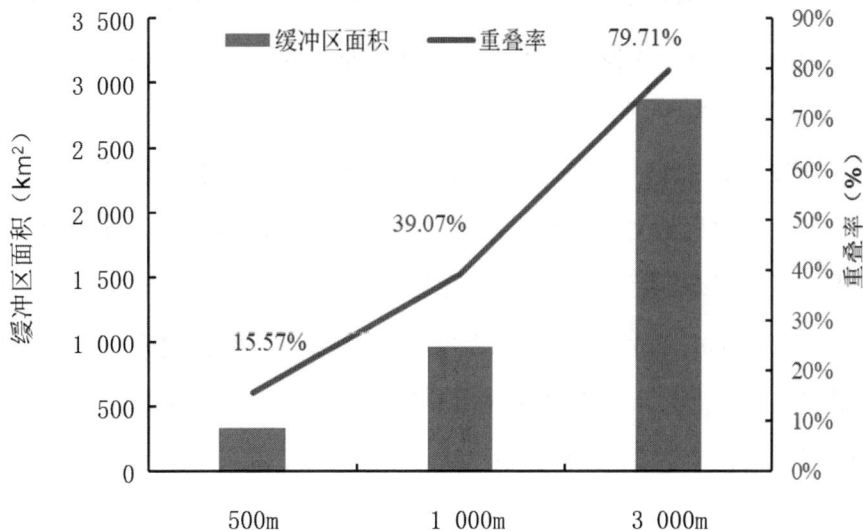

图 5-4　广州市公园绿地缓冲区面积及重叠率图

资料来源：本研究绘制。

（二）学校缓冲区分析

城市将学校作为城市应急避难场所的重要资源。因为学校作为区域居民区配套的公共建筑，地理位置和交通便捷性能满足居民快速就近避难的需求；同时，利用学校操场等建设应急避难场所，便于学生进行民防知识教育与训练，提高师生的应急自救互救能力。目前我国在防灾体系规划建设过程中，将学校作为防灾据点的建设重要对象之一，要提高校舍抗灾性的同时完善防灾据点的防灾功能，使其成为服务于周边社区的新型设施群，作为防灾据点的学校，除了平时的教育机能、体育设施、会议设施及对周边居民开放的服务内容以外，考虑灾害时的机能改变，要充实医务室、食堂、体育设施、操场、游泳池等设施，同时制订一整套平时与灾时的应急体制与应急预案，规划周边应急道路等。本次应急避难场所的学校资源包括中小学、中专和高等院校 3 种主要类型，利用 GIS 缓冲区分别以 500 m、1 000 m、3 000 m 半径分析广州市学校型应急避难场所的空间特点。

据图 5-5、图 5-6、图 5-7 可知，广州市外围圈层学校型应急避难场所的缓冲区面积比例总体低于越秀区、天河区、海珠区等中心城区，体现在较大的空间差异上。学校作为应急避难场所面积比公园绿地少，但是从 500 m、1 000 m、3 000 m 缓冲区面积占全市比例比公园绿地高，且覆盖面积最广，成为广州市重要的中心型应急避难场所资源。但学校应急避难场所缓冲区面积重叠率也较高，中心城区重叠率明显高于外围圈层。

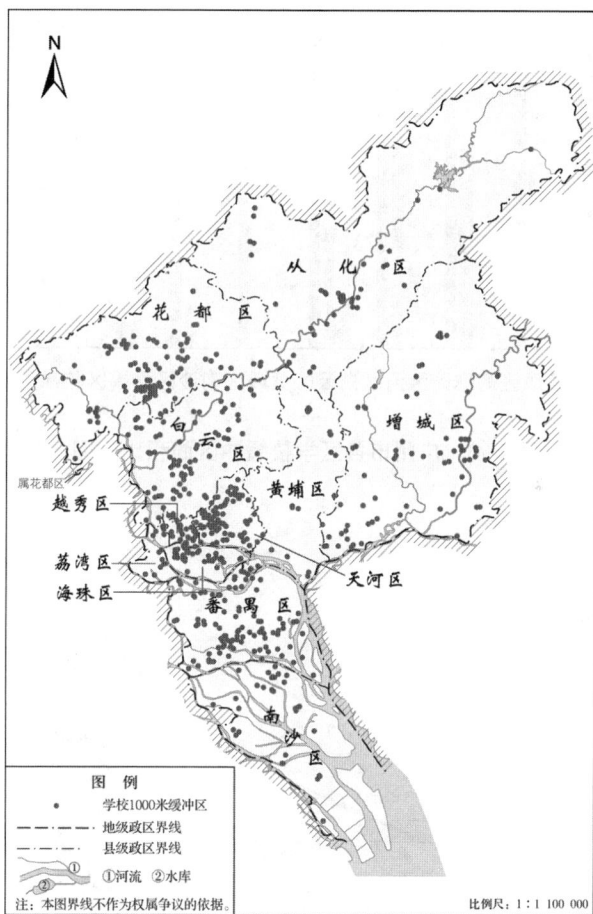

图5-5 广州市学校1000 m缓冲区分布图

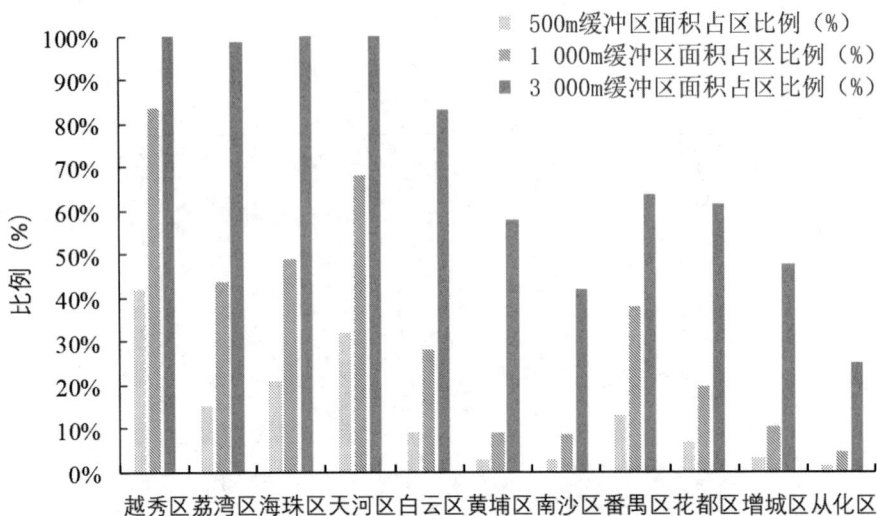

图 5-6　广州市各区学校缓冲区面积比例图

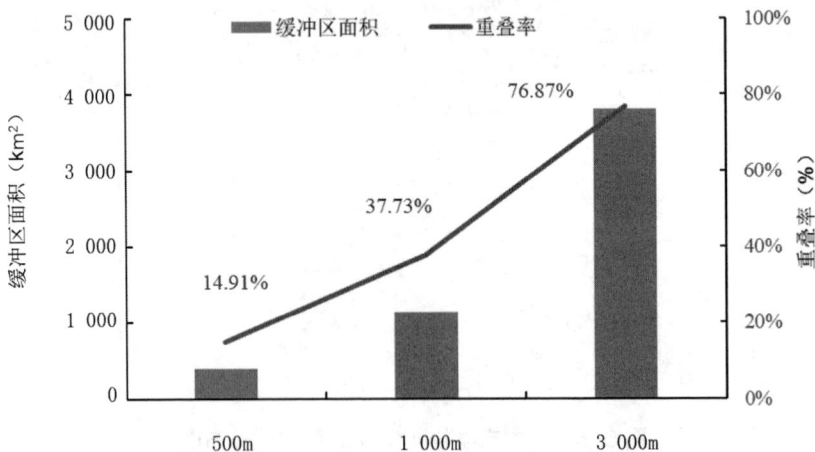

图 5-7　广州市学校缓冲区面积及重叠率图

资料来源：本研究绘制。

（三）基于体育场馆的缓冲区分析

体育场馆应急避难场所因其建设量大、覆盖面积广，是一种很好的开敞空间，在城市防灾避难过程中发挥了很大的作用。所以体育场应急避难场所资源空间分析对于建设城市应急避难场所体系非常必要性。利用 GIS 空间分析，分别以 500 m、1 000 m、3 000 m 半径做体育场馆的缓冲区分析，如图 5-8、图 5-9、图 5-10 可知，广州体育场馆资源相对公园绿地和学校而言，数量相对较少。但是在中心城区，像荔湾区、海珠区和越秀区的体育场馆资源相对较高，成为该区域重要的社区型应急避难场所，如海珠宝岗体育场馆、荔湾区工人体育场馆；但外围圈层明显不足，如增城区暂时没有体育场馆应急避难资源，所以体育场馆成为广州市应急避难场所后期开发和建设的重要方向。由于广州体育场馆应急避难场所面积较少，在缓冲区面积重叠率方面也较低，3 000 m 缓冲区重叠率为 34.1%。

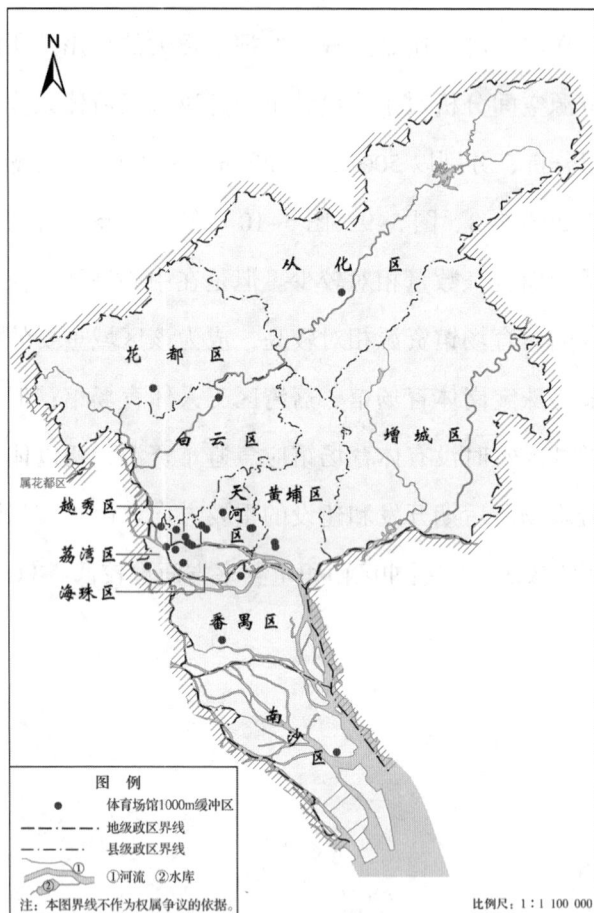

图 5-8　广州市体育场馆 1 000 m 缓冲区分布图

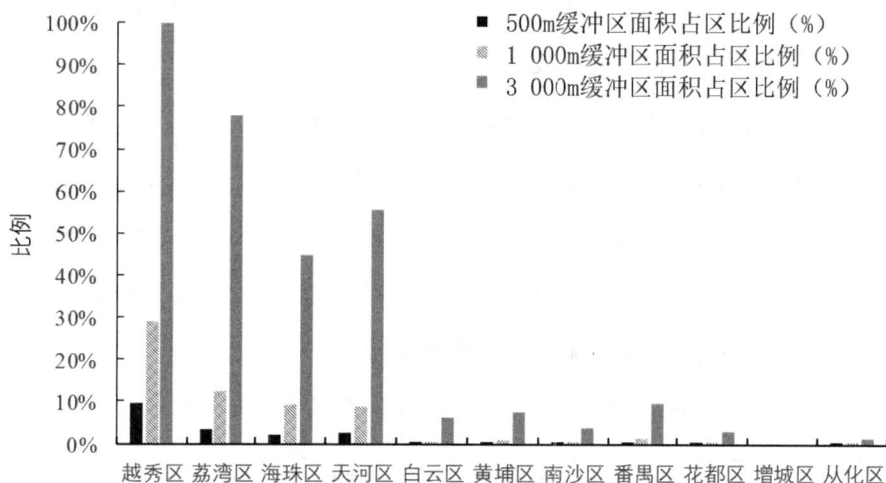

图 5-9　广州市各区体育场馆缓冲区面积比例图

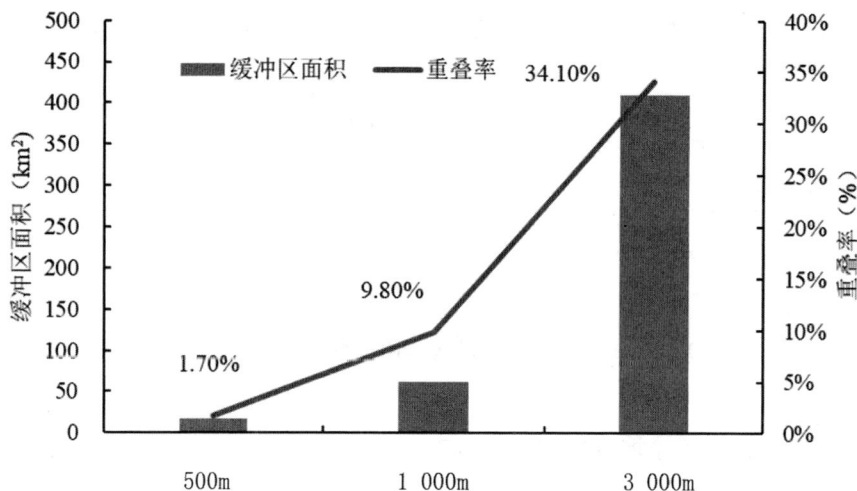

图 5-10　广州市体育场馆缓冲区面积及重叠率图

资料来源：本研究绘制。

（四）基于交通干线缓冲区分析

为了更好地体现广州市应急避难场所资源空间布局，以高速公路、一级公路和二级公路为线性要素，分别以 500 m、1 000 m、1 500 m 为辐射半径进行缓冲区分析，并进行数据的统计（如表 5-4 所示）。结果可知，广州市 70% 应急避场所资源都是分布在主要道路 500 m 缓冲区内，95% 以上都在 1 500 m 缓冲区范围内，很少在缓冲区范围以外。尽管广州市应急避难场所资源总体交通区位相对较好，临近主要道路，但是由于中心城区避难场所资源的过度集中，在应急救灾时会产生较大的交通拥挤问题，所以今后要重视应急避难场所疏散路径的规划。

表 5-4 主要道路缓冲区下广州市应急避难场所分布表

	避难场所总数（个）	主要道路500 m 缓冲区范围内（个）	主要道路1 000 m 缓冲区范围内（个）	主要道路1 500 m 缓冲区范围内（个）	缓冲区范围外（个）
公园绿地	583	406	517	554	29
学校	501	362	462	484	17
体育场馆	23	19	23	23	0

资料来源：本研究绘制。

三、应急避难场所核密度的结果分析

（一）公园绿地应急避难场所核密度

如图 5-11 可知，公园绿地应急避难场所主要集中于广州中西部的中心城区，以越秀区、荔湾区和海珠区分布密集程度高，黄埔区、从化区、增城区和南沙区的分布规模较小。白云区主要分布于靠近越秀区一侧的西南部；天河区以南部的核密度值较高；番禺区同样以靠近中心城区的西部分布较为密集。

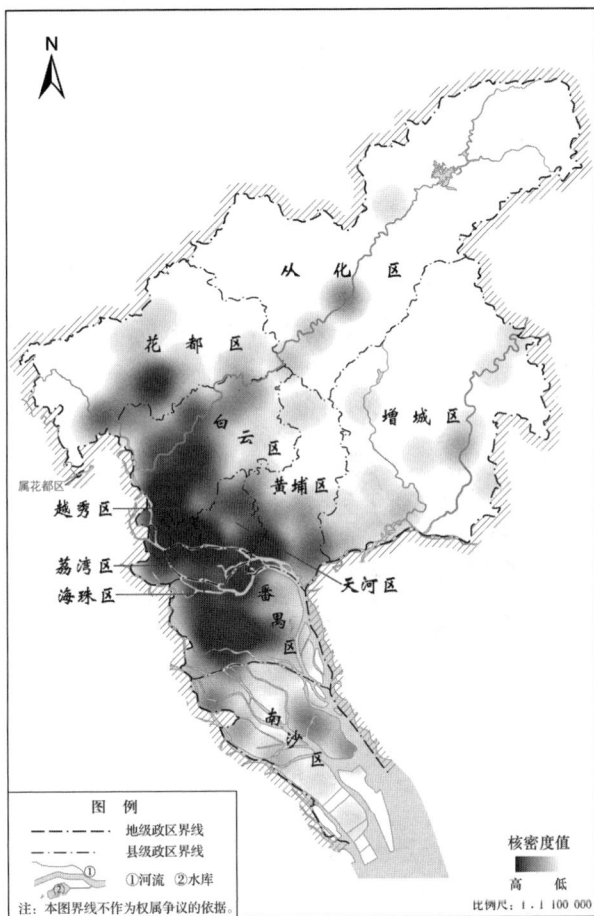

图 5-11　广州市公园绿地应急避难场所核密度分布图

（二）体育场馆应急避难场所核密度分析

如图 5-12 可知，广州市体育场馆的应急避难场所数量相对较少，以越秀区分布较为集中，其次为海珠区。天河区主要分布于东南部和西南部，其余各区的分布规模均较小。

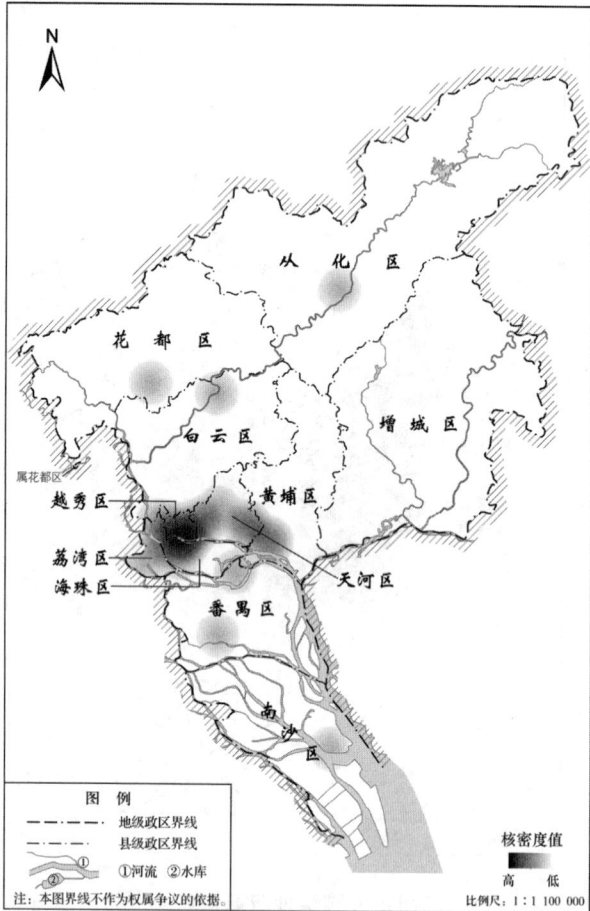

图 5-12　广州市体育场馆应急避难场所核密度分布图

（三）教育设施应急避难场所分布

如图 5-13 可知，教育设施的应急避难场所的数量相对前面两类多，以越秀区、海珠区、荔湾区和天河区集中程度较大，中心城区是人口和经济活动较为密集的地方，教育设施建设水平相应较高。花都区和番禺区主要分布在区域中南部，其余各区分布密度相对较小，黄埔区则未形成集聚规模大的应急避难场所。

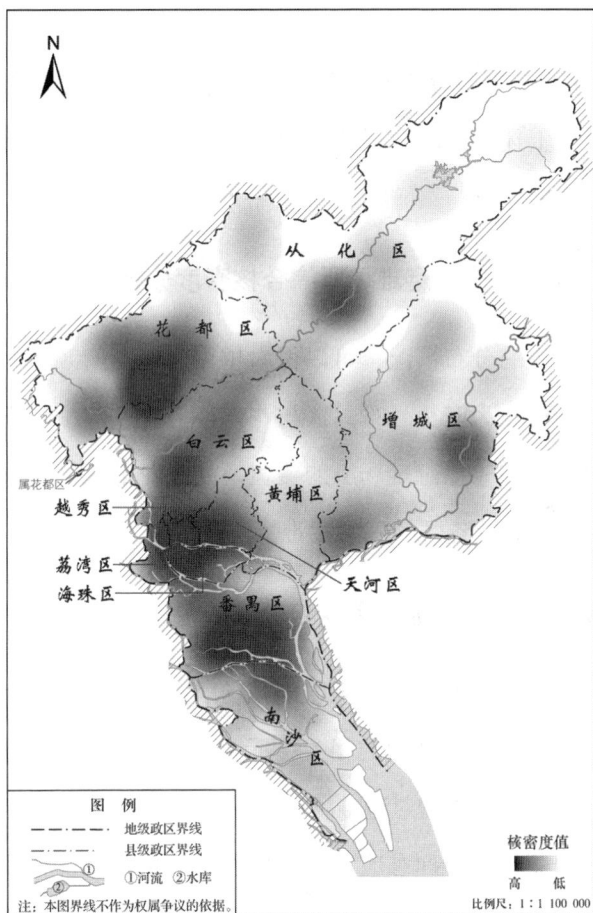

图 5-13　广州市教育设施应急避难场所核密度分布图

其中又将教育设施应急避难场所分为中小学、中专和高等院校 3 类。

（1）中小学应急避难场主要集中在中心城区，花都区和番禺区的分布规模也相对较大，均以中南部密度较高。其余各区的分布数量较少，规模小。

（2）中专学校数量较少，主要分布在越秀区、海珠区、天河区和白云区西南部，其余各区呈分散的点状分布。黄埔区和从化区的中专数量极少，故核密度值几乎为0。

（3）高等院校主要分布在越秀区、海珠区、天河区以及海珠区和番禺区的交界。与上述两级教育设施相比，空间分散性更加显著，除南沙区以外均有一定数量分布。

（四）三类设施应急避难场所综合核密度分析

综合三种设施的分布情况，可以得出越秀区、荔湾区、海珠区和天河区的应急避难场所较为密集。番禺区与花都区的应急避难场所主要分布在中南部，但番禺区的应急避难场所的覆盖率高于花都区；白云区则以西南部分布较为集中。其余各区的应急避难场所数量少，分布较为稀疏。

四、广州应急避难场所空间自相关分析

通过广州市各区的人均有效应急避难场所进行空间局部自相关分析可得知，除从化区以外，其他区域的相关性不显著。从化区为低高集聚（L-H），即说明从化区的人均有效应急避难场所面积小于周围区域。该区域的教育、体育和公园绿地等设施中拥有应急避难场所的数量较小，有效面积不大，即使人口密度不大，但人均有效应急避难场所面积依旧较低，存在一定的人口配置缺口。

第三节 广州市应急避难场所空间格局影响因素

（一）人口分布

应急避难场所的空间布局在一定程度上要以避难人口的预测结果为重要参考。那么区域常住人口规模及其空间分布是应急避难场所数量和配置要求的重要因子[12]。广州市中心城区虽人口密度大于外围城区，但人口规模呈下降趋势，避难场所需求有所减少，主要对已有的避难场所进行改造和优化；其余各区人口均有一定增长，尤其是番禺区、南沙区和黄埔区作为广州市未来人口引导转移的重点地区，避难场所后期需求增加明显。应急避难场所的规划需要和人口密度相适应。同时，应关注流动人口的集中地（如番禺区、白云区）的外来人口避难需求。如图 5-14 所示，以越秀区人口密度为广州市最高，以此为中心向四周区域逐渐降低，具有一定的层次性。荔湾区、海珠区和天河区作为中心城区，人口密度相对其他区域高；白云区、番禺区和黄埔区人口密度处于市内中等水平；花都区、从化区、增城区和南沙区等广州外围区域则人口密度较小。

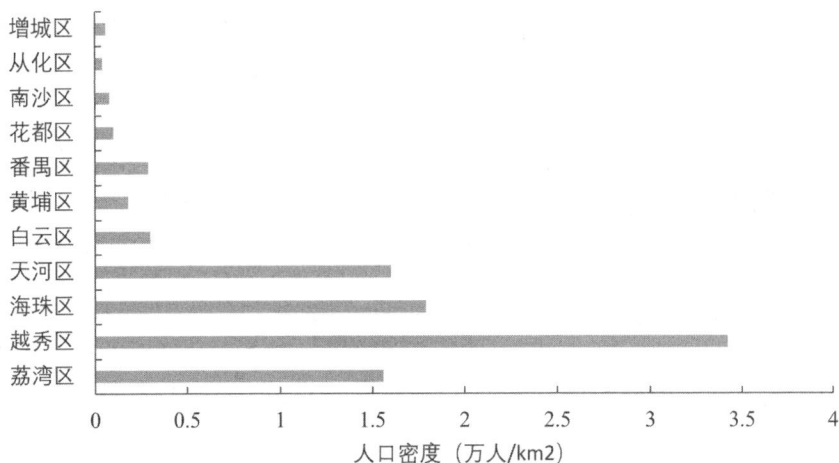

图 5-14　广州市人口密度分布图

（二）可达性

为了符合应急避难场所就近避难和利于疏散等原则，广州市应急避难场所空间布局的影响因素中需要考虑可达性，可达性包括交通距离可达性和交通时间可达性[13]。为了保证灾时和灾后应急避难场所交通畅通，应急避难场所尽可能同时具备多种交通方式（陆路、水路和航空等），使人员疏散和物流运输能够畅通。广州市 70% 的应急避场所资源都是分布在主要道路 500 m 缓冲区内，但广州中心城区交通干线网络分布较为密集，外围城区交通干线分布比较分散，这在一定程度上影响了应急避难场所空间分布。

（三）土地利用

应急避难场所分布与土地利用类型呈现较强的空间相关性，应急避难场所对场地面积有严格的要求，不同的用地类型应急场所的建设成本覆盖距离和服务容量各有差异[14]。广州市公园绿地类型的应急避难场所面积最大，较好地利用"平灾结合"和持续节约的原则，综合考虑了公园绿地的自然条件、建设状况、周边环境等，而学校和体育场馆型应急避难场所土地审批复杂和建设成本高。中心城区土地资源紧张，外围城区土地利用较为宽松，所以今后根据广州市土地利用规划，选择合适的地区确定为应急避难场所补充区和集中配置区。同时也要考虑综合防灾的特点，对于应急避难场所资源选址和用地需要对土地利用适应性、城市各类土地类型的数量和分布、救灾备用地布局等方面进行全方位考虑。

（四）经济发展程度

在用地紧张的城市环境下，有必要探索避难空间集约化使用的途径。提升应急避难场所的防灾效益、经济效益、土地利用效益等，从而构建一个功能完善、平灾结合、空间高效的城市应急避难场所规划[15]。应急避难场所的前期建设、设施配套、后期管理需要大量的投资，这与地区经济发展水平密切相关。作为一项重要的基础设施，经济发展水平越高的地区越重视应急避难场所的建设和管理，所以中心城区和镇区在应急避难场所数量与配套设施上明显优于外围城区和农村。但外围城区和农村地区恰恰是广州市应急避难场所的服务盲区，影响应急避难场所的空间布局和防灾功能，郊区和农村地区后期加强民居规范化管理、防灾宣传、设置避难疏散指引等。

第四节 广州市应急避难场所空间优化策略

从广州城市功能区划出发，以就近性、可达性、容纳性和平灾结合等原则，基于应用 GIS 空间分析功能下的应急避难场所的空间分布特征，并根据广州市现有的避难场所资源供给及空间分布情况，同时考虑后期的规划需求和应急避难场所影响因素，采取分区间差异化的策略，将广州市分为 4 个策略分区：改造完善区、补充提升区、配套建设区、集中配置区（如表 5 5 所示），完善避难场所空间体系。

表 5-5 广州市应急避难场所分区策略

类型	行政区	需求特征	策略
改造完善区	越秀区 荔湾区 海珠区 天河区 白云区	人口密集，应急避难资源充足，但需求有所减少	以改造利用现有场所资源为主，充分发挥现有资源的应急避难功能；对旧城区和城中村避难服务盲区进行新建和更新改造
补充提升区	番禺区 黄埔区 花都区	应急避难资源较为充足，但难满足需求。随着人口增长转移和空间拓展，后期需求有所增加	充分利用现有场所资源，对避难服务盲区、人口引导集聚地区和重点建设地区，补充新建避难场所

续表

类型	行政区	需求特征	策略
配套建设区	南沙区	现状人口稀疏,避难场所资源覆盖率较低,后期应急需求有所增加	在人口密度较高的生活服务区改造或补充新建避难场所
集中配置区	增城区从化区	避难场所资源布局分散,覆盖率低	以城市中心区和镇区等人口密集地区为重点集中配置建设避难场所;农村地区以加强民居规范化管理、抗震防灾宣传、设置避难疏散指引为主

资料来源:广州市地震应急避难场所专项规划纲要。

本章小结

本章主要总结了广州市应急避难场所资源特点,利用缓冲区、核密度和空间自相关等 GIS 技术和方法分析了广州市公园绿地、学校和体育场所3种应急避难场所资源的空间布局特点,并分析了空间分布的主要影响因素和优化策略。

(1)广州市现状各类避难场所资源的有效面积和人均有效面积基本满足其需求,但内部空间布局差异较大,应急避难场所的规划建设工作仍严重滞后于城市整体建设。

(2)缓冲区方面,分别以 500 m、1 000 m、3 000 m 作为缓冲半径表现其覆盖面积和空间格局,同时结合主要道路做线性缓冲区分析。结果表明:①公园绿地类型是全市面积最大的应急避难场所资源,但是中心城区重叠过高,导致难以服务全市;学校型 3 000 m 缓冲区覆盖面积占全市的 50%,成为广州市最重要的紧急型和固定性应急避难场所;体育场馆型应急避难场所资源相对不足,是后期广州市应急避难场所规划和开发的方向；②3种应急避难场所资源在空间上存在较大差异，从覆盖面积比例中体现出中心城区明显高于外围城区的格局，特别是学校和公园绿地型，暴露了外围城区应急避难场所资源的不足。③广州市应急避难场所资源总体而言交通区位相对较好，70%应急避场所资源都是分布在主要道路500 m缓冲区内，95%以上都在1 500 m缓冲区范围内，很少不在缓冲区范围外。

（3）在核密度分析方面，越秀区、荔湾区、海珠区和天河区的应急避难场所较为密集。番禺区与花都区的应急避难场所主要分布在中南部，但番禺区的应急避难场所覆盖率高于花都区；白云区则以西南部分布较为集中。其余各区的应急避难场所数量少，分布较为稀疏。

（4）在空间自相关分析上，除从化区以外，其他区域为相关性不显著。从化区为低高集聚（L–H），既说明从化区的人均有效应急避难场所面积小于周围区域，也体现了城市外围地区应急避难场所资源配置不足的问题。

（5）同时总结人口分布、可达性、土地利用和经济发展程度4个应急避难场所空间格局的影响因子，从空间分区策略的角度，提出了改造完善区、补充提升区、配套建设区、集中配置区4种规划策略分区，促进和优化后期广州市应急避难场所空间体系建设和管理。

参考文献

［1］魏博，刘敏，张浩，等. 城市应急避难场所规划布局初探［J］. 西北大学学报（自然科学版），2010（6）：1069–1074.

［2］张文艺. GIS 缓冲区和叠加分析［D］. 长沙：中南大学，2007.

［3］朗利，唐中实. 地理信息系统（第二版）［M］. 北京：电子工业

出版社，2004.

［4］苗红，张敏. 基于 GIS 缓冲区分析的西北民族地区"非遗"旅游资源空间结构研究［J］. 干旱区资源与环境，2014（4）：179-186.

［5］赵方胤，王翠萍，宋冉冉. 基于 GIS 缓冲区分析的济南市医院分布合理性研究［J］. 科技信息，2012（3）：25-26.

［6］陈岗，张建春. 基于 GIS 缓冲区分析的旅游城市饭店空间格局研究：以桂林主城区为例［J］. 杭州师范大学学报（自然科学版），2011（2）：186-192.

［7］王法辉. 基于 GIS 的数量方法与应用［M］. 北京：商务印书馆，2009.

［8］禹文豪，艾廷华. 核密度估计法支持下的网络空间 POI 点可视化与分析［J］. 测绘学报，2015，44（1）：82-90.

［9］魏双建，郗笃刚，沈健. 吉林省地名文化景观空间分布特征及成因分析［J］. 测绘科学技术学报，2018，35（2）：211-215.

［10］孟斌，王劲峰，张文忠，等. 基于空间分析方法的中国区域差异研究［J］. 地理科学，2005，25（4）：11-18.

［11］Cliff A，Ord J. Spatial autocorrelation：A review of existing and new measures with applications［J］. Economic Geography，1970（46）：269-292.

［12］唐波，黄嘉颖，闫永涛，等. 广州应急避难场所资源空间格局评价和优化［J］. 地理信息世界，2018，25（4）：19-23.

［13］吴超，王其东，李珊. 基于可达性分析的应急避难场所空间布局研究：以广州市为例［J］. 城市规划，2018，42（4）：107-112，124.

［14］姜淑颖，徐敬海. 应急避难场所分布与人口及土地利用类型空间关联研究［J］. 测绘与空间地理信息，2020，43（7）：41-44.

［15］张倩，吴若晖，邓捷铭，等. 基于"高效空间"理念的城市应急避难场所规划设计：以三明市城市文化广场为例［J］. 宁夏大学学报（自然科学版），2019，40（1）：80-83，89.

第六章 基于社区尺度的应急避难场所空间可达性分析

城市应急救援管理中，须考虑居民需求与避难场所的容量，同时关注灾害发生时人群选择最近的应急避难场所的可达性研究。但现有的应急避难场所研究大多成果从宏观和中观尺度进行分析，社区等微观尺度的研究较少。社区作为我国城市管理的最小行政单位，却承担整个社会主体的最大单元，囊括了地理区位、人口特点、交通指引、生态环境等诸多方面的因素。同时社区作为城市空间和社会组织的基本单元，社区防灾是城市灾害防治的基础性环节。最近，国内外陆续提出了韧性社区的概念，韧性社区是一种自上而下的防灾社区，其注重防灾的主动性，强调在没有外部支援的情况下，通过强化自身系统的防灾能力，达到促进应急救灾活动、提高灾后恢复能力的目的。社区韧性能力的高低是社区应对各类风险的关键因素。一个良好韧性的社区，包括社区物质空间环境具有较高的抗灾可靠性、高效的社区组织、完善的应急响应机制等[1]。从社区尺度研究应急避难场所的建设、合理的空间布局和优化管理，有利于完善省、区域、市应急避难场所规划。社区应急避难场所的研究是对宏观尺度研究的后续延伸，从人本为本的角度出发，也是为居民群众精准定位和办实事的具体体现。

第一节　可达性的相关研究

城市作为人口密集和经济密度高的区域，由于受到自然灾害和人为灾害的双重干扰，面临较大的灾害风险。城市应急避难场所作为城市救灾和防灾的重要组成部分，随着城市化进程的不断加快，对应急避难场所的需求、建设和管理有了新的审视和反思，其选址[2]、避难容灾能力[3]、空间合理性[4]和可达性[5]的研究逐渐引起了国内外学者的关注。其中空间可达性测度的最大优点在于能够非常直观地揭示公共服务设施空间分布的均衡性，能够清晰地判断公共服务供给过度、匹配和不足的地区[6]、基本公共服务是否均等化，是评价应急避难场所空间分布是否合理的重要方法。

一、可达性的定义

广义的可达性指空间上某一要素实体（点、线或区域）的位置优劣程度，反映了与其他要素实体之间相互作用和交流的潜力。狭义的可达性指人通过一定的交通方式接近物品、服务、活动、机会等所在地点的方便程度[7][8]。可达性最早由美国学者汉森提出，应用于交通网络节点的便捷程度评价[9]，指从事某项活动时到达某一空间位置的便捷度，即从一个地方到另一个地方的过程中克服困难的难易程度，常用时间成本、距离成本、经济成本等指标来表达[10]。可达性是指利用一种特定的交通系统从某一给定区位到达活动地点的便利程度。可达性反映了区域与其他有关地区相接触进行社会经济和技术交流的机会与潜力[11]。根据交通方式的类别，主要可以分为公交可达性、小汽车可达性、地铁可达性、高速铁路可达性、航空可达性，非机动出行可达性（主要是骑行和步行）。每种交通方式在基础设施、运行特点、运营方式、运营距离等方面均存在各自的特点，在研究过程中采取的案例对象和技术方法各有差异。在众多的可达性定义中，基本都包括两点基本内容：①出行阻抗，包括出行时间、出行距离、出行费用、拥堵程度、舒适性、安全性等方面；②目的地的吸引力，包括人口密度、人口数量、区域面积、就业数量、兴趣点数量、出行需求等[12]。

二、可达性的特征

（1）可达性具有空间差异的属性，反映空间实体之间克服距离阻抗进行相互作用的方便程度，所以这种空间属性贯穿在可达性的评价过程中。同时在地理事物的可达性的可视化表达中，往往会用不同的程度或者等级来体现区域可达性内部的空间差异。

（2）可达性具有时间演变的特征，空间实体相互作用的过程，需要通过交通系统来实现，而且对于相同的空间距离，由于所采用的出行线路和出行方式不同，所需出行时间也不同，出行时间更准确地描述空间实体之间的实际阻抗。此外，可达性是对于特定时期的土地利用情况，交通系统运行情况和个人情况而定的，在不同时间，随着各种影响因素的相应变化，可达性也会发生变化[13]。不同时期同一个地区的可达性水平具有动态变化的特征，主要受交通网络的完善、经济发展水平和信息数据的利用程度有关。如高速铁路、高速公路等快速交通正在深刻影响和改变我国区域空间格局。快速交通促使城市突破原有空间邻近的限制，改变了城市经济聚类分布，高—高聚类和低—高聚类分布明显增多，1 h 等时圈内城市经济集聚效应显著加强[14]。

（3）可达性具有社会经济属性，可达性的大小，对于个体的出行方便程度、区域房价、信息交流、社会网络等的水平都有较大的影响。同时可达性的强弱与地区经济联系和发展水平息息相关，一般而言，可达性提升，城市之间的经济联系强度增强[15]。此外，不同群体的可达性差异，特别是弱势群体（如小孩和老人）的可达性，体现出社会的公平性。如健康公平理念下社区养老设施的空间分布研究、出行安全视角下学校的可达性研究、休闲生活视角下游憩场所的可达性分布等，越来越体现可达性的社会经济属性，体现可达性的"人本主义"思想。

三、可达性的应用

交通可达性评价对于了解城市土地利用与交通系统之间的关系有很大作用。可达性的应用主要体现在以下几个方面。

1. 了解地区交通系统的现状特点

通过对交通系统可达性的评价，能够了解区域内不同空间、不同时段的可达性状况，针对可达性较差的区域和时段，提出相应的改进策略。通过交通可达性的调查和实地分析，充分了解居民出行的现状和出行多样性，关注不同群体的可达性的影响因素。在改善交通拥堵问题的同时，合理规划各种机会点的空间分布，更好地满足居民的出行需求。通过对交通系统和土地利用进行建模，能够预测出规划方案的可达性。对于城市各个交通子系统的可达性的比较，了解不同交通方式之间可达性的差距，以便发挥每种交通方式的优势，更好地为居民提供便捷安全的出行服务。

2.公共服务设施的选址

对于满足人们日益增长的物质和文化生活需要及全面提升生活品质起着至关重要的作用。经过几十年的发展，目前国外已经对公共服务设施可达性进行了较为全面深入的研究，研究对象包括在医疗、教育、公园、体育等众多类型的公共服务设施。我国公共设施可达性和公平性研究虽然起步晚，但发展迅速。公共服务设施的可达性研究也逐步扩展至在医疗、教育、体育设施等公共服务设施等领域。如邓丽等人运用改进的两步移动搜索法，从供给和需求两个角度分析医疗服务空间可达性状况[16]；汤鹏飞等通过学校服务能力和就学影响两个因子来改进潜能模型，对县域小学空间可达性进行分析[17]；刘常富等基于 GIS 的可达性研究从公园与市民相互关系角度出发，评价城市公园空间分布合理性和服务公平性[18]。近年来不断尝试将可达性应用于应急避难场所的空间布局过程中，应急避难场所是人员疏散、救助和安置的重要载体，其空间布局合理与否直接影响到城市抵御灾害的能力。可达性和拥挤度作为居民点与应急避难场所相互作用的关键指标，建立其合理的评价方法，对城市应急避难场所均衡布局具有重要参考价值[19]。

四、可达性的评价

可达性是地理学、土木建筑工程设计、交通运输经济学等学科的研究热点，已有的各种可达性度量方法已广泛应用于交通网络与城镇发展研究、交通基础设施的区域经济效应评价、选址分析、园林景观规划、社会文化等多个研究领域[20]。随着应用需求的持续加大和技术研究的不断深入，可达性度量方法也在快速发展，其度量体系正在形成。空间可达性度量既可用于评价公共服务设施空间布局的合理性，也可用于比较规划方案的优劣。空间可达性评价方法能够识别出公共服务的稀缺区域，是衡量公共服务设施布局空间公平性的有效途径[21]。因此，公共服务设施的公平配置就成为其规划和布局的重要目标。目前，国内外学者利用缓冲区分析法、潜能模型、GIS 分析法、核密度法、累积机会法、重力模型法、最近距离法和两步移动搜寻法对城市绿地公园[22]、医疗设施[23]、旅游景点[24]和应急避难场所[25]等公共服务设施的可达性做了较多的探索。但是多等级设施空间可达性、从需求者的活动规律考虑空间可达性、针对各类设施的综合空间可达性以及相关度量方法与 GIS 的集成等成为可达性研究的主要方向。目前可达性的主要定量评价方法有多，表 6-1 对其优缺点进行了比较。

表 6-1　可达性的主要研究方法

方法	原理	优点	缺点
统计分析法	采用问卷和实地调查不同人群的出行特征与个人信息数据，运用数学统计学方法分析可达性的影响因素和评价标准	较为直观、准确且全面地考虑可达性的影响因素	费时费力，数据获取难度大，且缺乏量纲，计算复杂，存在一定的主观性
缓冲区法	以不同的地理事物或研究对象的质心点或形状边界为基础，按照最大服务半径建立缓冲区	简单易行，操作性强，对数据要求低，在规划中较为常用	未考虑实际道路交通网络和地理障碍，与现实有一定差距
邻近距离法	基于欧氏距离，通过计算居民点到最邻近公共服务设施的直线距离分析可达性	简单易行，能找到公共服务设施服务盲区	与缓冲区法一样，未考虑实际道路交通网络和地理障碍
引力模型法	基于万有引力模型，计算公共服务设施吸引力和市民需求间的相互作用力大小，并视为可达性。可达性随着公共服务设施的吸引力和市民需求的增加而增加	充分考虑公共服务设施的吸引力、人口分布、距离衰减等因素对可达性的影响	主观性较强，缺少统一标准；数值计算结果缺少现实意义，难以解释和进行不同区间的相互比较

续表

方法	原理	优点	缺点
网络分析法	以实际道路交通线网为基础，根据不同出行方式对不同等级道路赋予相应的通行能力参数	路径与现实路网系统拟合以模拟现实出行，能够直观地进行路径选择和服务范围测算	需要完备的道路网络数据，无法考虑到公共服务设施自身吸引力对可达性的影响
互联网地图法	利用互联网地图的 API 接口，计算某点到达公共服务设施的时间、距离等出行因子，从而分析可达性	利用互联网地图自身的出行算法，最贴近现实生活，且省去繁复的建模过程	互联网地图服务商众多，不同接口、不同时间计算结果有一定差异，缺少一个统一标准服务范围和评判标准
费用加权距离法	将研究区域划分为若干网格，通过赋予影响公共服务设施可达性的若干因子不同的阻力使每个网格都有一个通行成本，在 GIS 里建立费用加权距离模型，再用最短路径搜索算法计算某一点到公共服务设施的累计阻力	充分考虑不同土地利用性质、不同等级道路交通对可达性的影响，便于对不同规划方案进行比较	生成的结果是相对阻力，有一定误差：划分的网格大小(栅格粒度)会影响计算结果。直线距离分析与现实有一定差距

第二节　应急避难场所可达性评价方法

本节内容在对广州市社区尺度的应急避难场所空间可达性研究时，主要采用了两步移动搜寻法和 OD 矩阵法。

（一）两步移动搜寻法

两步移动搜索法（Two-step floating catchment area method，2SFCA）是一种便捷的测量设施点可达性的方法，分别以设施点供给点和需求点为中心，通过两次移动搜索来进行可达性分析。两步移动搜寻法是由拉德克（Radke）等在 2000 年提出的，是在早期移动搜寻法的基础上改进形成[6]，成为公共服务设施空间可达性研究中运用较为广泛的重要方法，并出现了4种主要的扩展形式：引入距离衰减函数的扩展、对搜寻半径的扩展、针对需求或供给竞争的扩展，以及基于出行方式的扩展[26]。因为该方法考虑了所有能为消费者提供服务的多个供给点，又测度了消费者的对公共服务的可获得性，重点关注了供给点的供需比[27]，这样弥补了最近距离法只考虑距离因素，未对供需点规模因素进行考虑，以及核密度法和重力模型采用的距离为欧氏距离，无法考虑实际交通网络的影响[28]。再加上两步移动搜寻法易于理解，在地理信息系统中可操作性更强，因此得到了更多的关注和发展[29]。

其主要思想是：①对每个供给点 j，搜索在 j 搜寻半径（d_0）范围内的所有需求点（k），计算供需比 R_j；②对每个需求点 i，搜索所有在 i 搜寻半径（d_0）范围内的供给点（j），将所有的供需比 R_j 加总得到 i 点的可达性。首先设定一个阈值，分别以供给地和需求地作为基础，分别搜寻两次。对临界值内居民可以接近的应急避难资源或设施数量进行比较，一般数值越高，可达性越好。该方法因在使用过程中采用微观尺度如街道人口，可以较好地解决区域人口空间分布问题；同时将避难场所分布的数量、容量等情况纳入可达性评价，更合理地考虑居民与避难场所潜在的相互作用；易于在 GIS 中操作3个特点使得它在应急避难场所空间可达性研究中具有明显优势[30]。

第一步，搜索所有位于应急避难场所 j 距离阈值（d_0）范围内街道质心（k），计算出每个应急避难场所的供需比 R_j。主要是确定了应急避难场所的繁忙程度。

$$R_j = \frac{S_j}{\sum_{k \in \{d_{kj} \leq d_0\}} p_k} \tag{6-1}$$

式中，P_k 为搜寻区内街道 k（即 $d_{kj} \le d_0$）的人口数；S_j 为 j 点的总供给；d_{kj} 为位置 k 和 j 的距离。

第二步：对每个街道质心 i，搜索所有距离阈值（d_0）内的避难场所（j），将所有的供需比 R_j 求和即得到街道（i）的可达性。主要是计算了每个街道的可达性。

$$A_j^F = \sum_{j \in \{d_{ij} \le d_0\}} R_j = \sum_{j \in \{d_{ij} \le d_0\}} \frac{S_j}{\sum_{k \in \{d_{kj} \le d_0\}} p_k} \qquad (6-2)$$

式中，A_i^F 为街道 i 对避难场所的空间可达性，值越大表明街道的可达性越好；R_j 为街道 i 搜寻区（$d_{kj} \le d_0$）内避难场所 j 的供需比。按照广州市应急避难规划方案要求，紧急和固定性避难场所服务半径为 500 ～ 3 000 m，即固定避难场所的影响范围为 500 ～ 3 000 m。因此，将搜寻阈值分别设为 500 m、1 000 m、1 500 m、2 000 m、2 500 m、3 000 m。

（二）OD 矩阵

空间 OD（Origin － Destination）流是空间网络系统中各个节点（O/D）之间相互作用的结果，以人流、物流或信息流等有形或无形的方式存在，并在地域上呈现一定的集聚或扩散模式[31]。空间 OD 流的研究属于空间相互作用研究领域，通过构建矩阵体现目的地和出发地之间存在的相互影响。OD 矩阵是交通运输规划的基础资料，是城市交通规划、控制与管理等工作的基础，主要分为静态 OD 矩阵和动态 OD 矩阵。本章首先构建 GIS 道路网络模型，运用网络分析对已选的应急避难场所作为终点，以人口质心为起始点，进行 OD 成本距离分析并加入时间权重（考虑人流疏散时间在 10 min 内）选出最短路径[32]。首先建立道路网络，设有 a 个出发点，b 个到达点，列出矩阵中每个元素为各条路径的交通成本（时间、路程）。

$$X = \begin{Bmatrix} X_{11} & X_{12} & ... & X_{1a} \\ X_{21} & X_{22} & ... & X_{2a} \\ \vdots & \vdots & \vdots & \vdots \\ X_{b1} & X_{b2} & ... & X_{ba} \end{Bmatrix} \qquad (6-3)$$

设 G 是交通成本权值图，$W(a, b)$ 为 G 每条边的权值，P 是 G 中的一条道路，P 所有道路的权值称为：

$$W(P) = \sum_{e \in E(P)} W(e) \qquad (6-4)$$

最短路程所带的权值记为 $d(a, b)$，$P \subseteq B(G)$，$a_0 \in P$，$P = B(G) - P'$，定义 a_0 到 P' 的距离为

$$d(a_0, P') = \min_{b \in P'} \{ d(a_0, b) \} \qquad (6-5)$$

（1）令 $P = \{a_0\}$，$P' = B(G) - P$，对中每一点 b，令 $l(b) = w(a_0, b)$；

（2）若 $a_i \in P'$，满足 $l(a_i) = \min_{b \in P'} \{ l(b) \}$，$P = B$，则终止；

（3）若 $P \neq B$，令 $P = P \cup (a_i)$，$P'' = P' - \{a_i\}$，对 P'' 中每个点 b，计算 $l(b) = \min_{b \in P''} \{ l(b), l(a_i) + w(a_i, b) \}$ 再转到（6-5）。

（三）技术路线

由于本研究采用的人口数据是以街道为单位，人口数据单位较大，为得到微观尺度的人口数量分布，首先将研究范围进行格网化处理，创建 500 m×500 m 大小的规则格网单元，然后对生成的格网提取中心点，并剔除位于道路、河流、公园绿地等不符合要求的一些格网中心点，最后筛选得出满足条件的需求点，并将人口数据按比例分配到每个需求点上。本次研究的应急避难供应点包含学校、体育场馆、公园绿地和城市广场，其中学校和体育场馆是点状数据，而公园绿地和城市广场是面状数据，为满足

两步移动搜寻算法的要求，提取城市广场面数据的质心作为该类避难所的供给点，而公园绿地型应急避难场所以实际人口作为该类避难所的供给点。具体技术路线如图6-1所示。

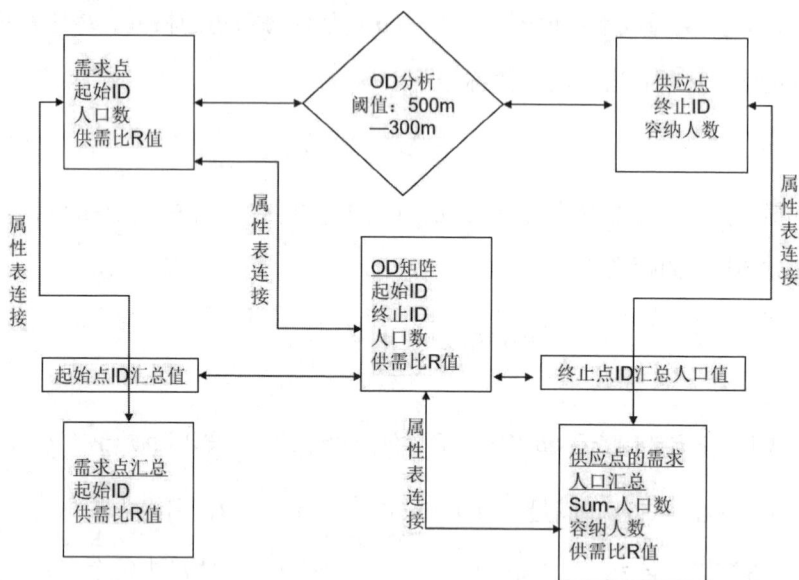

图6-1　可达性技术路线图

资料来源：本研究整理绘制。

<h1 style="text-align:center">第三节　应急避难场所可达性案例分析
——以越秀区、荔湾区、番禺区为例</h1>

一、越秀区应急避难场所空间可达性分析

（一）越秀区概况

越秀区位于广州市中心城区，总面积33.8 km²。2015年年末常住人口

115.68 万人，户籍人口 117.48 万人，是广州市面积最小、人口密度最高的市属老城区。下辖流花、洪桥、六榕、光塔、人民、北京、东山、梅花村、农林、华乐、建设、大东、大塘、珠光、白云、黄花岗、矿泉、登峰18 个街道，下设 222 个社区。根据应急避难场所的面积要求以及避让地震断裂带、地质隐患点、次生灾害源的选址要求，进行筛选后，利用 ArcGIS 软件建立数据库，包括公园绿地、城市广场、学校、体育场馆 4 类，得到越秀区现状可用作避难场所的资源类型和空间图（如图 6-2 所示）。如图所示，越秀区应急避难场所资源类型比较多，包括公园绿地型、广场型、学校型和体育场馆型，主要为公园绿地型，其占区内所有应急避难场所资源的 84.8%，但分布相对比较分散，无明显集聚；公园绿地型主要分布在南北两端，学校型在中部和东部数量较多；大部分应急避难场所资源都靠近主要道路。

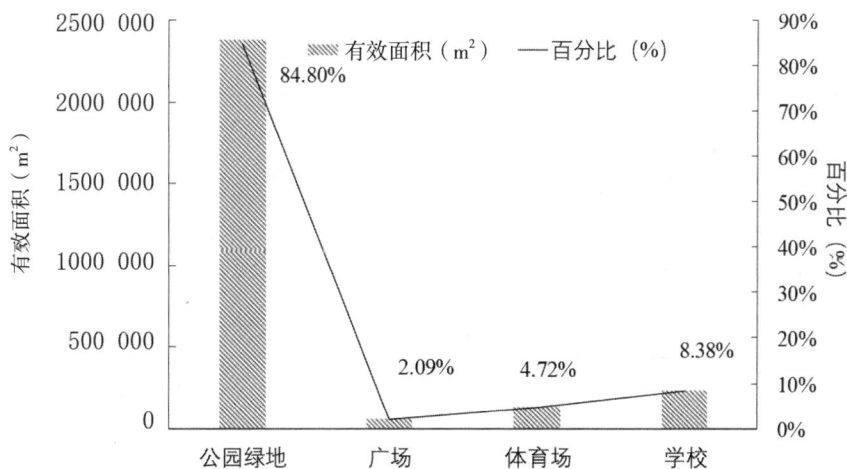

图 6-2　越秀区应急避难场所资源类型分布图

资料来源：本研究整理绘制。

为了体现越秀区各街道的应急避难场所资源空间特征，如表 6-2 所示，越秀区应急避难资源相对比较充足，人均有效面积为 2.39 m²。但内部各街道应急避难资源分布不均，如洪桥街道、白云街道、东山街道和流花街道应急避难资源相对比较丰富，但如光塔街道、华乐街道等 5 个街道没有应急避难场所资源，这在一定程度上影响了越秀区整体的应急避难能力。

表 6-2　越秀区各街道应急避难场所资源统计表

街道	行政区面积（km²）	常住人口（人）	应急避难场所有效面积（m²）	有效避难面积占行政区面积（%）	避难人数（人）	人均有效
面积（m²）	1.77	17 887	134 994	7.63%	89 996	7.55
洪桥	1.58	47 333	433 514	27.44%	289 009	9.16
六榕	2.04	84 516	14 340	0.70%	9 560	0.17
光塔	1.07	86 802	0	0.00%	0	0.00
人民	1.51	76 969	48 014	3.18%	32 009	0.62
北京	1.27	72 644	77 242	6.08%	51 495	1.06
东山	2.88	81 275	227 407	7.90%	151 605	2.80
梅花村	1.56	88 844	18 140	1.16%	12 093	0.20
农林	1.08	52 217	14 704	1.36%	9 803	0.28
黄花岗	3.20	101 925	115 365	3.61%	76 910	1.13
华乐	1.20	53 562	0	0.00%	0	0.00
建设	0.91	67 018	0	0.00%	0	0.00
大东	1.00	90 227	30 906	3.09%	20 604	0.34
大塘	1.06	56 496	121 795	11.49%	81 197	2.16
珠光	0.92	68 623	0	0.00%	0	0.00
白云	3.25	43 430	274 683	8.45%	183 122	6.32
矿泉	2.80	35 199	0	0.00%	0	0.00
登峰	4.70	49 667	1 291 280	27.47%	860 853	26.00
合计	33.80	1 174 634	2 802 384	8%	1 868 256	2.39

资料来源：本研究整理绘制。

（二）可达性分析

基于公式（1）、（2）和技术路线，以越秀区 18 个街道质点作为需求点，以应急避难场所的出入口作为目的地进行 2 次搜寻。第一步搜寻是以应急避难场所资源为中心进行计算供需比 R_j。从表 6-3 可知，越秀区各街道的供需比各有差异，白云街道、登封街道、洪桥街道、流花街道的供需比较高，其他街道供需比较低。同时在不同阈值下，各街道的供需比也有差异，总体而言在 1 000 m、1 500 m、2 000 m 的阈值下街道的供需比较高。

表 6-3　不同阈值下越秀区应急避难场所供需比

街道	不同阈值下的供需比					
	500 m	1 000 m	1 500 m	2 000 m	2 500 m	3 000 m
白云街道	18.64	28.13	26.50	21.29	16.45	12.34
北京街道	2.12	1.87	5.81	6.14	7.73	8.66
大东街道	2.99	5.65	5.30	4.76	4.22	4.34
大塘街道	1.95	2.59	1.67	2.34	4.63	6.75
登峰街道	45.70	116.79	142.33	107.34	78.44	59.24
东山街道	1.56	2.84	6.28	8.83	10.54	11.28
光塔街道	0.00	0.39	0.52	0.49	1.39	1.70
洪桥街道	11.92	8.32	11.20	11.85	12.27	10.45
华乐街道	0.00	1.64	5.61	8.61	11.65	12.38
黄花岗街道	8.63	6.64	7.35	8.80	12.42	17.00
建设街道	0.00	5.30	7.05	13.77	13.42	11.56
矿泉街道	0.00	0.00	0.00	0.00	0.00	0.56
流花街道	16.77	39.59	26.98	23.39	21.70	21.68
六榕街道	3.73	12.21	10.65	10.64	8.81	7.60
梅花村街道	0.00	0.31	0.33	0.84	1.45	2.89
农林街道	1.23	0.79	2.22	3.25	4.10	4.18
人民街道	1.73	1.78	1.22	1.11	0.94	2.00
珠光街道	0.00	0.18	1.15	2.62	3.32	3.91
人民街道	1.73	1.78	1.22	1.11	0.94	2.00
珠光街道	0.00	0.18	1.15	2.62	3.32	3.91

然后以需求点（街道质心）为中心进行第二步搜寻，最后得到越秀区不同 d_0 条件下的应急避难场所可达性空间分布结果（表 6-4 所示）。

表6-4 不同 d_0 条件下可达性值及服务面积比较

$d_0=500$			$d_0=1000$			$d_0=1500$		
A_i^F	服务面积（km^2）	比例（%）	A_i^F	服务面积（km^2）	比例（%）	A_i^F	服务面积（km^2）	比例（%）
0 ~ 3	28.85	85.4%	0 ~ 3	25.16	74.44%	0 ~ 3	25.43	75.2%
3 ~ 6	2.29	6.8%	3 ~ 6	3.76	11.12%	3 ~ 6	3.31	9.8%
6 ~ 9	2.05	6.1%	6 ~ 9	1.23	3.64%	6 ~ 9	1.00	3.0%
9 ~ 12	0.37	1.1%	9 ~ 12	1.91	5.65%	9 ~ 12	1.65	4.9%
>12	0.21	0.6%	>12	1.73	5.12%	>12	2.38	7.0%
$d_0=2000$			$d_0=2500$			$d_0=3000$		
A_i^F	服务面积（km^2）	比例（%）	A_i^F	服务面积（km^2）	比例（%）	A_i^F	服务面积（km^2）	比例（%）
0 ~ 3	25.37	75.06%	0 ~ 3	25.89	76.6%	0 ~ 3	25.71	76.1%
3 ~ 6	3.12	9.23%	3 ~ 6	4.87	14.4%	3 ~ 6	7.59	22.5%
6 ~ 9	3.45	10.21%	6 ~ 9	2.78	8.2%	6 ~ 9	0.23	0.7%
9 ~ 12	1.31	3.88%	9 ~ 12	0.10	0.3%	9 ~ 12	0.10	0.3%
>12	0.50	1.48%	>12	0.13	0.4%	>12	0.13	0.4%

资料来源：本研究整理绘制。

结果表明：①整体格局：在6种 d_0 阈值下越秀区应急避难场所供需比和空间可达性呈现出明显的南北差异，北部可达性高于南部，如登峰街道和洪桥街道可达性较好。通过分析发现应急避难场所服务的供求比率可达性的空间分布有一致性。②1 500 m服务半径在6中阈值下的可达性最好，服务面积比例最佳。根据表2可知，$d_0=1$ 500时，>12的服务面积达到 2.38 km^2，占总面积的7%。而当 d_0 为2 000 m和3 000 m时，>12的服务面积比例反而出现下降的趋势。③总体而言，越秀区应急避难场所可达性较低。因为6种阈值下，大部分街道的都处于0 ~ 3的范围，占全区面积的75%，大于3的服务范围偏少。所以尽管越秀区人均避难场所面积较高，但因为供求比率不均，考虑到居民避难的可达距离后，不能满足区域的整体避难需求。

（三）小结

基于两步移动搜寻法和 GIS 空间分析法对广州市越秀区应急避难场所进行空间可达性定量分析。结果表明：越秀区应急场所数量较多，以公园绿地型为主，同时人均应急避难场所面积基本能满足居民的避难需求，但空间布局不够均衡和合理，各街道之间供给比例差异显著；应急避难场所的可达性整体不高，呈现出较大的南北差异，北部的登峰街道和洪桥街道可达性较好，而北部街道和社区可达性较差；1 500 m 是越秀区应急避难场所的最佳服务半径，该服务半径下可达性最好，可达性好的服务面积比例最高。再次提出几点意见，越秀区人口老年化严重，特殊人群较多，同时商业密集，人流车流拥挤，建筑密度较高，疏散路径规划过程中要重视疏散人群的避难行为调查、避难空间分布和最优路径选择，做好人流、车流和应急标志的规划，合理设计应急避难疏散通道。越秀区应急避难场所的可达性空间差异明显，为了提高社区整体应急避难能力，应充分利用周边的海珠区、白云区、黄埔区应急避难场所，实现资源共享，满足就近避难的需求。同时要加强应急避难场所运营和管理。根据"平灾结合"的原则，实现应急避难场所空间和设施的高效转化。

二、荔湾区应急避难场所空间可达性分析

（一）荔湾区概况

荔湾区位于广州市西部，是广州的老三区之一，面积达 62.4 km²，户籍人口 70.48 万人，是广州市各区人口密度较高的区域，且区内建筑多为

老建筑，建筑质量参差不齐。目前荔湾区内有多处应急避难场所，但由于分散程度高，在突发灾难时难以满足区内人口的有效需求。因此，本节以荔湾区为例，结合两步移动搜寻法和 OD 矩阵对区内应急避难场所的可达性进行研究，优化老城区应急避难场所规划和设计，以期为对人口密集及老城区如何减少人们在面对突发灾难时的损失有重大意义。

根据在 ArcGIS 中建立的数据库可知，应急避难场所在荔湾区主要分布在北部和南部，其中花地街道和沙面街道的应急避难场所分布最为密集，而站前街道、金花街道、逢源街道、龙津街道、华林街道、多宝街道、石围塘街道和东沙街道缺乏应急避难场所的设计，总体上应急避难场所还是围绕区内道路分布。再对应急避难场所面积数据进行分析统计，可得荔湾区各应急避难场所面积比例图（如图 6-3 所示）。从图 6-3 中可知，荔湾区应急避难场所主要以公园广场为主，其有效面积占总有效面积的 55%，而绿地的有效避难面积占 32%，体育馆和学校分别占 5% 和 8%。

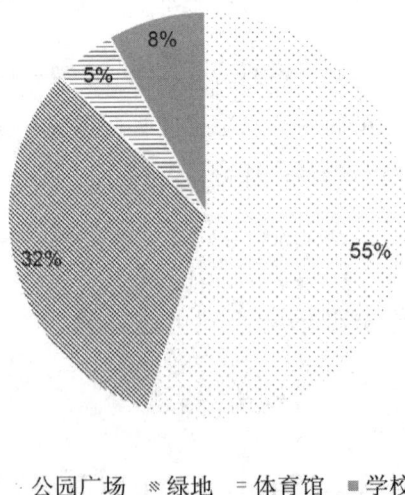

公园广场　绿地　体育馆　学校

图 6-3　荔湾区各应急避难场所面积比例图

资料来源：本研究整理绘制。

（二）荔湾区人口和应急避难场所资源的相关性分析

从图 6-4 中可得，荔湾区人口分布较为集中，主要集中于中部和北部，其中南源街道居荔湾区各街道人口之首，西村街道、彩虹街道、金花街道、逢源街道、龙津街道、华林街道、石围塘街道、茶窖街道、冲口街道和白鹤洞街道人口达 4 万人以上，站前街道、桥中街道、昌华街道、多宝街道、岭南街道、花地街道、海龙街道、中南街道、东漖街道和东沙街道人口达20 000 人以上，沙面街道人口低于 10 000 人。荔湾区人口密度最高的街道是彩虹街道、金花街道、逢源街道、龙津街道和华林街道，而站前街道、南源街道和岭南街道人口密度较高，其余街道人口密度较低。

然后，在 ArcGIS 数据库中对荔湾区各街道应急避难场所资源进行统计，提取有效应急避难场所面积。荔湾区总应急避难场所有效面积达1 450 810 ㎡，占行政面积的 47.48%，人均有效避难面积达 2.4 ㎡，可见荔湾区应急避难场所面积和人均有效避难面积都较高，但各个街道的人均有效应急避难场所面积存在较大差异（如图 6-5 所示），从图中得到西南部的茶窖街道、东漖街道和海龙街道的人均有效避难面积较高，而人口密集的东北部地区人均应急避难场所较低。所以荔湾区人均应急避难场所和人口密度匹配度不够，空间分布公平性较差，体现了荔湾区应急避难场所的设计存在不合理性的空间布局，这在一定程度上影响了应急避难场所的空间可达性和疏散路径的优化。

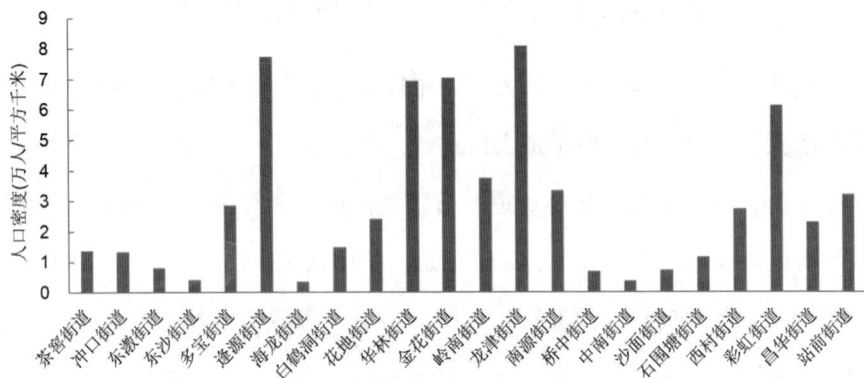

图6-4　荔湾区街道人口密度

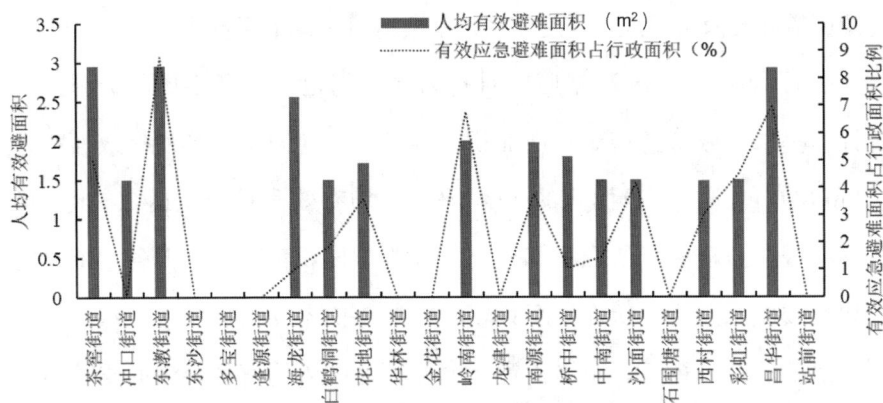

图6-5　荔湾区街道人均应急避难场所面积分布图

（三）可达性分析

在 ArcGIS 中建立 OD 成本矩阵分析，以荔湾区 249 个街道质心点作为需求点，40 个应急避难场所作为供应点，对不同的搜索阈值进行求解，将求解得到的路线表格进行连接和计算，最终得到不同阈值下荔湾区各街道可达性结果表（表 6-5 所示），荔湾区不同阈值下整体的可达性统计表（如表 6-6 所示）。

（1）从表6-5进行纵向和横向比较发现，荔湾区各街道的应急避难场所可达性差异性较大。海龙街道的应急避难场所可达性水平最高，在d_0=500 m到d_0=3 000 m的搜索阈值范围内其可达性数值都比其他街道高；站前街道的可达性水平最低，其可达性数值在搜索阈值不断增大下依旧最低。当搜索阈值不断增大时，冲口街道、龙津街道、东沙街道和石围塘街道的可达性水平数值不断增大，白鹤洞街道、昌华街道、东漖街道、海龙街道、桥中街道和沙面街道的可达性水平数值不断减小，彩虹街道、茶窖街道、多宝街道、逢源街道、华林街道、岭南街道、南源街道可达性水平数值先升后降，而花地街道、金花街道、龙津街道、西村街道、站前街道和中南街道的可达性水平数值出现波动。

表6-5 荔湾区各街道应急避难场所的可达性结果分析表

街道	d_0 为 500 m	d_0 为 1 000 m	d_0 为 1 500 m	d_0 为 2 000 m	d_0 为 2 500 m	d_0 为 3 000 m
白鹤洞街道	0.880	0.883	0.774	0.678	0.631	0.529
彩虹街道	0.289	0.142	0.379	0.324	0.370	0.355
茶窖街道	1.739	1.746	1.774	1.814	1.934	1.714
昌华街道	1.674	1.538	0.733	0.576	0.509	0.449
冲口街道	0.068	0.618	0.752	1.461	1.402	1.578
东漖街道	2.508	2.313	2.477	1.783	1.372	1.229
东沙街道	0.007	0.004	0.033	0.060	0.128	0.159
多宝街道	0.316	0.271	0.644	0.683	0.599	0.447
逢源街道	0.000	0.017	0.420	0.358	0.344	0.346
海龙街道	2.871	2.760	2.520	2.241	2.237	2.027
花地街道	0.648	0.683	0.414	0.299	0.558	0.883
华林街道	0.144	0.220	0.349	0.250	0.250	0.261
金花街道	0.035	0.012	0.099	0.332	0.322	0.419
岭南街道	0.000	1.005	0.752	0.581	0.473	0.399
龙津街道	0.000	0.006	0.010	0.213	0.428	0.591
南源街道	0.150	0.828	0.568	0.480	0.437	0.369
桥中街道	0.989	0.710	0.491	0.433	0.368	0.372
沙面街道	2.132	0.549	0.253	0.211	0.340	0.377
石围塘街道	0.035	0.087	0.245	0.337	0.375	0.411

续表

街道	d_0 为 500 m	d_0 为 1 000 m	d_0 为 1 500 m	d_0 为 2 000 m	d_0 为 2 500 m	d_0 为 3 000 m
西村街道	0.913	0.561	0.540	0.503	0.491	0.517
站前街道	0.000	0.201	0.119	0.253	0.199	0.247
中南街道	1.229	0.601	0.706	0.912	1.031	1.163

资料来源：本研究整理绘制。

（2）随着 d_0 从 500 m 向 1 500 m 增大时，荔湾区北部和东南部可达性水平在不断降低，高可达性水平的服务面积在不断缩小。当 d_0 达到 2 000 m 并向着 3 000 m 增大时，东南部如海龙街道可达性水平不断降低，当 d_0=3 000 m 时全区可达性水平基本处于 0 ～ 3，而中部地区的茶窖街道可达性水平有所上升，总的来看，当搜索阈值范围 d_0=500 m 时东南部街道可达性水平达到最高。

（3）表6-6 中，随着搜索阈值的增大，可达性 $3 \geqslant A_i \geqslant 0$ 的服务面积不断增大，在 d_0=3 000 m 时达到最大；可达性 $6 \geqslant A_i \geqslant 3$ 的服务面积减小后增大再迅速减少，在 d_0=2 500 m 时达到最大；可达性 $9 \geqslant A_i \geqslant 6$ 的服务面积在 d_0=1 500 m 时最大，当 d_0 为 2 500 m 并不断增大时，其服务面积保持为 0；可达性 $12 \geqslant A_i \geqslant 9$ 的服务面积在 d_0=1 000 m 时最大，而在搜索阈值达到 2 000 m 以上后其服务面积一直为 0。从 500 m 到 3 000 m 的搜索阈值的变换过程中，服务面积的可达性多集中在 $3 \geqslant A_i \geqslant 0$ 范围，$A_i \geqslant 12$ 的服务面积都很低，反映了荔湾区应急避难场所可达性水平仍较低，当阈值 d_0=500 m 时 $A_i \geqslant 12$ 的面积比例达到最大，表明了荔湾区应急避难场所的服务半径为 500 m 时可达性水平最好。

表6-6 荔湾区应急避难场所可达性统计表

$d_0=500$			$d_0=1\ 000$			$d_0=1\ 500$		
A_i	服务面积（km²）	比例（%）	A_i	服务面积（km²）	比例（%）	A_i	服务面积（km²）	比例（%）
0~3	54.83	87.87	0~3	55.31	88.64	0~3	56.78	90.99
3~6	3.75	6.01	3~6	3.53	5.66	3~6	2.03	3.25
6~9	2.00	3.21	6~9	2.06	3.30	6~9	2.84	4.55
9~12	0.00	0.00	9~12	1.50	2.40	9~12	0.75	1.21
>12	1.82	2.91	>12	0.00	0.00	>12	0.00	0.00
$d_0=2\ 000$			$d_0=2\ 500$			$d_0=3\ 000$		
A_i	服务面积（km²）	比例（%）	A_i	服务面积（km²）	比例（%）	A_i	服务面积（km²）	比例（%）
0~3	56.82	91.07	0~3	56.4	90.38	0~3	61.15	98.00
3~6	5.50	8.81	3~6	6.00	9.62	3~6	1.25	2.00
6~9	0.70	1.12	6~9	0.00	0.00	6~9	0.00	0.00
9~12	0.00	0.00	9~12	0.00	0.00	9~12	0.00	0.00
>12	0.00	0.00	>12	0.00	0.00	>12	0.00	0.00

资料来源：本研究整理绘制。

（四）小结

本节基于两步移动搜寻法和OD矩阵对广州市荔湾区应急避难场所进行空间可达性分析。得到以下结论：①荔湾区应急避难场所主要呈带状分布，集中分布于荔湾区的北部和南部，总体上围绕道路分布，应急避难场所以公园和广场为主，占总有效避难面积的55%。②荔湾区的人均应急避难场所和人口密度匹配度不够，空间分布公平性较差，体现了荔湾区应急避难场所的设计存在不合理性的空间布局，这在一定程度上影响了应急避难场所的空间可达性和疏散路径的优化。③荔湾区应急避难场所可达性水平较低，其中海龙街道的应急避难场所可达性水平最高，站前街道的应急避难场所可达性水平最低，南部街道比北部街道可达性水平要高，当搜索阈值 $d_0=500$ m 的服务半径下可达性 $A_i \geqslant 12$ 的服务面积达到最大。但是本文在人口质心提取中采用的是 500 m × 500 m 的规则格网单元，同时在阈值确定方面是否能完全符合广州荔湾区的实际，这些在今后的研究中可以进一步验证与完善。

三、番禺区应急避难场所空间可达性分析

（一）番禺区应急避难场所概况

广州市番禺区地处广东省中南部。全区总面积 529.94 平方千米，辖 6 个镇、10 个街道，常住人口 164.11 万人。番禺区所有避难场所整体空间布局为南部与西北数量较多，东西部较为疏散，空间分布上不均衡。

番禺区应急避难场所有总效面积约为 611 hm²。人均有效面积为 3.72 m²/人，高于人均 1.5 m²/人的最低要求。其中公园绿地类型所占比重最高为 67%，其他类型资源比重较小。通过图 6-6 可知，番禺区大部分各街镇现状的应急避难场所有效面积供给量高于需求应急避难场所，基本满足现状需求。

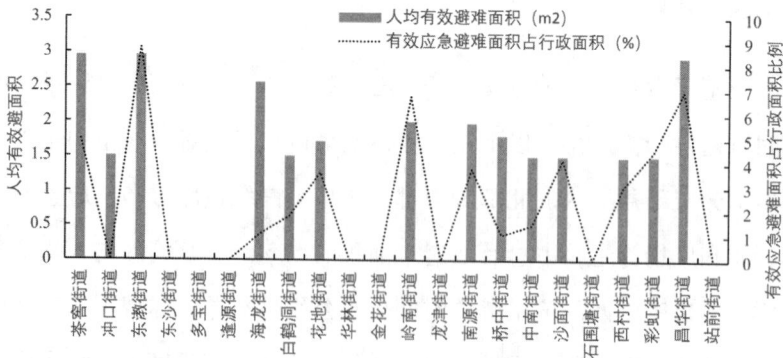

图 6-6　番禺区各街道应急避难场所概况

资料来源：本研究整理绘制。

但通过应急避难场所 500 m 的服务面积缓冲区分析，各街镇之间的应急避难场所服务面积差距明显，总体中心覆盖率高于外围，北高南低，呈现中心向外围扩散。如北部的小谷围街道、洛浦街道，中部的市桥街道、东环街道、大龙街道、钟村街道较高。东部和南部的一些街道存在大面积的服务盲区，应急避难场所服务面积有待提高。

（二）番禺区应急避难场所可达性分布

首先在供需比方面，番禺区北部、西南部街道应急避难场所资源的供需比方面较好，应急避难场所基本能满足居民避难需求。但各街道供需比差异显著，小谷围街道和沙湾镇的供需比方面较高。

在可达性方面，应急避难场所整体可达性不高。如表 6-7 所示，各街道可达性在不同搜索阈值下有较大的差异。桥南街道、小谷围街道、钟村街道、沙湾街道、石基街道、石楼街道、化龙街道可达性较高。而洛浦街道、大石街道和石壁街道可达性较低。

表 6-7　番禺区各街道可达性结果表

街道	d_0 为 500 m	d_0 为 1 000 m	d_0 为 1 500 m	d_0 为 2 000 m	d_0 为 2 500 m	d_0 为 3 000 m
市桥街道	0.305	2.313	3.132	0.933	0.331	1.422
桥南街道	2.661	3.095	4.541	1.915	0.969	0.448
沙头街道	0.000	1.616	0.845	0.672	0.315	0.293
大龙街道	1.915	2.950	3.345	1.395	1.040	0.602
洛浦街道	0.465	0.811	1.207	0.733	0.530	0.435
大石街道	0.137	0.648	0.459	0.302	0.195	0.191
东环街道	0.455	1.961	3.561	2.545	1.335	0.834
小谷围街道	3.008	13.507	11.592	13.135	6.577	5.125
钟村街道	2.560	8.382	3.860	3.733	1.773	1.435
石壁街道	0.000	1.897	1.108	0.248	0.500	0.379
沙湾镇	4.779	8.165	9.256	5.217	3.576	2.831
南村镇	0.437	4.212	3.249	2.006	0.944	0.730
新造镇	1.316	1.152	0.283	0.206	0.266	0.489

续表

街道	d_0 为 500 m	d_0 为 1 000 m	d_0 为 1 500 m	d_0 为 2 000 m	d_0 为 2 500 m	d_0 为 3 000 m
石基镇	1.930	5.169	5.236	2.519	1.881	1.097
石楼镇	0.969	4.084	5.768	3.386	1.908	1.419
化龙镇	0.338	13.109	6.723	3.629	1.304	1.353

资料来源：本研究整理绘制。

在可达性空间分布方面，番禺区应急避难场所可达性呈现出北部、西南部可达性较好的空间特征。在搜寻阈值为 1 500 m 时，番禺区的应急避难场所整体的可达性较高，所以 1 500 m 是番禺区应急避难场所可达性的最优服务半径。

（三）小结

本节内容以番禺区为例，利用 GIS 的缓冲区分析法和两步移动搜寻法对番禺区应急避难场所资源概况和空间可达性分析进行研究。发现：①番禺区应急避难场所资源人均有效面积为 3.72 m^2/ 人，高于人均 1.5 m^2/ 人的最低要求，类型以公园绿地类型为主。整体空间布局为南部与西北数量较多，东西部较为疏散，空间分布上不均衡。②通过应急避难场所 500 m 的服务面积缓冲区分可知，各街镇之间的应急避难场所服务面积差距明显，总体中心覆盖率高于外围，北高南低，呈现中心向外围扩散的特征。③供需比方面，番禺区北部、西南部街道应急避难场所资源的供需比方面较好，但各街道供需比差异显著，小谷围街道和沙湾镇的供需比方面较高。④可达性方面，番禺区应急避难场所可达性呈现出北部、西南部可达性较好的空间特征。搜寻阈值为 1 500 m 时，番禺区的应急避难场所整体的可达性较高。

本章小结

应急避难场所的空间可达性分析对地区应急疏散和应急救援有重要的指导意义，社区层面的空间可达性分析尤为重要。本章选取广州市的中心城区越秀区和荔湾区、广州市外围地区番禺区为例，以街道为尺度，采用两步移动搜寻法和 OD 矩阵探索广州市不同地区应急避难场所的可达性差异。如中心城区的人口和建筑密集、用地紧张、道路错综复杂，外围地区应急避难场所资源的分布和选址不合理，这些都是影响应急避难场所空间可达性的主要因素。基于空间可达性的分析，对未来社区应急避难场所的精细化研究和路径疏散的分析提供了一定的基础和借鉴。

参考文献

［1］Clark C Lim. The status of transportation demand management in Greater Vancouver and energy implications［J］. Energy Policy，1997（25）：1193–1202.

［2］Abdulrahman B，Stephen G，Krisen M. An Overview of the Design of Disaster Relief Shelters［J］. Procedia Economics and Finance，2014（18）：924–931.

［3］辜智慧，庄苏玲，陈达写. 城市开敞空间的避难容灾能力评价研究：以深圳市南山区为例［J］. 中国安全科学学报，2011，21（3）：150–155.

［4］刘少丽，陆玉麒，顾小平，等. 城市应急避难场所空间布局合理性研究［J］. 城市发展研究，2012，19（3）：113–120.

［5］Anhorn J，Khazai B. Open space suitability analysis for emergency shelter after an earthquake［J］. Natural Hazards and Earth System Science，2015，15（4）：789–803.

［6］钟少颖，杨鑫，陈锐. 层级性公共服务设施空间可达性研究：以北京市综合性医疗设施为例［J］. 地理研究，2016（4）：731–744.

［7］刘冰，张涵双，曹娟娟，等. 基于公交可达性绩效的武汉市空间战略实施评估［J］. 城市规划学刊，2017（1）：39–47.

［8］Litman T. Measuring Transportation：Traffic，Mobility and Accessibility［J］. ITE journal，2003，73（10）：28–32.

［9］Hansen W G. How accessibility shapes land use ［J］. Journal of the American Institute of Planners，1959（25）：73–76.

［10］Radke J，Mu L. Spatial decomposition，modeling and mapping service region to predict access to social programs ［J］. Geographic Information Sciences，2000（6）：105–112.

［11］李平华，陆玉麒. 可达性研究的回顾与展望［J］. 地理科学进展，2005（3）：69–78.

［12］江世雄. 城市公共交通系统可达性评价与优化方法［D］. 北京交通大学，2019.

［13］包丹文. 城市空间拓展对居民就业可达性影响机理研究［D］. 东南大学，2012.

［14］余慧敏，岳洋，曹卫东. 快速交通对我国区域可达性及经济空间关联的影响［J］. 地理与地理信息科学，2020，36（5）：21–28.

［15］马强，郭建科. 环渤海地区城市交通可达性及其经济联系强度变化［J］. 资源开发与市场，2021，37（3）：312–319.

［16］邓丽，邵景安，郭跃，等. 基于改进的两步移动搜索法的山区医

疗服务空间可达性：以重庆市石柱县为例［J］. 地理科学进展，

2015，34（6）：716-725.

［17］汤鹏飞，向京京，罗静，等. 基于改进潜能模型的县域小学空间可
达性研究：以湖北省仙桃市为例［J］. 地理科学进展，2017，36（6）：
697-708.

［18］刘常富，李小马，韩东. 城市公园可达性研究：方法与关键问题
［J］. 生态学报，2010，30（19）：5381-5390.

［19］苏浩然，陈文凯，王紫荆，等. 基于改进引力模型的城市应急避难
场所空间布局合理性评价［J］. 地震工程学报，2020，42（1）：
259-269.

［20］陈洁，陆锋，程昌秀. 可达性度量方法及应用研究进展评述［J］.
地理科学进展，2007（5）：100-110.

［21］宋正娜，陈雯，张桂香，等. 公共服务设施空间可达性及其度量方
法［J］. 地理科学进展，2010，29（10）：1217-1224.

［22］刘长富，李小马，韩东. 城市公园可达性研究方法与关键问题［J］.
生态学报，2010，30（19）：5381-5390.

［23］钟少颖，杨鑫，陈锐. 层级性公共服务设施空间可达性研究：以北
京市综合性医疗设施为例［J］. 地理研究，2016，35（4）：731-
744.

［24］王美霞，蒋才芳，王永明，等. 基于公路交通网的武陵山片区旅游
景点可达性格局分析［J］. 经济地理，2014，34（6）：187-192.

［25］周爱华，张景秋，杜姗姗，等. 一种北京城区避难场所可达性评价
方法［J］. 测绘科学，2017，42（1）：88-92，106.

［26］陶卓霖，程杨. 两步移动搜寻法及其扩展形式研究进展［J］. 地理

科学进展, 2016, 35 (5): 589–599.

[27] 胡瑞山, 董锁成, 胡浩. 就医空间可达性分析的两步移动搜索法: 以江苏省东海县为例 [J]. 地理科学进展, 2012, 31 (12): 1600–1607.

[28] 陶卓霖, 程杨, 戴特奇. 北京市养老设施空间可达性评价 [J]. 地理科学进展, 2014, 33 (5): 616–624.

[29] McGrail M R, Humphreys J S. Measuring spatial accessibility to primary care in rural areas: Improving the effectiveness of the two-step floating catchment area method [J]. Applied Geography, 2009, 29 (4): 533–541.

[30] 周爱华, 付晓. 基于两步移动搜寻法的北京城区应急避难场所可达性研究 [J]. 安全与环境学报, 2013, 13 (6): 250–253.

[31] 王亚平, 蒲英霞, 马劲松, 等. 基于空间 OD 模型的中国省际人口迁移机制分析 [J]. 西北师范大学学报 (自然科学版), 2015, 51 (3): 89–97.

[32] 刘炎强, 王坚, 凌卫青. 基于仿真的突发事件区域人群疏散路径规划研究 [J]. 电脑知识与技术, 2016, 12 (1): 245–247.

第七章　应急避难场所空间适宜性评价和疏散路径分析

城市化进程的加速，人口和财富不断趋于空间集聚，使得大城市面临较大的灾害风险，在城市转型和韧性城市的背景之下，城市公共安全引起新的反思和重视。我国大部分的大城市分布在东部沿海地区，深受地质和气象灾害等灾害威胁，同时高频率的人为灾害和公共卫生、安全事件也逐渐对城市产生严重的影响和社会危机，所以完善的应急响应机制和灾害风险管理成为城市重要的"护身符"，其中应急避难场所空间适宜性和疏散能力成为其重要的内容和解决方法之一。

第一节　应急避难场所空间适宜性评价

一、空间适宜性相关研究

随着韧性城市理念的提出，如何降低经济的损失以及保障人民的生命安全是应急救灾的重中之重，应急避难场所的空间分布已成为城市公共服务设施配置选址的重点 [1]。其中空间适宜性（spatial suitability）是其中重要的研究内容之一。目前国内的应急避难场所基本都是针对地震的，一般称为地震应急避难场所，但是城市灾害不仅仅是地震单一的，还有台风、洪水、海啸、火灾等自然灾害，也会有人为灾难如踩踏、公共卫生和公共安全事件如新冠肺炎疫情等。那么在规划应急避难场地时，应结合城市灾害的类型和特点，对不同区域和不同类型的避难场所进行适宜性评估，充分发挥应急避难所的功能。适宜性评价的目的是为了对已建成的避难场所和规划中的避难场所的适宜性进行分析，分析应急避难场所可能发生灾害的情况，找到现有城市应急避难场所规划的缺点，从而完善各类避难场所能够在灾难发生时发挥其应有的避难功能。

目前，不同学者从研究框架、技术路线和计量方法等方面对此开展了大量的工作：如迈克尔·卡尔（Michael Kar）等 [2] 通过加权线性组合和地理信息系统的方法，对美国佛罗里达州的应急避难场所适宜性和服务功能进行评价；避难容量预测是应急避难场所空间选址、建设和管理的重要前提 [3]，周瑞生（Zhou）等 [4] 以中国台北市为例，建立了应急避难场所能力测算系统，为相关机构制定防震减灾政策提供有益的参考；安霍恩（Anhorn）等 [5] 则从地理距离的角度注重应急避难场所的可达性分析。由于受土地利用、城市规划、经济发展的因素影响，往往导致城市应急避难场所用地空间分布不均衡。毛培等 [6] 认为城市应急避难场所建设要从选址、可到达、灾害弱势群体等来提高空间布局的合理性；针对不同地区的应急避难场所，应该因地制宜地考虑区域特色来进行选址和布局，如施益军等 [7] 依托技术和模型划分应急避难场所的服务范围，构建山地小城市应急避难场所的选址模型体系；如辜智慧等 [8] 探讨了农村灾害避难场所布局规划，提出要突出应急避难场所在农村社区减灾中工作的作用。面对应急避难场所供给与需求的差异以及公众对灾害认知的缺失，应急避难场所的空间适宜性要充分站在使用者的角度，尊重使用者的意愿和选择[9][10]。在研究方法方面，有界数据包络[11]（DEA）、地理信息系统[12]（GIS）、两步移动搜寻法[13]、潜能模型[14]、Voronoi[15] 等较为常见。本章主要选择广州市北京路和上下九两大城市商圈、黄埔体育中心、番禺南区公园 3 种不同类型和区域的应急避难场所，通过建立应急避难场所空间适宜性评价体系，利用灰色关联分析法进行定量评价，或者进行实地调研，进行空间适宜性评价、功能分区和优化，以期为应急避难场所空间适宜性评价提供多样的案例和方法。

二、研究方法

（一）评价指标体系

1. 指标原则

对应急避难场所进行适宜性评估，主要针对拟建的应急避难场所或已建成的应急避难场所进行评估，研究该避难场所在某种类别或某些类别的灾害发生时可否发挥其作用，充分保障避难人群的安全，并能提供必要的生命保障，将各种损失降至最低。由于不同的灾害所造成的影响和损失是不一样的[16]，所以对于应急避难场所的要求也不同，但作为应急避难场所的场地，首先应该能够发挥应急避难功能，对此，国内和国外的研究学者提出了应急避难场所的标准和规范，通常从安全和可达性等几个方面考虑。参考了国内外有关文献和国家地震应急避难场所和设施标准（GB 21734—

2008），结合广州市的应急避难场所用地特征和类型，为应急避难场所的规划制定了以下指导原则。

① 应急避难场所的有效避难面积应超过 1 000 m²。

② 应急避难场所地形起伏不宜过大。宜优先选择平坦地形，地势高的场地，有利于排水和空气流通。

③ 应急避难所周围的建筑密度应该很小，应该保持与周围建筑物的安全距离。

④ 应急避难场所的用地应避开危险土地和易发生次生灾害的地区，与次生灾害的灾害源的距离应符合有关标准。

⑤ 规划时应考虑应急避难场所与其他防灾单位的关系，在灾害发生时与其他防灾减灾单位建立联系，提高撤离安置效率，最大限度地减少人员伤亡。

⑥ 应选择交通便利的地区，方便与责任区内的居民区建立安全避难关系，便于人员进入疏散。

2. 体系构建

应急避难场所空间适宜性评价是一项较为综合的工程，涉及的指标类型比较多样化。由于不同的灾害所造成的影响和损失是不一样的，所以对于应急避难场所的要求也不同，但作为应急避难场所的场地，首先应该能够发挥应急避难功能，对此，国内和国外的研究学者提出了应急避难场所的标准和规范，通常从安全和可达性等几个方面考虑。

本次研究主要选择广州的北京路商圈和上下九商圈两大人流量大的区域，主要考虑常住居民与游客，从适用性、可达性、安全性三大指标中选取构建包括场地面积、道路等级、医疗设施、公安机关、消防站、加油站的距离、道路等级、建筑质量等因子的评价体系（如表7-1所示）。对商圈已有的学校、体育馆、广场等应急避难场所进行空间适宜性评价，以期丰富城市商圈应急避难场所的成果，也为北京路商圈应急避难资源配置、人群的疏散避难能力和应急避难救援和管理提供相关参考。

表7-1 应急避难场所空间适宜性评价指标体系

内容	指标	评价因子	目标向量
城市商圈应急避难场所适宜性	有效性	场所面积	正
		可容纳人口数	正
		开放空间比	正
	可达性	道路等级	正
		医院最近距离	负
		公安机关最近距离	负
		消防站最近距离	负
	安全性	距加油站最近距离	正
		周围建筑质量	正

有效性方面：灾害的发生可能会导致建筑物倒塌或损坏，这可能会导致避难场所有效面积的减少。因此，应该考虑开放空间的比例，用这个比例来衡量避难场所的开放空间在灾害发生时的效用。同时，我们也需要考虑应急避难场所的可服务人口数量，并衡量避难场所区位上的有效性，以确定具有服务效率的应急避难场所。本次应急疏散空间主要包括邻里公园、街旁绿地、小花园（小游园）、小广场、小健身活动场、学校操场等。在计算公园绿地可利用面积时，需要去除水域、建筑用地等，一般按照60%左右计算有效避难面积；而学校类场所一般按照50%左右的建筑面积计算。

可达性方面：应急避难场所的可达性指标主要是衡量避难场所与其他防灾救灾场所的关系，应急避难场所的规划，应考虑防灾救灾需求，配置应急避难场所与其他防灾救灾单位能够便利连接，方便获取救灾资源，以充分发挥应急避难场所的功能。本次主要考虑道路等级、医院最近距离、公安机关最近距离、消防站最近距离4个因子。道路等级越高，道路宽度越大，道路通达性越好；在灾害发生时需要公安机关对疏散路线和疏散场所维持秩序和进行救援活动，因此距离公安机关越近，适宜性越高；在灾害发生时需要政府快速指挥展开救援行动，因此距离政府机关越近，对紧急避难场所和受灾群众的管理作用越显著；在灾害发生时，最近的医疗机构可作为该紧急避难场所的救助站，为受灾群众提供基础的医疗救助，因此紧急避难场所距离医疗机构越近，适宜性越好。

安全性方面：安全性指标主要针对不同的灾害，综合考虑应急避难场所建设指标，分析潜在灾害对应急避难场所的影响，避免灾害发生的时候避难场所受灾害影响而失效，或在避难人员进以行避难时发生二次灾害或其他灾害影响避难效果。由于不同灾害造成的影响不同，二次灾害可能也会有所不同。因此，安全性指标选择了距加油站最近距离和2个因子。周围建筑质量，距加油站距离周边建筑质量作为评价因子，距加油站最近距离越远，发生次生灾害的可能性就越小，周边建筑质量采用建筑层数和建筑构架进行综合得分取值。但在上下九商圈应急避难场所空间适宜性评价的过程中，由于数据完整的问题，没有加入距离加油站的距离这一项指标。

（二）灰色关联法

灰色系统理论是 20 世纪 80 年代，由华中理工大学邓聚龙教授首先提出并创立的一门新兴学科，它是基于数学理论的系统工程学科。主要解决一些包含未知因素的特殊领域的问题，它广泛应用于农业经济、管理学、地理学等学科。灰色系统是通过对原始数据的收集与整理来寻求其发展变化的规律。因为客观系统所表现出来的现象尽管纷繁复杂，但其发展变化有着自己的客观逻辑规律，是系统整体各功能间的协调统一[17]。因此，如何通过散乱的数据序列去寻找其内在的发展规律就显得特别重要。由于应急避难场所空间适宜性评价指标较多，也涉及不同的层面和指标意义，所以在计算的过程中运用了灰色关联法。灰色关联度方法，是根据事物因素之间的相似或相异程度来衡量因素间关联的程度，它揭示了事物动态关联的特征与程度。但是因子之间的关联性如何、关联程度如何量化等问题是分析的关键和起点。该方法主要有 4 个主要的计算步骤。

1. 灰色矩阵生成

灰色关联法的原始矩阵中，由于各个指标的决策方式存在正相关（数值越大越好）与负相关（数值越小越好），造成数据决策量值的不统一。因此需要对原始矩阵各指标数值进行灰色处理，将指标值进行效果统一，包括上限效果测度和下限效果测度两种类型：

$$上限：r_{ij}= \frac{x_{ij}}{x_{max}} ，i=1，2，\cdots，m \qquad （7-1）$$

$$下限：r_{ij}= \frac{x_{min}}{x_{ij}} ，i=1，2，\cdots，m \qquad （7-2）$$

式中，xm_{ax}：目标矩阵中实际效果的最大值；x_{min}：目标矩阵中实际效果的最小值。

2. 确定参考数

以各个指标的最优值组成参考数

$$x_0=(x_0(1)，x_0(2)，\cdots，x_0(m)) \qquad （7-3）$$

3. 计算灰色关联系数（ρ 取 0.5）

$$S_i(k)= \frac{min|x_0(k)-x_i(k)|+ \rho \, max|x_0(k)-x_i(k)|}{|x_0(k)-x_i(k)|+ \rho \, max|x_0(k)-x_i(k)|} \qquad （7-4）$$

4. 计算灰色关联度

$$R_j = \sum_{j=1}^{n} S(S_0(k),\ S_i(k)) w_j \tag{7-5}$$

将关联系数 S_i 与上面所算各指标权重值 W_j 相乘所得积的和作为适宜性评价结果的评价值，所得值 R_i 越大，则表明该应急避难场所的空间适宜性越高。

（三）熵权法

熵权法是一种完全意义上的客观权重法，主要反映信息数据中各指标的评价作用大小。一般熵权主要针对 m 个对象、n 个指标来进行计算，计算过程中，先求出熵值。熵值越小，熵权越大，表明相应的指标体系的信息量越有效，则该指标越重要。该方法最大的优点是客观地描述指标在整个评价系统中的重要性，尽量削弱个别异常值的影响，同时也避免了多重共线性在计算中的影响，所以选取评价指标时要尽量避免同类指标的出现。具体公式请参考文献[18]。根据公式（7-6）~（7-8）求出 m 个对象对 n 个指标的熵 H_j。

$$H_j = \frac{1}{-\ln m} \sum_{j=1}^{n} f_{ij} \ln f_{ij} \tag{7-6}$$

$$f_{ij} = \frac{1+b_{ij}}{\sum_{j=1}^{n}(1+b_{ij})} \tag{7-7}$$

其中 b_{ij} 为归一化后的标准值。

然后利用熵值计算评价指标的熵权 $w*$。

$$w* = \frac{1-H_i}{n - \sum_{i=1}^{n} H_i} \tag{7-8}$$

第二节　应急疏散路径分析

一、应急疏散路径的相关研究

当自然灾害或公共安全事故发生时，受灾人群如何快速逃离受灾现场，又能较少地引发新的次生灾害和财产损失？所以提高疏散设施利用率、改善应急疏散效果是在应急管理中重要的研究内容。应急避难场所作为灾害和事故发生时重要的空间，其应急疏散是救援工作的重要环节，路径规划是应急疏散的核心，可有效缩短疏散时间，及时有效的应急疏散可以大幅度减少甚至减免伤亡[19]。所以城市应急疏散通道（路径）规划非常重要。

目前关于应急疏散的研究成果较多，2001 年，张培红等对应急疏散空间进行了网络模化，利用网络流原理和最优化理论，建立多目标应急疏散系统和疏散路线全局优化的数学模型，以民用住宅建筑物为实例研究，进行最优应急疏散路线的动态模拟分析，是国内较早对应急疏散的模拟分析[20]；香港大学的卢兆明等基于时变动态流的网络优化模型，重点考虑了疏散路径、疏散目的地以及疏散开始时间等因素，建立了基于 GIS 的大规模的都市应急疏散系统，为城市防灾规划、城市应急规划设计和管理智慧的决策提供科学依据[21]，这也是地理信息系统和城市灾害规划管理结合较好的研究范例。随着自然灾害发生的频率不断增加和城市化进程的加速所带来的公共安全事件的发生，越来越多的学者关注到人流密集区的应急疏散问题，如大型公共场所应急疏散模型[22]、城市交通应急疏散路径[23]、教学楼[24]、高密度住宅区[25]、商场[26]、风景区[26]等多情景、多案例分析；同时也涌现了很多应急疏散的新方法与新技术，如蚁群算法[27]、GIS[28]、仿真模型[29]、时空拥挤度[31]、最短路径方法（Dijkstra 算法）[32]等。这些案例与技术方法为应急疏散路径研究提供了扎实的理论基础、多元的研究视角、多样的研究方法。基于以上的研究成果，本次研究重点关注城市商圈、体育场馆、公园绿地的应急疏散路径分析，采用计量模型和实地调查相结合的方法对上下九商圈和黄埔体育场馆进行案例分析，以期能丰富应急疏散路径的研究成果，提高广州城市应急疏散的能力，为广州市应急救援规划与设计提供相关依据。

二、应急疏散路径系统的分类

城市应急疏散通道按照功能和等级可以分为以下4种主要的类型：城市救灾干道、城市疏散主干道、城市疏散次干道和街区疏散通道。

1. 城市救灾干道

城市救灾干道是疏散路径中等级最高，发挥作用较高的一种类型。主要指在重大自然灾害中需要保障城市救灾安全通行的道路，用于城市对内对外的救援运输和连通多个防灾分区。救灾干道有效宽度不少于15m，从城市快速路和高等级公路中选取。救灾干道在灾害发生后，要优先保持畅通，必要时进行交通管制以确保救援行动，应提高其道路通行能力，还应规划替代性道路，以保证救灾工作的顺利进行，两侧建筑必须满足抗震规范要求，应清除现有的影响防灾的障碍物。

2. 城市疏散主干道

疏散主干道是指在大灾下保障城市救灾疏散安全通行的城市道路，主要用于连接城市中心或固定疏散场所，指挥中心和救灾机构或设施，作为城市内部运送救灾物资、器材及人员的道路。疏散主干道一般从城市主干路中选取，并保证有效宽度不小于7 m。疏散主干道主要服务于运输救灾物资及疏散人员车辆的进出，并将援助物资送往各灾害发生地点及各防灾据点。同时其路网结构还要满足救援半径，且必须满足有效消防半径的要求，避免路网内部产生消防死角。

3. 城市疏散次干道

疏散次干道往往是城市干道的组成部分，指在中震下保障城市救灾疏散安全通行的城市道路，疏散次干道主要用于人员通往固定疏散场所，是避难人员通往固定避难场所的路径，还可以作为没有与上两级道路连接的防救据点的辅助性道路。疏散次干道一般从城市主干路或次干路中选取，并保证有效宽度不小于4 m。考虑到很多灾害发生后会产生大火，危险品泄漏等次生灾害，消防车辆要投入灭火的活动，因此该级别避难通道应兼具消防通道的作用，应确保消防车和救援车辆的通行。

4. 街区疏散通道

街区疏散通道是指用于居民通往紧急疏散场所的道路，当一些避难场所，防灾据点无法与前三个级别的道路网连通时，则需要通过疏散通道来联络其他避难空间、据点或连通前三个级别通道，应保证有效宽度不小于4 m。同时应确保消防车道的畅通，并且每个街区至少包括两条道路。虽然街区疏散通道等级较低，但是在社区灾害应急救援中发挥着重要的作用。

三、应急疏散路径系统规划原则

应急疏散路径规划的主要原则需要遵循以下原则。

1. 在城市总体规划统筹布局

疏散通道规划应在城市总体规划的指导下进行。疏散通道是受灾人员到达各避难场所和救援物资到达灾区的必经之路，需要和应急避难场所规划紧密相连，相辅相成，一起统筹安排。

2. 综合设置多种类型的疏散通道

疏散路径的类型较多，设置疏散通道应以城市道路交通体系为基础。结合城市交通的特点，充分考虑城市公路以外的，如水路、铁路、空中等其他路径。此外，城市中的带形绿地（如生产防护绿地）也可以被加入疏散通道的统筹规划。

3. 确保疏散通道的安全性

疏散通道作为灾时的紧急疏散的通道，必须采取一定的安全措施来保证其在灾时的安全通畅。不同疏散道路需要考虑不同的有效宽度，同时还应考虑建筑物、塌落物等造成堵塞等状况，同时疏散通道应当避开易燃建筑物和火源，对重要的疏散通道要考虑防火措施，所以对疏散路径两侧建筑物的性质要做具体的调查。最后，疏散通道应当形成网络结构，即使街道堵塞或遭到破坏，也可以通过不同路径的方式到达目的地。

4. 平灾结合

这个原则与应急避难场所的布局保持一致。疏散通道系统平时就是城市道路系统的一部分，承担着城市日常的人员与物资流通。但是灾害来临时，需要启动其防灾功能，通过交通管制等手段，高效发挥其灾时物资运输，人员救援的作用。

基于以上原则，本章构建 GIS 道路网络模型，运用网络分析对已选的应急避难场所作为终点，人流密集的商业广场和商业街、建筑质量较差的居民社区为起始点，进行 OD（Origin-Destination）成本距离分析，空间

OD 流是空间网络系统中各个节点（O/D）之间相互作用的结果，以人流、物流或信息流等有形或无形的方式存在，并在地域上呈现一定的集聚或扩散模式[33]。将居民点作为起始点，将应急避难场所作为目的地，加入时间权重（考虑人流疏散时间在 10 min 内）选出人口到应急避难场所的最短路径[34]，然后以应急避难场所作为设施中心进行 GIS 服务区分析 500 m 的范围作为该避难场所的服务区，最后结合最短路径和服务区分析结果构成疏散路径网络。

四、提升应急疏散道路通行能力的措施

1. 严格建筑后退道路红线的管理

建筑后退道路红线越近，道路越容易受到建筑物破坏的影响。因此，对于规划建筑，应严格保证道路红线的权威性，同时按照城市当地的建筑规划管理技术规定，坚决贯彻执行对建筑后退红线的要求。

2. 确保道路两侧建筑防灾性能

一方面，提高不满足要求的现状路侧建筑防灾能力。路侧建筑物的坍塌或者损坏将对临近道路的通行能力造成影响，可能会削减道路宽度；同时建筑物的破坏造成的人员伤亡及火灾，将造成救援交通需求的增加。所以，根据城区道路灾害预测结果，对通行概率较低的主干路，应采取相对应的改造加固措施，保证其灾后的有效通行宽度，进而保证救灾疏散的通畅。另一方面，加强路侧新建建筑防灾性能管理，应严格按照规范要求进行抗震等防灾方面的要求进行设防，保障道路灾后畅通，提高灾时通行能力。

3. 完善城市道路系统

首先需要加快城市快速路网，增强城市交通的快速对外疏解能力。由于快速路红线较宽，两侧建筑后退红线较远，在救灾上也相应成为可选择的路径。对于地质条件相对较差，但可能在地震时形成对外交通救援通道瓶颈的快速路段，进行必要的加固改造，保证快速通道的畅通和安全。同时注重支路网的密度，支路网的加密有利于改善城市交通微循环，在灾后也有利于灾民疏散路径的选择。在支路网不完善的城市，加大城市支路网建设力度，并结合支路网建设，配合增设疏散指示牌，提升支路网络在救灾疏散的通行能力。

第三节　案例 1：北京路和上下九城市商圈

2014 年 12 月 31 日，正值跨年，上海外滩集聚了大量的游客市民，在陈毅广场东南角通往黄浦江观景平台的人行通道阶梯处，因为有人失衡跌倒，继而引发多人摔倒、叠压，致使拥挤踩踏事件发生，造成 36 人死亡，49 人受伤。后期上海市公布"12·31"外滩拥挤踩踏事件调查报告，认定这是一起对群众性活动预防准备不足、现场管理不力、应对处置不当而引发的拥挤踩踏并造成重大伤亡的公共安全责任事件。所以也暴露出来在人口密集的城市地区面临着公共安全事件的危机，城市商圈是城市中人口密度大、流动人口多、建筑密度高、社会风险较高的重点防范地区，是城市突发公共安全事件的高发区，应急管理和防范措施是该地区重点关注同时也是亟须改进的内容之一。本节内容以广州的北京路商圈和上下九商圈为例，分别对其应急避难场所的空间适宜性和应急疏散路径展开评价。

一、北京路商圈

（一）研究区域概况

北京路商圈位于广州市越秀区，交通便利，是最繁华的商业集散中心之一，日均人流量约 40 万人次，节假日更达到 60 万人次以上。北京路商圈是以北京路商业街为中心，南至沿江中路，北达越华路；东西分别至仓边路、文德路和吉祥路、教育路、禺山路、回龙路。选取北京路商圈内及服务范围内的 18 个应急避难场所（图 7-1），按照面积与可容纳人口数划分，北京路商圈的应急避难场所分为两大等级，人民广场和海珠广场为二级应急避难场所，其余都为三级应急避难场所。

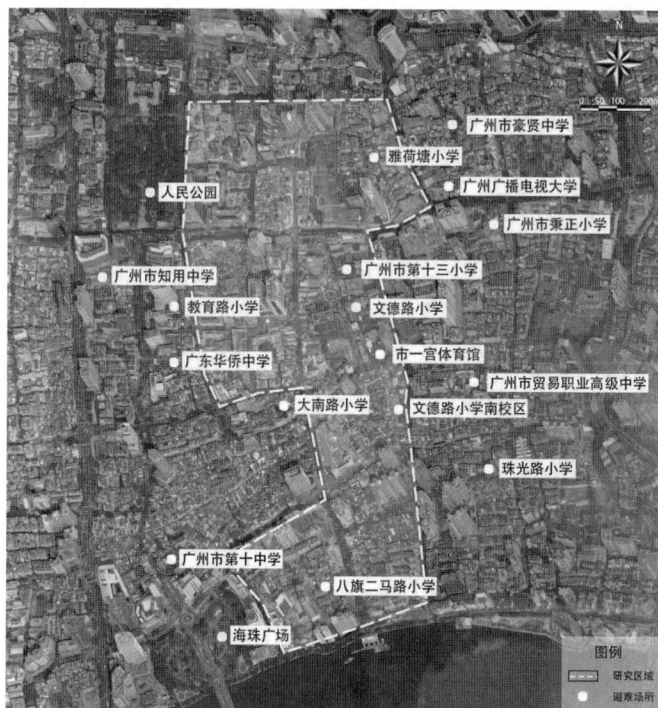

图 7-1 北京路商圈应急避难场所分布图

（二）空间适宜性评价

1. 评价指标体系汇总

从有效性、可达性、安全性3个原则出发，构建包括场地面积、道路等级、医疗设施、公安机关、消防站、加油站的距离、道路等级、建筑质量等因子的城市商圈应急避难场所适宜性的评价体系。由于地处商业繁华路段，区域人流量较大，在可达性指标中重点考虑了交通问题。一般道路等级越高，通行性越强，则救援效率也就越高，所以将对区域道路等级作为可达性评价的一个重要指标。根据区域现有道路等级从高到低依次按主干道、次干道、支路、内部道路进行评价。道路等级越高，则周边的应急避难场所可达性越好，如图7-2所示。

图7-2 北京路商圈交通分析图

应急避难场所的位置和相关信息主要来自 2019 年 2—4 月的现场调研，各学校面积数据来自学校官网，道路等级及宽度的信息来自《广州市总体规划（2011—2020）》和百度地图，各类设施可达性距离根据百度地图，应急避难场所周围高度及建筑质量信息由实地考察获得。最后得到北京路商业圈 18 个应急避难场所空间适宜性评价因子汇总表（如表 7-2 所示）。

表 7-2 北京路商圈应急避难场所的评价指标汇总表

序号	应急避难场所	面积（㎡）	可容纳人数（个）	开放空间比（%）	道路宽度（m）	医院最近距离（m）	公安机关最近距离（m）	消防站最近距离（m）	加油站最近距离（m）	建筑安全性
1	广州市豪贤中学	3 067	1 534	50	6	525	<100	822	1 700	7.0
2	雅荷塘小学	4 259	2 130	50	5	481	<100	865	1 600	7.0
3	广州市广播电视大学	3 328	1 664	50	22	613	202	2 000	254	10.0
4	广州市第十三中学	8 964	4 482	50	16	618	215	337	2 100	8.0
5	广州市知用中学	3 543	1 772	50	20	352	210	1 000	2 000	8.5
6	广东华侨中学	4 770	2 385	50	11	742	<100	1 200	2 300	8.5
7	广州市秉正小学	4 716	2 358	50	4	758	<100	631	1 900	8.0
8	文德路小学	7 790	3 895	50	16	784	215	194	2 300	8.0
9	市一宫体育馆	1 080	540	50	15	910	251	175	2 400	9.0
10	大南路小学	2 943	1 472	50	15	1 200	229	1 600	2 600	9.0
11	广州贸易职业高级中学	5 135	2 568	50	5	613	222	420	2 300	7.0
12	文德路小学南校区	3 760	1 880	50	16	644	<100	256	2 500	7.0
13	珠光路小学	2 304	1 152	50	7	395	225	559	2 300	8.0
14	广州市第十中学	5 272	2 636	50	4	628	246	1 800	2 600	7.0
15	八旗二马路小学	1 325	663	50	5	673	354	740	2 500	8.5
16	教育路小学	2 895	1 448	50	12	805	<100	1 200	2 200	8.5
17	人民公园	44 600	13 380	30	23	543	169	1 200	2 000	8.5
18	海珠广场	41 400	16 560	40	18	459	358	1 500	2 400	10.0

2. 权重分析

通过熵值法对各评价指标进行权重计算（如表7-3所示），发现应急避难场所的面积权重值最大，对适宜性评价影响最大；建筑安全性权重值最小，北京路商圈应急避难场所周围建筑质量差异较小，安全性较接近，对适宜性评价影响较小。由此可见应急避难场所的有效性对空间适宜性影响最大，安全性对空间适宜性较小。

表7-3　指标权重值

指标	场所面积（㎡）	可容纳人口数（个）	开放空间比（%）	道路宽度（m）	医院最近距离（m）	公安机关最近距离（m）	消防站最近距离（m）	加油站最近距离（m）	建筑安全性
权重	0.374	0.272	0.003	0.080	0.023	0.053	0.166	0.025	0.004

3. 应急避难场所空间适宜性结果分析

结合灰色关联分析计算各应急避难场所的决策值，将决策值分成4类，分别为适宜（$R > 0.48$）、较适宜（$0.43 \leq R \leq 0.48$）、一般适宜（$0.38 \leq R < 0.43$）和不适宜（$R < 0.38$），可得北京路商圈有2个应急避难场所适宜，有4个应急避难场所较适宜，有8个应急避难场所一般适宜，有4个应急避难场所不适宜（如表7-4所示）。

表7-4　北京路商圈应急避难场所决策值和适宜性等级

编号	应急避难场所	决策值	适宜度等级	编号	应急避难场所	决策值	适宜度等级
1	广州市豪贤中学	0.406	一般适宜	10	大南路小学	0.394	不适宜
2	雅荷塘小学	0.41	一般适宜	11	广州市贸易职业高级中学	0.402	一般适宜
3	广州市广播电视大学	0.41	一般适宜	12	文德路小学南校区	0.471	较适宜

续表

编号	应急避难场所	决策值	适宜度等级	编号	应急避难场所	决策值	适宜度等级
4	广州市第十三中学	0.445	较适宜	13	珠光路小学	0.393	不适宜
5	广州市知用中学	0.423	一般适宜	14	广州市第十中学	0.388	不适宜
6	广东华侨中学	0.421	一般适宜	15	八旗二马路小学	0.375	不适宜
7	广州市秉正小学	0.414	一般适宜	16	教育路小学	0.413	一般适宜
8	文德路小学	0.491	较适宜	17	人民公园	0.773	适宜
9	市一宫体育馆	0.491	较适宜	18	海珠广场	0.777	适宜

根据适宜性评价结果构建适宜性空间分布图（图7-3）可知：商圈内部有6个应急避难场所，中部的4应避难场所适宜性较好其余两个分别为一般适宜和不适宜；而在商圈外部共有12个应急避难场所可服务到商圈，其中西侧有7个应急避难场所，包含两个大型的适宜程度高的应急避难场所和3个一般适宜及2个不适宜的应急避难场所；在商圈东侧则有5个应急避难场所，分别有4个一般适宜及1个不适宜。由于北京路商圈东南部和西北部的广场和公园等公共空间缺乏，存在应急避难场所的缺失，导致可利用的疏散空间不足，从适宜性程度和服务面积上都不能满足应急疏散需求。考虑到城市商圈人流量大且集中的问题，在已有应急避难场所缺失的情况下，后期应加强疏散路径的优化[35]。

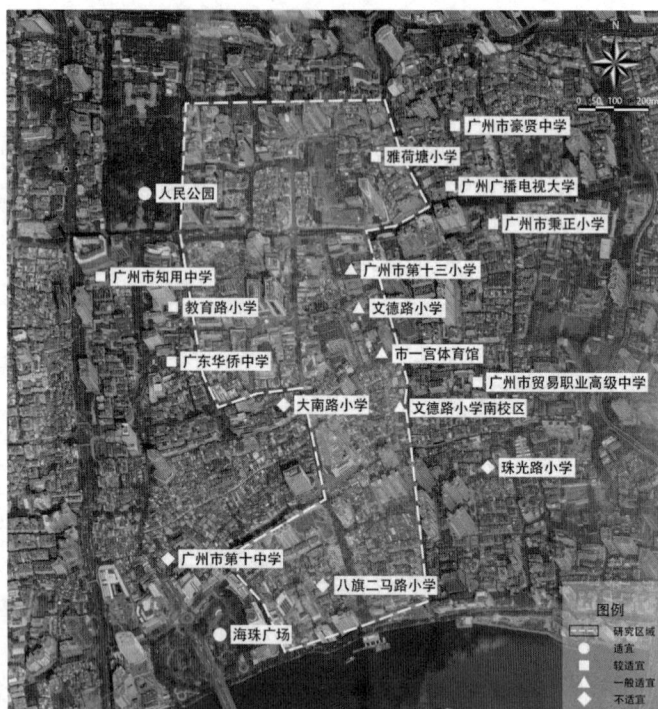

图7-3 北京路商圈应急避难场所适宜性分布图

（三）小结

以广州市北京路商圈18个应急避难场所为研究对象，构建有效性、可达性、安全性三大原则评价体系，通过熵值权重和灰色关联分析方法进行空间适宜性评价，得出以下结论：①北京路商圈应急避难空间适宜性主要受有效性的影响，其中场所面积评价因子权重最大，其次是可达性，安全性影响最小。②18个应急避难场所中有2个适宜性最高，分别是人民公园和海珠广场，这2个应急避难场所占地面积大，可容纳人口数多，并且周围道路等级较高，通达性较高，利于人员疏散和进行避难。有4个应急避难场所较适宜和8个应急避难场所一般适宜，这两类适宜程度较为接近，其差异主要体现在避难面积、道路等级。由于北京路商圈位于老城区，道路宽度较小，导致通行性降低，对应急避难场所的人员疏散造成不便，降低了应急避难场所的适宜性。有 4 个应急避难场所不适宜，这 4 个应急避难场所位于老住宅区附近，面积有限，道路较窄与其他设施可达性较低，造成能够提供的避难能力有限。③北京路商圈中部以商业居多，应急避难场所也较多，而东南部及西北部则出现应急避难场所空缺，且老居民区较多，对居民的救灾能力造成影响。

北京路商圈应急避难场所的空间适宜性差异较大，后期应该加强资源的合理分配，尽可能在西北和东南等"应急空白区"增加相应的应急避难场所。北京路商圈内人流量较大，应急避难场所周围道路宽度较低，且道路平整度也有待改善，应当完善道路交通系统，提高北京路商圈内部的标识完备度和路径清晰度。最后要加强本地居民和游客的遇险防范能力，推动应急避难场所的功能与防灾救灾理论的科普宣传，采用自上而下和自下而上相结合的应急管理模式，才能真正提升北京路商圈的应急救援能力。

二、上下九商圈

（一）研究区域概况

上下九商圈位于广州中心城区的荔湾区，占地面积约 2.33 km^2，以上九路、下九路和第十甫路为轴，向南北辐射，北至中山路，南到六二三路，西到大同路、黄沙，东到人民南路，主要包括 6 个行政街道、38 个社区（如图 7-4）。上下九商圈以商业街和大型商业广场为代表，核心地带是上下九步行街、华林玉器街、荔湾广场[36]，流动人口密度大。但荔湾区应急疏散场所主要集中在上下九商圈的南部，缓冲区 500 m 服务半径不能完全覆盖研究区域（如图 7–5）。

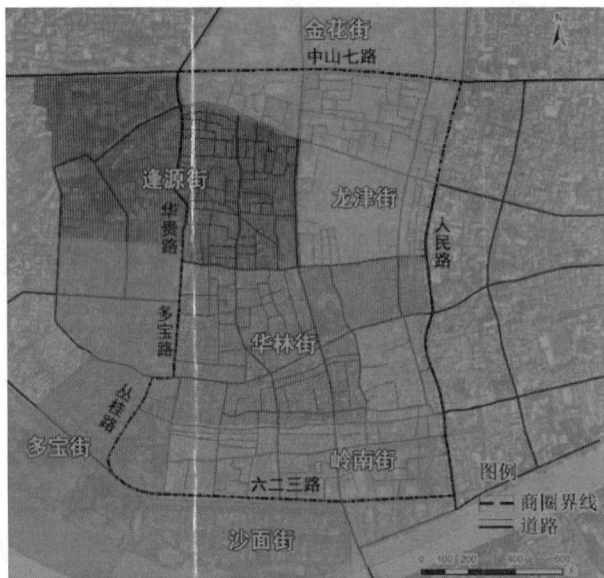

图 7–4　上下九商圈研究范围

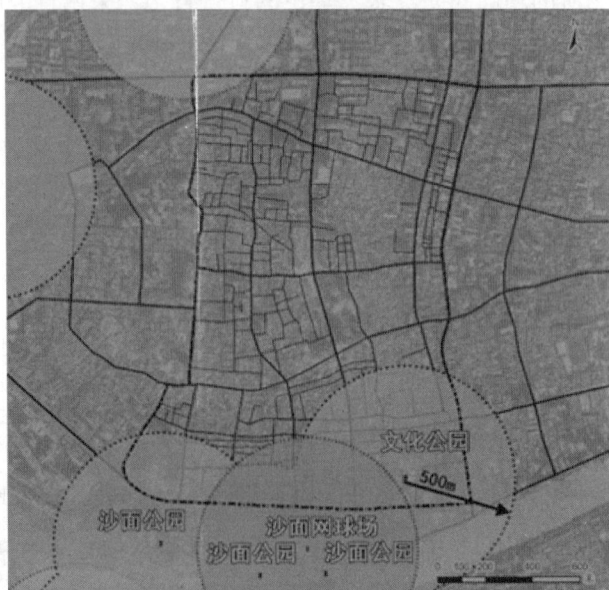

图 7–5　上下九商圈现有应急避难场所 500m 服务区

（二）数据来源

街道行政区划数据来源于荔湾区第六次人口普查、2015 年荔湾区统计年鉴；道路网、道路等级、道路宽度数据来源于谷歌地球影像和《广州市城市总体规划（2011—2020）》；已建成避难场所数据来源于广东省应急办和广州市地震局；公园、广场数据来源于荔湾区官网、百度和谷歌地图；建筑层数和构架数据来源于第六次人口普查；学校数据来源于各学校官网；医疗机构数据均来源于荔湾区政府官网、百度和谷歌地图；公安机关和行政机关数据来源于荔湾区政府官网。得到上下九商圈 10 个应急避难场所的空间适宜性结果。

（三）上下九商圈应急疏散需求分析

1. 应急疏散人口预测

（1）居住人口：居住人口按各街道人口密度情况估算人口数量（如表 7–5 所示），得出研究范围居住人口总数，即疏散人口中居住人口数为161 633 人。

表 7–5　上下九商圈的疏散人口

街道名称	岭南街	华林街	多宝街	逢源街	龙津街	金花街
面积（km²）	0.58	0.72	0.1	0.36	0.56	0.13
人口密度（人/km²）	48 779	62 438	43 965	84 421	81 157	45 821
总人口（人）	28 292	46 655	4 397	30 392	45 941	5 957

（2）流动人口，上下九商业步行街日均人流量已达 20 万人次，周六日的人流量可达 30 万至 40 万人次，每年黄金周日人流量高峰期可达 60 万人次。假设该地区全天的逗留人数服从正态分布，根据"3σ 法则"推断，

全天的逗留人数应该服从 $\mu=0$，$\sigma=2$ 的正态分布，则概率密度分布函数为

$$f(x)=\frac{1}{2\sqrt{2\pi}}e^{-\frac{x^2}{2}} \tag{7-9}$$

按周六日的人流量 40 万人次计算，假设每名顾客在该地区的逗留时间为 4 h，则只要求出 $p\{-2<x\le2\}$，便可以近似估计出该地区一天中人流量的最高峰。

$$p\{-2<x\le2\}=\Phi(\frac{2-0}{2})-\Phi(\frac{-2-0}{2})=\Phi(1)-\Phi(-1)=2\Phi(1)-1=0.6826$$

上下九步行街上顾客数量的最高峰即为 MAX=40×0.682 6=27.304（万人）

综合以上测算，得出疏散人口＝居住人口＋流动人口＝161 633+273 040=434 673 人。

2. 应急疏散场地需求

上下九商圈缺少以 500 m 为服务半径、步行时间在 10 min 内的紧急避难场所，因此按照紧急应急避难场所人均 1 ～ 1.5 m² 有效避难面积为标准；由于上下九商圈位于广州市老城区，适合的开放空间场地有限，因此按照最低标准紧急避难场所有效面积不小于 0.1 hm²，人均有效面积不小于 1 m²。按照预测疏散人口数量为 434 673 人，所需疏散场地为 434 673 m²，约为 44 hm²。

（四）应急避难场所空间适宜性评价

从现状的学校操场、社区小公园、小广场以及体育场筛选出适合的场地作为应急避难场所，从有效性、可达性、安全性进行建构包括场地可利用面积、与机关部门和医疗设施的距离数据、道路等级数据、建筑质量数据的应急避难场所的适宜性评价体系。

1. 有效性分析

应急疏散空间主要包括邻里公园、街旁绿地、小花园（小游园）、小广场、小健身活动场、学校操场等。在计算公园绿地可利用面积时，需要去除水域、建筑用地等，一般按照 60% 左右计算有效避难面积；而学校类场所一般按照 50% 左右建筑面积计算。最后统计总共可利用面积，并按紧急避难场所有效面积不能低于 0.1 hm² 为标准筛选符合要求的疏散场所，再按人均 1 m² 有效避难面积计算可容纳人数。计算结果如表 7-6 所示。

表 7-6　上下九商圈应急避难场所有效性分析

场所名称	占地面积（m²）	可利用面积（m²）	可容纳人数（人）
荔湾区三元坊小学	2 470	1 235	1 235
广州市西关实验小学	5 622	2 811	2 811
冼基东小学	20 308	10 154	10 154
广州市荔湾区文昌小学	4 969	2 484	2 484
广州市第二十三中学	4 234	2 540	2 540
广州市荔湾区立贤学校中学部	4 414	2 648	2 648
上下九文化广场	2 237	1 118	1 118
广州市荔湾区乐贤坊小学	8 980	4 490	4 490
广州市荔湾区耀华小学	7 769	3 884	3 884
广州市第四中学初中部康王校区	3 600	1 800	1 800

2. 可达性分析

（1）道路宽度：道路等级越高，道路宽度越大，道路通达性越好。通过道路等级和道路宽度相结合对疏散道路进行评分，主干道等级宽度为 30 ~ 45 m，评分为 9 ~ 10 分，次干道等级宽度为 13 ~ 30 m，评分 7 ~ 8 分，支路等级宽度为 12 ~ 15 m，评分为 5 ~ 6 分。

（2）与公安机关的最近距离：在灾害发生时需要公安机关对疏散路线与疏散场所维持秩序和进行救援活动，并指引受灾群众前往安全场所避难，因此距离公安机关越近，对灾害发生时的救援行动和维持疏散秩序越能发挥作用。社区级应急避难场所治安据点为派出所，得出待选应急避难场所与最近的派出所距离。

（3）与政府机关的最近距离：在灾害发生时需要政府第一时间指挥展开救援行动，紧急避难场所无论有无发生灾害都需要有政府人员进行管理，因此距离政府机关越近，对紧急避难场所和受灾群众的管理越发挥作用。社区级应急避难场所指挥中心为街道办，得出待选应急避难场所与最近的街道办距离。

（4）与医疗设施的最近距离：在灾害发生时，最近的医疗机构可作为该紧急避难场所的救助站，为受灾群众提供基础的医疗救助，因此紧急避难场所距离医疗机构越近，越能发挥避难救助功能。社区级应急避难场所医疗据点可以为社区医院，得出待选应急避难场所与最近的医疗设施距离（如表7-7所示）。

表7-7　上下九商圈应急避难场所可达性分析

场所名称	道路宽度（m）	道路评分	最近公安机关（m）	最近政府机关（m）	最近医疗设施（m）
荔湾区三元坊小学	40	10	430	490	520
广州市西关实验小学	13	8	610	570	550
冼基东小学	31	10	310	110	580
广州市荔湾区文昌小学	10	6	370	460	770
广州市第二十三中学	13	6	70	480	550
广州市荔湾区立贤学校中学部	12	6	420	420	810
上下九文化广场	10	6	490	810	360
广州市荔湾区乐贤坊小学	12	8	270	160	590
广州市荔湾区耀华小学	13	8	900	900	810
广州市第四中学初中部康王校区	40	10	740	740	930

3. 安全性分析

以应急避难场所 500 m 服务范围内对周边建筑进行分析，周边建筑质量和建筑高度直接影响紧急避难场所的有效避难面积，建筑构架和建筑层数为建筑安全性的评价，建筑层数反映建筑高度，建筑构架反映建筑的抗震能力，建筑层数越少建筑安全性越高，建筑构架为钢筋混凝土结构建筑安全性越高（如表 7-8 所示）。

表 7-8　上下九商圈应急避难场所安全性评价

场所名称	周边建筑层数	周边建筑构架	建筑安全性评价
荔湾区三元坊小学	3 ~ 10 层以上	低层砖木结构 高层钢筋混凝土结构	8
广州市西关实验小学	2 ~ 10 层以上	低层砖木结构 高层钢筋混凝土结构	8
冼基东小学	3 ~ 10 层以上	低层砖木结构 高层钢筋混凝土结构	8
广州市荔湾区文昌小学	4 ~ 8 层以上	砖木结构	8
广州市第二十三中学	10 层以上	钢筋混凝土结构	10
广州市荔湾区立贤学校中学部	3 ~ 10 层以上	低层砖木结构 高层钢筋混凝土结构	8
上下九文化广场	3 ~ 10 层以上	钢筋混凝土结构	10
广州市荔湾区乐贤坊小学	3 ~ 10 层以上	低层砖木结构 高层钢筋混凝土结构	8
广州市荔湾区耀华小学	3 ~ 10 层以上	低层砖木结构 高层钢筋混凝土结构	8
广州市第四中学初中部康王校区	3 ~ 10 层以上	低层砖木结构 高层钢筋混凝土结构	8

4. 应急疏散场地适宜性评价结果

结合有效性、可达性和安全性 3 个准则分析，运用灰色关联系数结合熵值权重加权运算，获得适宜性评价决策值 R（如表 7-9 所示），将适宜性等级划分为三个等级：适宜（$R \geqslant 0.6$）；较适宜（$0.5 \leqslant R < 0.6$）；较

不适宜($R \leqslant 0.5$)。计算可得预选的10个避难场所中有3个疏散场所适宜：冼基东小学、广州市第二十三中学、上下九文化广场；有5个较适宜：荔湾区三元坊小学、广州市西关实验小学、荔湾区乐贤坊小学、荔湾区耀华小学、第四中学初中部康王校区；有2个不适宜：荔湾区文昌小学、荔湾区立贤学校中学部。

表7-9　上下九商圈应急避难场所适宜性评价结果

紧急避难场所	决策值 R	适宜程度	紧急避难场所	决策值 R	适宜程度
荔湾区三元坊小学	0.596 2	较适宜	广州市荔湾区立贤学校中学部	0.485 2	不适宜
广州市西关实验小学	0.534 2	较适宜	上下九文化广场	0.637 8	适宜
冼基东小学	0.759 7	适宜	广州市荔湾区乐贤坊小学	0.577 4	较适宜
广州市荔湾区文昌小学	0.486 5	不适宜	广州市荔湾区耀华小学	0.512	较适宜
广州市第二十三中学	0.663 2	适宜	广州市第四中学初中部康王校区	0.559 7	较适宜

根据适宜性评价结果，上下九城市商圈适宜建设紧急避难场所共有8个场地，可利用总面积为28 032 m²，可容纳总人数为28 032人，但预测得出上下九商圈疏散人口的434 673人，疏散场所为434 673 m²，远远不能达到疏散需求。同时由于现状小广场小公园等公共空间缺乏，可作为紧急避难场所多为小学和中学内部的操场空地，但学校内部的操场空地容易因建筑物倒塌而受阻，导致可利用的疏散空间不足。

（五）应急疏散路径分析

1. 最短路径分析

在最短路径分析方面，应用OD成本距离模型分析以居住社区和商业综合体为成本分析起始点，应急疏散场所为终点，创建"起始—目的地"

成本矩阵[37]，以 10 min 为限制条件，主要分为两种情况。

（1）不考虑道路拥挤情况计算最短距离和时间。当模型阻抗设置为时间（min），得到需要疏散的各社区和商业综合体到最近的紧急避难场所最短出行时间大部分都在 10 min 内，超过最短出行时间有故衣街社区至冼基东小学为 10.2 min，扬仁西社区至上下九广场为 10.7 min，耀生服装批发市场至冼基东小学为 11.1 min。当模型阻抗设置为路程（m），得到各社区综合体到最近的紧急避难场所最短距离大部分都在 500 m 内，但有 6 个社区超过 500 m 控制距离，分别是曾巷社区至第二十三中学为 557 m，丛桂社区至第二十三中学为 570 m，联庆社区至第二十三中学为 542 m，故衣街社区至冼基东小学为 613 m，扬仁西社区至上下九广场为 642 m，耀生服装批发市场至冼基东小学为 666 m（图 7-6）。

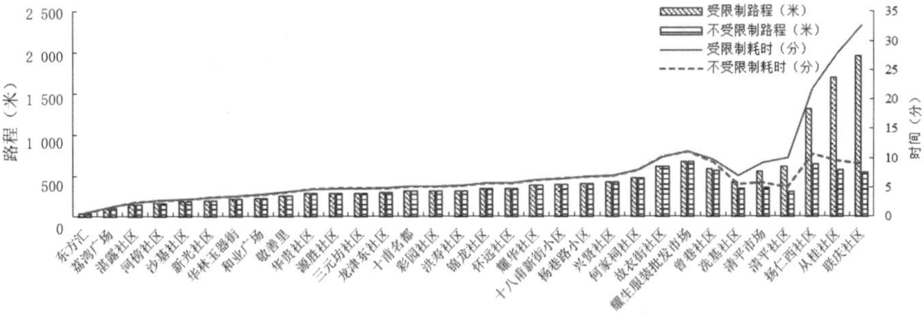

图 7-6　不受道路限制和受限制的最低成本对比

（2）考虑道路拥挤因素计算最短距离和时间。将复杂路段作为限制条件引入成本模型，进行最短路径优化。结果发现疏散线路避开容易造成拥堵的路段为上下九非步行路段、宝华路进入步行街路段、杨巷路与步行街相交路段、和平西路、珠玑路、梯云东路、桨栏路进入和平东路路段、和平东路进入人民路路段、十三行进入人民路路段。因绕行拥堵路段，疏散时间和路程增加的有冼基社区、清平市场、曾巷社区、清平社区、扬仁西社区、丛桂社区、联庆社区，而增加 10 min 以上时间成本的有扬仁西社区、丛桂社区、联庆社区（如图 7-7）。

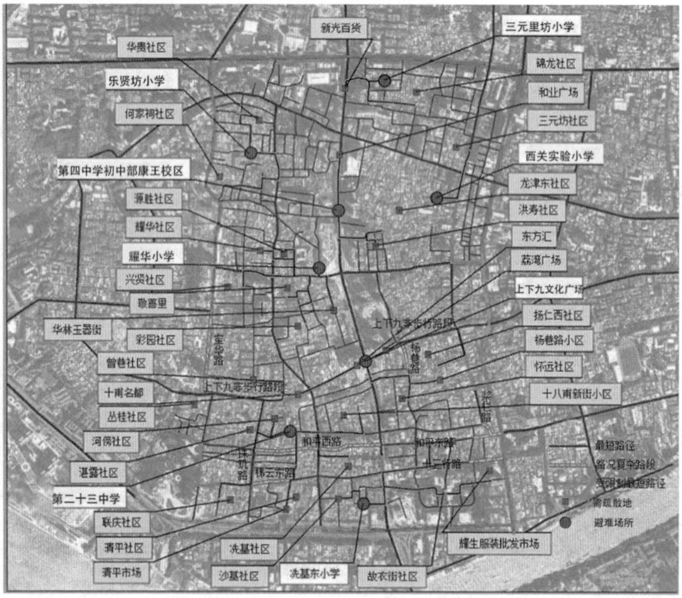

图 7-7　最短路径设计

（3）设施服务区分析。在设施服务区分析方面，基于对现实道路网络建立模型，按照实际交通距离对选定紧急避难场所进行 500 m 的服务区分析。结果显示选定的疏散场所服务区最大阈值 500 m 范围不能全覆盖研究区域，总覆盖面积达到约 2.07 km^2，覆盖率为 88.84%，但绝大多数的居住社区和主要的商业网点都能全覆盖。500 m 服务区其中兴贤社区、杨巷路小区、曾巷社区、联庆社区 4 个社区没有被全覆盖；故衣街社区、丛桂社区有 2 个社区未覆盖。

按行政街道界线划分紧急避难场所服务范围，其中龙津街道设立 3 个紧急避难场所，分别是三元坊小学、西关实验小学、广州第四中学初中部康王校区；逢源街道设立 2 个紧急避难场所，分别是乐贤坊小学、耀华小学；华林街道设立 2 个紧急避难场所，分别是上下九广场、第二十三中学；岭南街道设立 1 个紧急避难场所，为冼基东小学。由于金花街和多宝街在该研究区域涉及较小范围，尽管街道管辖范围内没有选定的紧急避难场所，但选定的紧急避难场所 500 m 服务范围能覆盖到金花街，但未能覆盖到多宝街（如图 7-8）。

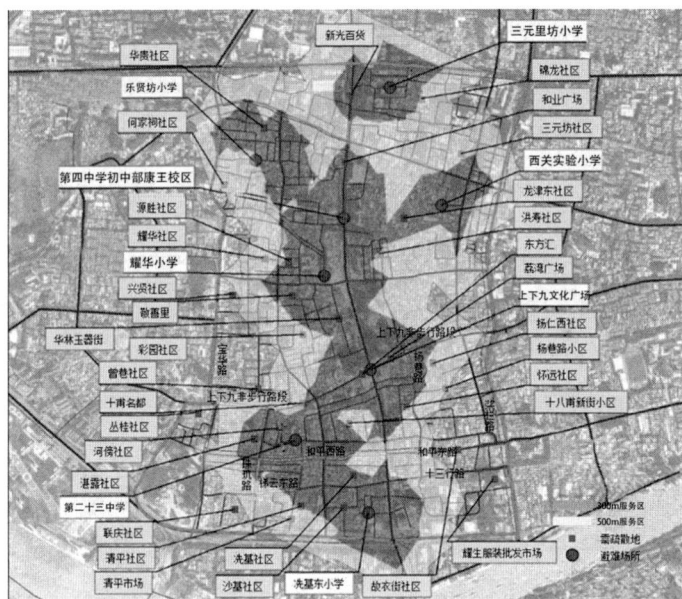

图 7-8　上下九商圈应急疏散服务区分析图

（六）小结

（1）城市商圈应急疏散需求预测是疏散工作的重要前提。上下九商圈应急疏散需求量大，总疏散人口约为 43.5 万，总疏散场所面积需求约为 43.5 万 m²。现状应急避难场所不能满足现状疏散需求，可作为避难场所共有 10 个，分析得出有 8 个适宜场所能作为紧急避难场所，其可利用总面积约为 2.8 万 m²，可容纳总人数约为 2.8 万，可利用面积和可容纳人数远远达不到预测需求。

（2）城市商圈应急疏散空间比较紧张。根据应急避难场所适宜性评价可知，上下九城市商圈的避难场所由于人口密集、土地利用紧张、建筑密集易倒塌等问题导致应急疏散空间开放空间较少，选定的8个场所中7个为学校用地，仅有1个为广场用地，同时需求点即使在避难场所服务范围内也可能得不到足够的避难空间。

（3）城市商圈应急疏散成本较高，疏散效率需要提升。利用OD模型和ArcGIS的网络分析出避难场所到需求点的最短路径和避难场所的服务区，发现得出选定的紧急避难场所能覆盖研究区域绝大部分面积，需求点大多数能在10 min内到达紧急避难场所，但由于避难场所的可容纳人数有限，受灾群体都有可能得不到足够的避难空间。同时上下九商圈的道路复杂，增加了疏散成本，影响疏散效率。

第四节　案例2：应急避难场所功能布局与优化——以广州市黄埔区体育中心为例

城市应急避难场所根据用地类型大致可以分为3种：公园型、体育场型和绿地型。其中体育场型因其建设量大、覆盖面积广，是一个很好的开敞空间，在城市防灾避难过程中发挥了很大的作用。由于多数体育场馆的抗震性能等比一般住宅要好，且体育场馆容纳空间较大，饮用水、厕所、广播通信等设施建设齐全，因此体育场馆通常是最常见的城市应急避难场所之一。国内也有相关学者对体育场型做了很多研究成果：曹黛基于"平灾结合"的原则，认为体育场型防灾设计过程中要注重体育场所与城市防灾空间的兼容布局，提高其与周边防灾设施的联系，形成完善的防救灾网络体系[38]，特别是在场地利用上，希望通过加强空间功能、交通组织的设计，提高体育场地转为紧急避难场地的能力；宋杰等以四川省体育场馆为例，从功能、布局与规划等视角将城市体育健身体系与紧急避难空间体系实现兼容[39]；曾雪松则从理论和实践两个层次，探究体育场馆作为避难场所的可行性依据，并从布局原则、规模容量、区位交通等方面为体育场馆兼作避难场所的设计策略提供理论基础[40]。这些研究对于体育场馆避难体系的建设，特别是在区位条件、功能建筑设计、疏散路径等方面做了有益的探讨和借鉴。本节通过实地调研、文献整理和GIS、CAD空间分析工具等方法，以广州市黄埔体育中心为例，从功能优化和疏散路径两个方面探讨体育场型应急避难场所功能布局与管理。

（一）研究区域概况

1. 研究区域范围

黄埔区体育中心位于广州市黄埔区北侧，西邻天河区和海珠区，位于广园快速路以南 300 m，位置特殊。于 2011 年建成，可利用面积达 7.33 万 km²，可容纳 4.88 万避难人数，是黄埔区首个符合国家标准的 Ⅱ 类应急避难场所，如图 7-9 所示。

图 7-9　黄埔体育中心研究区范围图

2. 区位条件

①人口条件：黄埔体育中心周边有较密集的居住区，主要是南侧的东城华庭、泰景花园；西南侧横沙城中村、东南侧大沙东保障房；同时靠近丰乐广场等商业设施，人流量较大，如图 7-10 所示。

②周边服务设施：黄埔体育中心周边学校、公园等服务设施相对比较完善，南侧 150 m 处有广州市第八十六中学分校，西南侧 350 m 处有泰景中英文小学；西侧 650 m 处有福樾公园、东北 700 m 处有荔枝公园，同时东侧有大量宽敞的花木场地。但是距离医院相对较远，医疗设施还需进一步完善，如图 7-10 所示。

③交通分析：黄埔体育场地处广州市黄埔区、天河区和海珠区交界处，城市交通系统较为完善，属于典型的"四周包围"型。有多条城市道路经过，

能够满足避护场所选址中车行及人行的可达性要求。现状城市道路主要有：北侧 200 m 为快速路内环路(广园快速)、西侧主干道丰乐北路；南侧护林路、东侧镇东路。同时轨道交通条件较便利，距南侧地铁 6 号线大沙东站约 0.8 km，如图 7–10 所示。

图 7–10 区位条件图

（二）数据来源

数据来源主要来自实地调研、《黄埔区体育发展中心应急避险场所平面设计》《广州市地震应急避难场所（室外）专项规划纲要（2010—2020）》。利用灾害学和城市规划等理论基础上，从区位分析、功能设计与优化、流线疏散路径 3 个角度进行探讨，利用 CAD 和 GIS 空间分析等工具进行定量分析和图形绘制。

（三）体育场型应急避难场所的功能分区与优化

1. 体育场型应急避难场所的基本功能

黄埔体育中心作为城市中心避难场所，要具备六大基本功能[41]（如图7-11所示）。

（1）灾民日常生活区：应急避难时人员主要疏散与安置区域，一般选取避难场所内地势平缓开阔，特别是能搭建敞篷的大面积平整室内场地，是老人、小孩等特殊群体灾时主要的避难和生活空间。

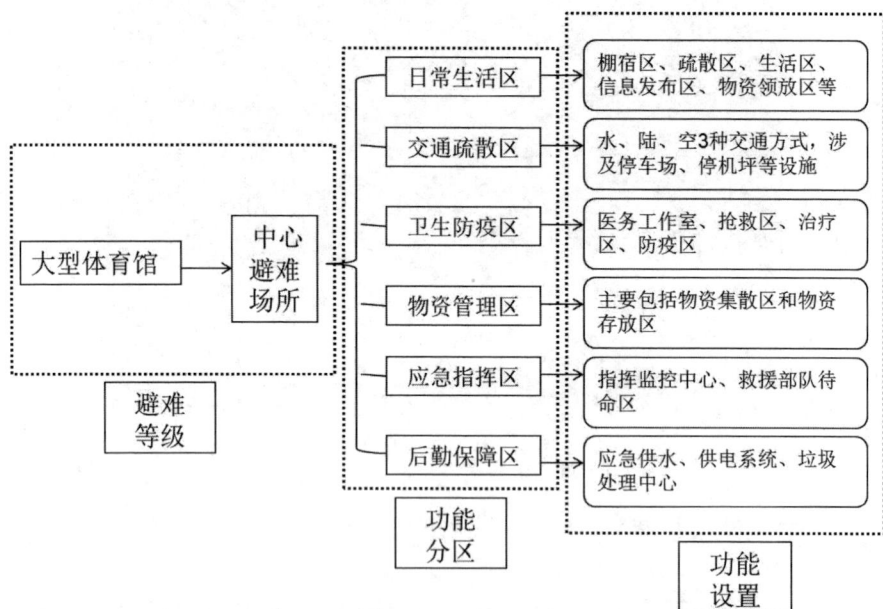

图 7-11　体育场型应急避难场所功能体系

资料来源：作者根据资料整理自制。

（2）交通疏散区：一般灾时受伤人员需要进行转移，需要便捷的交通节点或者疏散通道，所以避难场所需要留有较多的停车场和开场空间。

（3）卫生防疫区：分为防疫指挥区、医务工作室、抢救区等医务卫生用房。

（4）物资管理区：主要由物资集散区、物资配送区和物资发放区组成，这些物资中转空间对大量的救援物资进行整理和分配。

（5）应急指挥中心：应急指挥中心是灾害救援的核心组织。主要作为指挥监控中心和救援部队待命区。

（6）后勤保障区：考虑卫生防御和环境保护，所以一般要布局垃圾堆放和处理区域。

2. 体育场型应急避难场所的功能设计与转化

黄埔区体育中心总面积为 1.7 万 m^2，实际可用作避难场所用地达到 73 339 m^2，占总面积的 42.9%，较好地发挥了体育场所用地的功能。日常生活区中的棚宿区建设成为黄埔体育场应急主要功能区，凭借体育场馆的优势，根据实地调研发现总共设立五大分区（如表 7-10 所示），按照地形优势、面积优势、距离优势等原则分别环绕在体育中心四周，可供 20 000 万余人避难住宿。其中 A、B、C 区是将体育场和比赛场直接转化棚宿区，特别是 C 区由于处于黄埔体育场的核心区，加上供电、供水、声光等设备齐全，同时具备信息发布区和物资领放区的功能。D、E 区没有选择平坦的场地，而是选择在绿地和广场内部穿插布局棚户区，一方面实现了绿地和广场的多种用途；另一方面也作为辅助生活区满足特殊需求的避难人员。通过功能的设计和转化，较好地实现了体育场馆和避难场所体系的兼容，提高了体育场馆多元用途。

表 7-10 黄埔体育中心五大棚宿区概况（作者根据资料自制）

	棚宿区 A	棚宿区 B	棚宿区 C	棚宿区 D	棚宿区 E
选址地	足球训练场	篮球场和网球场	体育场核心区	南门附近绿地和广场	北门附近绿地和广场
选址原则	平坦开阔、靠近大门，交通便利	平坦开阔、靠近大门，交通便利	平坦开阔，面积大，设备齐全	靠近大门，环境好	靠近大门，环境好
面积（m²）	14 169	21 011	21 123	9 121	7 915
避难人口（人）	4 320	5 868	6 904	2 740	1 952
主要功能	主要生活空间	主要生活空间	主要生活空间，信息发布中心	辅助型生活空间，满足特殊需求人群	辅助型生活空间，满足特殊需求人群

　　交通疏散区主要承担疏散和运输避难人群的功能，黄埔体育中心属于"四周包围型"交通布局，四周围绕着主要的交通干线，运输能力较强。所以重点在停车场的布局和设计，根据实地调研资料得知，黄埔体育中心在西门和南门都分布面积较大的临时停车场，成为车宿区选址的最佳地点，最后根据距离主干道进和人流量，在南门和东门附近分别布局两个车宿区。另外，救援部队驻扎于西北侧，紧靠棚宿区；公安用房、应急指挥中心、应急医疗和物资都位于场馆内部，应急指挥和物资流通都非常便利；同时棚宿区之间有绿化带隔离，内部有疏散通道，较好地防止次生灾害的发生。最后通过体育场馆的空间布局结合避难场所基本功能绘制黄埔体育中心应急避难场所功能分区图，如图 7-12 所示。

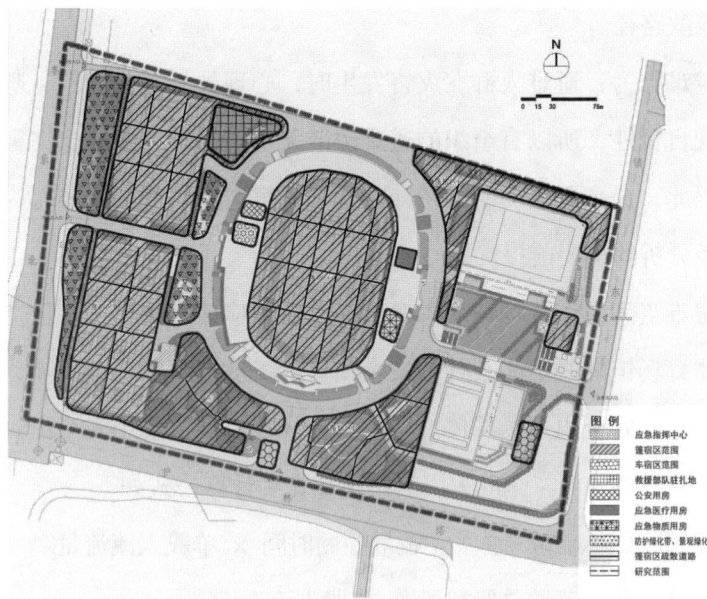

图 7-12　黄埔体育中心应急避难场所功能分区图

资料来源：作者根据资料整理绘制。

（四）体育场型应急避难场所的流线疏散路径

应急避难场所的疏散路径是其发挥作用的主要环节之一，为保证在灾害环境下人群疏散出行的安全、高效和有序，就必须设计合理的人群流入和流出的疏散路径。林姚宇等[42]以城市高密度住宅区为研究对象，从行为学的角度分析城市居民在面临突发灾害条件下疏散、避难的决策行为特征，构建了城市避难场所及疏散路径选择的模型。张秀芹等[43]针对人流拥挤的步行街，基于避难人群自身特征、空间认知和避难场所的布局，设计了应急避难疏散通道，为商业街应急避难疏散路径分析提供了案例。

根据应急避难人群的避难行为、避难空间、最优路径等原则，从外部人群、车流进入路线和内部人员疏散通道两个角度来进行分析黄埔体育中心应急疏散路径。

①避难行为：避难人群在灾害发生时，心理处于紧张状况，避难行为容易出现盲目性，所以有组织的避难疏散无疑是一种有效减少灾害损失的方式。因此，提高避难场所的认知程度和了解避难人群的避难行为是流线疏散路径分析的重要前提。

②避难空间：体育场馆应急避难流线疏散应该有足够的疏散空间。通过各个体育场馆的避难人数计算安全出口的疏散宽度和疏散距离，在内场四周均匀布置安全出口。《体育建筑设计规范》规定每个安全出口平均疏散人数不宜超过 400 ~ 700 人。其中疏散宽度计算公式如下：

疏散总股数 = 疏散总人数 / 疏散控制时间 × 单股人流流量

疏散总宽度 = 疏散总股数股 × 单股人流宽度

我国单股人流流量一般取 40 ~ 24 人 /（股·min），疏散控制时间在 3 ~ 4 min，单股人流宽度为 0.55 m/ 股。[44]

③最优路径：灾害发生时，人们会自觉选择最近的或最直接的路径。主要考虑花费时间、人群密度、地理距离等因子，设计最优的疏散路线。

1. 外部人群和车流进入路线

黄埔体育中心周边有 3 个主要的人群和车流的聚集点，其中北部的姬堂社区、东部为文冲片一带、西南侧为大沙地一带。为了外部人群和车流的进入，黄埔体育中心 3 个大门作为主要的流线出入口，其中东门和西门为人群疏散进入的专属入口；南门附近有面积较大的停车场，为车流疏散进入的专属入口，采取隔离分流的方法，一定程度上会减轻交通的拥挤，提高应急避难的效率，如图 7-13 所示。

在具体的最优路径选择上也做了相应的流线分析。例如黄埔体育中心西南侧为大沙地一带的人群相对比较多，在人流疏散过程中分别要经过大沙东路—丰乐北路从西门进入，车流则经大沙东路—丰乐北路—护林路，从南门进入，这样较好地实现了人群和车流的分离，保证避难行为的秩序性。

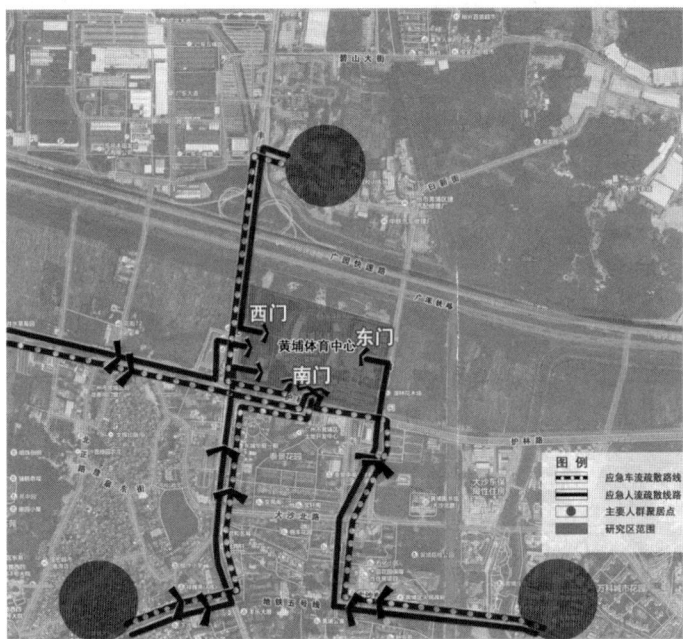

图 7-13　黄埔体育中心应急疏散外部进入路线

资料来源：作者根据资料整理绘制。

2. 内部人群和车流疏散通道

内部疏散重点解决人群为主，车流为辅，如图 7-14 所示。在人群疏散方面，黄埔体育中心内部结合帐篷区布局，预留网格人行通道和内部人群疏散通道，采取就近疏散原则，分别从南门、东门和西门进行撤离，同时大沙路、护林路、丰乐路、镇东路为避难场所外围人行通道。

车流方面，在南门和东门建立了停车场，从护林路、镇东路等外部道路进入的车辆可临时停靠，同时在东门、南门和西门分别设置了出口，方便车流的撤离。

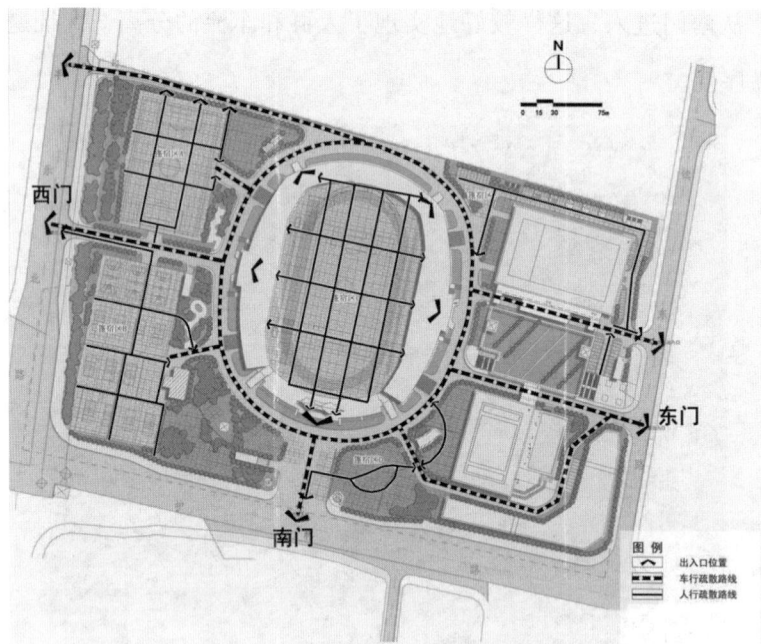

图7-14　黄埔体育中心应急避难场所内部疏散通道

资料来源：作者根据资料整理绘制。

（五）小结

体育场型应急避难场所的建设是城市应急管理体制中重要的内容。本节以广州市黄埔区体育中心为例，从区位条件、功能优化和设计、疏散路径3个角度进行分析。其中在功能优化方面总结了体育场馆应急避难的六大基本功能，重点分析棚户区与车宿区的选址原则和设计；在疏散路径上面从避难行为、最优路径和避难空间等因子探讨疏散路径，从外部人流和车流进入路线采取人车分流的原则、内部人群车流疏散通道建设以人群疏散为主，在一定程度上保证避难行为的秩序性，提高应急避难的效率。

第五节　案例3：公园绿地型应急避难场所功能布局与疏散路径——以广州市番禺区南区公园为例

20世纪20—30年代日本开始针对灾害避难提出学术研究，首次提出公园广场的避难功能[45]，随后提出了"具有防灾功能的都市公园建设"的思想，揭示了防灾建设是都市公园事业的重点项目[46]。在研究内容上，注重避难时间的影响因素、避难路线、避难居民心理、避难行动模拟等方面的研究[47][48]。近几年，国内城市应急避难场所的建设与规划得到了快速发展[49]，在应急避难场所概念内涵、区位选址、研究方法、空间结构、功能分区、运营管理等方面取得了一定的成果[50][51]。城市绿地系统指是由相互作用的具有一定数量和质量的各类绿地所组成的并具有生态效益、社会效益和相应经济效益的有机整体，城市绿地从属于其中的自然环境系统[52]。目前关于城市绿地的研究主要作为一种数量多、分布广、实用性较强的开敞空间，绿地公园在城市建设防灾避难系统起到非常重要的作用。我国城市总体规划包括了城市绿地规划，通过有序、科学、合理的联系可组成有效的城市避震减灾绿地体系[53][54]。所以从微观层面对公园绿地型的应急避难场所的功能结构和内外部疏散路径研究比较重要。基于此，本节以广州市典型的公园绿地型应急避难场所——南区公园为例，通过实地调研法、GIS分析方法，重点探究了公园绿地型应急避难场所的功能优化和流线疏散路径，以期对公园绿地型应急避难功能的规划建设做一定的参考。

（一）南区公园概况

广州市番禺区市桥南区公园位于福贤路和德贤路交会处，德贤路以东方向，西丽大桥脚左侧，占地面积约10万 m^2，其中有4万 m^2 的有效避难面积，可供3 000人应急避难使用。附近地块是高密度的人口居住区，路网规整，整体交通条件满足避难场所选址车行及人行的可达性要求。周边学校、商场等服务设施相对完善，但医疗设施还须完善。

（二）应急避难场所的功能分区与优化

1. 功能分区

按照"公园必须结合总体布局设置专用防灾、救灾设施和避难场地。新公园的建设必须设立避难场所，且不准建占地面积大的篮球场等体育设施"的要求，如图7-15所示，南区公园的规划设计分类出7个应急避难基本功能：应急指挥、应急厕所、应急物资供应、应急供水、应急供电系统、应急棚宿区、应急医疗救护。

（1）应急指挥

应急指挥点设置在公园的北面，公园停车场入口处。利用了公园管理处现有办公用房作为应急指挥中心办公室和会议室，平日为负责公园的管理日常工作所在地。如发生突发性的地震或其他城市灾害，即可成为应急指挥管理中心。公园内新增设了3 ~ 4处的户外电视，以及配合园内有20多处的园内广播喇叭，这些设备有利于灾害发生时，起到迅速指挥以及发布消息的作用，也有利于制止谣言的传播，稳定避难场所内的社会秩序。

（2）应急厕所

现南区公园设有两个应急厕所，分别位于公园的北面和东南面，北面的厕所与应急指挥中心位于一体，公共厕所位于一层，公园管理办公室和应急指挥中心位于二层；东南面的厕所位于儿童游乐场旁，这个公共厕所是南区公园近年来新增的，其增加了男女厕位数量、化粪池容量和残疾人厕位，通风采光良好，排污管道通畅。

（3）应急物资供应

应急物资供应设置在南区公园北部的停车场旁，其只做一个物资快速搬运、流转、传输的应急货物装卸站点，并没有单独的或依附于公园日常管理办公房来存放物资，如食品、饮用水和其他救灾物品等应急物质等。

（4）应急供水和供电系统

南区公园应急避护场所示意图显示目前只有 1 个自来水取水点；但实地调查发现公园内部多处雨水下渗盖下设有自来水取水装置，平时可用于公园浇灌花草、打扫卫生等，紧急情况下可弥补饮用水、生活用水的不足。在南区公园的西侧绿化区内有一处小型变电房，配置了应急发电房，在公园的另外两处公共厕所中也设置了小型电房，以备紧急情况时的照明和通信设备用电所需，园内照明系统方才改造完毕，照明设备完好。

（5）应急棚宿区

利用位于南区公园内部中心足球场的地势平坦、开阔和交通便利等优势条件，把足球场设置为主要疏散区，必要时便于搭建应急避难帐篷。应急蓬宿区面积约站整体公园的 37%，可设置 12 个大帐篷，平时贮于公园南部地足球场旁的应急物资储备用房内。

（6）应急医疗救护

应急医疗救护设于南区公园的东北角，此处地面平坦快开阔，进入园内快捷方便，还有一整条约 100 m 长的遮阴连廊休息区。但该地点没有设置医疗物资储备用房，应急医疗救护点也仅仅只有一个示意牌。

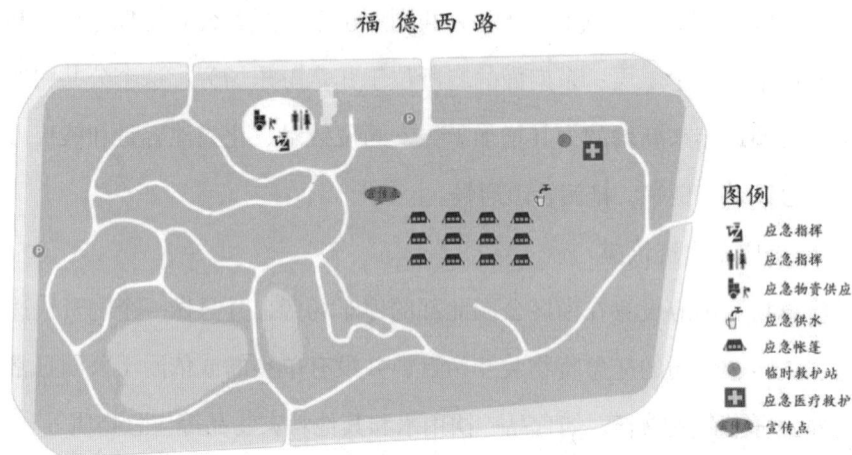

图 7-15 南区公园内部功能分布图

2. 功能优化

南区公园总面积约为 10 万 m^2，实际可用作避难场所的用地面积达 2 万 m^2，占总面积的 20%，并没有很有效地利用整体场地。重点从以下几个方面进行功能优化，如图 7-16 所示。

（1）应急指挥中心可增加两个附属的小型指挥站点

南区公园是典型的方正地块，东西向直线长度约为 450 m，南北向直线长度约为 250 m，东西向道路没有办法快速直达公园内部的应急棚宿区。且据实地调研，公园西侧有多个开阔的地面硬化平台，平日用于居民的健身活动区；公园东侧东南角是南区公园内部最密集的儿童游乐园用地，地面多为硬化处理。因此建议在公园的东侧和西侧入口各设置一个微型应急指挥站点，在城市灾害发生时，可先就近指引安排人流到开阔的公园平台内，防止人流过于集中在应急棚宿区，可更有序地调节人流。新增的微型应急指挥站点建议可设置为平常的保安值班亭，材质上既环保方便，又可用于平常的公园日常化管理，无须新增实体类建筑。

（2）应急厕所还可在南区公园西南角新增流动型厕所

南区公园内部对于公共厕所在今年来不断地更新，但要服务于应急灾害发生时最低避难人口的 3 000 人也显得有点不足。近年来流动型厕所备受各种旅游景区的喜爱，特别是以自然资源的旅游风景名胜区。这种旅游景区在以往规划期内，受地形、游玩节点、历史建筑限制和人流预测的影响，可能已建公厕数量跟不上日益增长的游客数量，而新兴的流动型公厕正好解决了这个问题，且不需占用土地资源，又方便移动，成本价格也相对较低。南区公园也可参考这个做法，购置一批流动型厕所，因平常日内公园的西南角的健身区人流相对较少，平日可不开放流动型厕所，主要还是两个已建成厕所供给使用，这样可以减少公园日常的管理工作，但也需要备用于紧急时有公厕可用。

（3）增加应急物资储备

根据实地调查和与公园管理人员的简单交谈，南区公园在应急棚宿区的物资储备房内存放的物资主要为帐篷。建议可适当增加不受日期限制的救灾物品、医疗物品、灭火器等硬性设备，可在发生灾害时有一定的物资作为补充，不需要完全依靠外界的输入。同时可向越秀区东风公园学习，配置饮水机、高音喇叭、对讲机、50 KW 发电机等设备。防患于未然，使公园内部对灾害应对有更高的处理能力。

（4）应急供水系统可更加完善，更新排水系统

应急供水取水点只有一个在应急棚宿区内显示，在设计上并不符合真实需求。而在实地走访时候发现，公园内部还有隐藏的自来水取水点。建议可增加一些指示标志 。因处于公园内部较低处，棚宿区的排水系统就显得尤为重要。平常日内供市民使用的国家级标准的足球场，实地调查的现状是草皮破损，泥土已经裸露以及增加了铁网围闭。经与周边居住市民

的交流，足球场内下雨便会产生积水，且整体已经坑坑洼洼，雨后积水无法及时排走，导致使用效果不佳，也不利于足球场草皮的涵养。经实地调查和问询公园管理处，现公园内足球场已经做围闭涵养草皮处理，在2017年南区公园已进行微改造，已经改造排水设施，并重新更换草皮。排水系统的更新是有利于应急棚户区的使用的，也能更好地应对城市突发灾害。

（5）在西南角增加一个应急医疗救护点

在公园西侧增设了一个应急指挥点，可帮助指挥安排人流。配合这个设置点，增加应急医疗救护点于公园西南角，可以分担应急避难场所仅有一个应急医疗救护点的责任。同时还需要梳理周边的医疗设施，不仅只是医院，也可以是小型的门诊部门、私人诊所、社区卫生站等，在城市灾害发生时，能顺利获取到基础的救护物资。

（6）增加应急消防和防火植物的种植

据实地调查发现，南区公园北侧主入口旁新建了防火安全知识的宣传栏，更是设置了一个空间放置各类消防设施和用品，小到消防面具，大到微型消防车都有陈列在内。虽然设置的直观目的是供市民学习，但这些设施是真实可用的，可以作为应急消防点。公园内种植的植物除了具备观赏、遮阴的功能之外，还需要符合广州气候种植一些防火植物。现在南区公园植物种类的配置并没有体现出公园防火系统在植物选种上的优化，原来种植的树种主要有：红花羊蹄甲、垂榕、大叶榕、细叶榕、高山榕、大叶紫薇、蒲葵、金山葵、鱼尾葵、大叶棕竹、散尾葵等比较基础性的公园绿地配置植物种类。

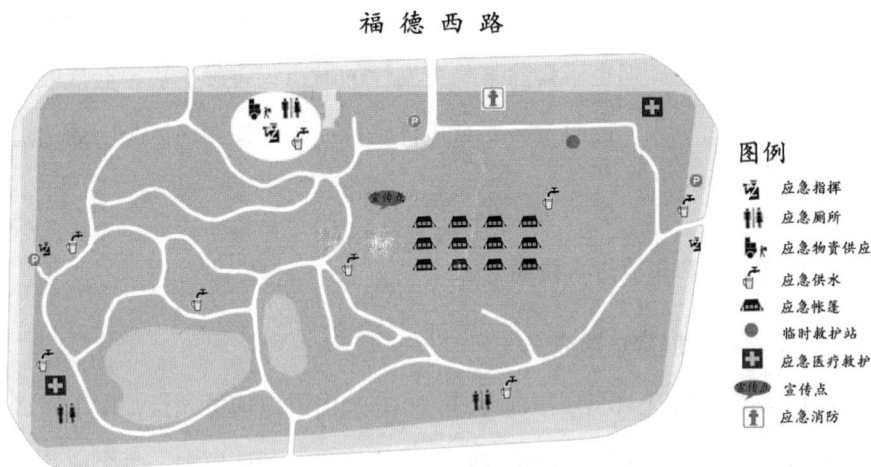

图 7-16 南区公园内部功能分布优化图

（三）应急避难场所的流线疏散路径

应急避难场所除了对内部自身有要求，对外部的道路路径、道路质量都有一定的要求。应急避难场所的疏散路径是其发挥作用的另一个重要环节之一，为了有效保证人流车流能在灾害环境下迅速、有效地疏散，合理的疏散路径设计也是重中之重。现根据步行到达原则和最优路径原则，从外部人流、车流进入路线和内部人员疏散通道两个角度来分析南区公园应急疏散路径。

① 步行到达原则。根据公园绿地现行的《城市绿地分类标准》，城市公园绿地，面积在 2 000（含 2 000 ㎡）～ 5 000 ㎡ 的公园绿地按照 300 m 服务半径计算；5 000 ㎡（含 5 000 ㎡）以上的公园绿地按照 500 m 服务半径计算。所以，城市内部的社区级公园的设置不应该超过 300 ～ 500 m 的范围，以满足市民的日常休闲需求和应急城市灾害发生时的避难需求。

② 最优路径原则。南区公园相对于大型的应急避难场所，如体育场馆

型应急避难场所、广场型应急避难场所相对所能容纳的人口更少，能服务的持续天数也更短。但也不排除某些突发性的城市灾害发生后，会接收到其他社区的人口流入。此时就需要有最优路径原则来检测南区公园周边道路的可达性。

1. 外部人群和车流进入路线

（1）外部人群避难路线

南区公园一共有 10 个出入口，其中 10 个出入口均可人行，由于南区公园附近均为大型社区，人口密度较高。依据步行到达原则，每个应急避难场所要设计其疏散半径，就近疏散半径以居民步行 10 ~ 15 分钟到达为宜。

根据卫星地图，点出每个与南区公园最近的居住人口密度点，再运用 ArgGIS 空间分析法中的 OD 成本距离分析法，计算出最短路径。如图 7-17 所示，中颐海伦堡花样年华东侧出入口到达南区公园约 500 m，大概需要 8 分钟；海伦堡御院西侧出入口到达南区公园约 556 m，大概需要 8 min；中颐海伦堡南侧出入口到达南区公园约 823 m，大概需要 12 min；新世纪花园北侧出入口到达南区公园约 1 km，大概需要 14 min；时代柏林北侧出入口距离南区公园 348 m，大概需要 5 min；星城时代豪庭东侧出入口距离南区公园约 559 m，大概需要 8 min。以上大型住宅社区到达南区公园均不超过 15 min，符合步行到达原则。

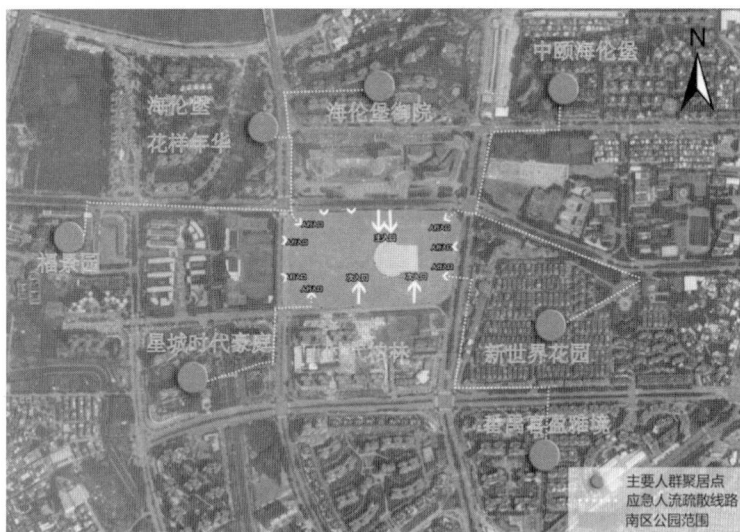

图 7-17 南区公园外部人群避难路线

（2）外部车辆停放点与外部车流进入路线

南区公园只有在北侧的主入口有一个车行入口，直接接驳到公园的停车场内。但根据实地调查，公园的西侧、东侧有路边停放车辆的政府专用车位，增加了公园附近的停车位。同时在城市灾害发生时，物资供应的车辆可从北侧的停车场、东侧和西侧的停车位把物资就近从公园出入口运送到公园内部，满足市民在南区公园内避难时能得到物资的补充。

根据最优路径原则以及南区公园周边的路网的宽度，预算出车流量较大的几个聚集点，再分别算出其到达南区公园最近的三个停车点的距离和通行时间（如表 7-11 和图 7-18 所示）。

表 7-11　区间路段到达南区公园停车点的情况

编号	区间	道路名称	车流情况	车辆最近停放点	距离（m）	时间（min）
1	番禺沙湾镇—桥南街道	福德路	大	北侧	约 671	3
2	市桥街道—桥南街道	西丽桥、德贤路	较大	北侧	约 623	3
				西侧	约 548	2
3	桥南街道—沙湾镇	福德路	大	北侧	约 1200	4
				东侧	约 554	2
4	桥南街道—市桥街道	南城路	少	东侧	约 407	1

　　由此，南区公园出入口的北侧、东侧、西侧的压力稍比南侧的出入口大，而南区公园的南侧出入口数量较其他的多，在指挥上可引导临近东测和西侧的人流在南侧进入，为东侧和西侧的出入口进行减压，也能保证避难行为的秩序性。

图 7-18　外部车辆停放点与外部车流进入路线

2. 内部人员疏散通道

公园内部的路网在规划设计上是以休闲步道设计理念为主，所以内部疏散以疏散人群为主，车流疏散为辅。在人群疏散方面，南区公园内部结合棚宿区布局，预留内部最近人群疏散通道，采取就近疏散原则，可从各个出入口进行撤离。在车流方面，在公园北侧停车场和东侧、西侧进行临时停放，可直接乘车撤离。

（四）小结

通过对番禺区南区公园的区位条件、功能分区与优化、疏散路径3个角度进行分析。其中在功能优化方面总结了公园绿地型应急避难的七大基本功能；在疏散路径方面从最优路径和步行到达原则等因子探讨疏散路径，外部人流和车流进入路线采取人车分流的原则、内部人群车流疏散通道建设以人群疏散为主，在一定程度上保证了避难行为的秩序性，提高应急避难的效率。广州市公园绿地类型应急避难场所是最常见且使用频率高的一种类型。未来应该重点为有条件的公园绿地编制应急避难专项规划。同时对已建成的公园绿地中需要整合的资源，进行公园绿地型应急避难场所专项规划修编。

本 章 小 结

本章对广州市不同区域和不同类型（城市商圈、体育场馆、绿地公园）的应急避难场所为研究案例，运用了定量分析和实地调查相结合的方法，从空间适宜性评价和应急疏散路径两个角度进行分析。发现广州市中心城区人口密集的城市商圈应急避难场所空间适宜性存在缺陷，应急避难场所不能满足区域内疏散需求；适宜性强的紧急避难场所多为学校内操场用地，但有效避难空间极易受到建筑物倒塌影响；同时城市商圈的路况复杂，应急疏散成本较高，疏散效率需要提升。后期需要重视城市商圈中建筑人防面积建设，增加避难空间面积，在一定程度上能有效解决疏散空间需求不足的问题，弥补避难场所服务范围覆盖盲点。同时实行人车分流疏散，可以采取交通管制或禁止车辆往人流较多路段行驶，缓解疏散道路的拥挤情况。未来可以开发城市商圈应急避难救援信息系统平台，利用电子地图标识应急避难场所的具体位置，并实时监控避难场所人流和容纳人数，还有道路通达情况，有利于人群在短时间内准确找到合适的避险场所，降低疏散成本，提高疏散效率。体育场馆型和公园绿地型应急避难场所的应急避难面积较大，在"平灾结合"的原则下注重了内部功能的优化和灵活转化，同时也加强了车流和人流的疏散和进入流线的设计，提高了应急避难场所的疏散效率，但是在应急避难场所管理和宣传方面存在一定的不足。

总体而言，我国城市应急避难场所建设相对缺乏系统规划，推进速度相对缓慢，严重制约了城市公共安全与保障体系建设。所以，城市应急避难场所的建设应该要统筹规划，需要规划、民政、地震、财政和交通等多部门共同协作完成，只有当多部门协同创新，分级实施，才能有效提高应急避难城市的建设。作为一项涉及民生的工程，除了自上而下的管理，还需要自下而上的公共参与，所以还需要鼓励和引导社区和民众的积极性，提高他们参与应急避难场所的规划、建设、日常管理的积极性。最后，应急避难场所的建设与管理是一项持续性长、高投入的工程，政府建设经费的投入成为其重要的保障之一，所以政府今后要在资源投入和财政支持上推动城市应急避难场所的整体建设。

参考文献

［1］唐波，丘飞鹏，黄嘉颖. 韧性城市视角下中国应急避难场所研究进展［J］. 现代城市研究，2017（9）：25-31.

［2］Bandana，Hodgson Michael Kar. A GIS - Based Model to Determine Site Suitability of Emergency Evacuation Shelters［J］. Transactions in GIS，2008，12（2）：227-248.

［3］Anne L D. Review of Shelter from the Storm：Repairing the National Emergency Management System［J］. Journal of Homeland Security and Emergency Management，2011，3（4）：547-556.

［4］Jui-Sheng Chou，Yu-Chen Ou，Min-Yuan Cheng，et al. Emergency shelter capacity estimation by earthquake damage analysis［J］. Natural Hazards，2013，65（3）：2031-2061.

［5］Anhorn J，Khazai B. Open space suitability analysis for emergency shelter after an earthquake［J］. Natural Hazards and Earth System Science，2015，15（4）：789-803.

［6］毛培，宋伟轩. 建设本地特色的城市避风港：以南京地震应急避难场所规划为例［J］. 城市与减灾，2009（2）：29-32.

［7］施益军，王培茗，刀认. 山地小城市应急避难场所布局优化研究：以云南剑川为例［J］. 现代城市研究，2016（5）：92-99.

［8］辜智慧，徐伟，袁艺，等. 农村灾害避难场所布局规划评价研究：以四川省小鱼洞镇为例［J］. 灾害学，2011，26（3）：115-119，138.

［9］曹珂，彭祥宇，王雨琪，等. 使用者视角下城市应急避难场所适

用性评价研究：以重庆市沙坪坝区为例［J］．安全与环境工程，2019，26（6）：63-71，78．

［10］陈刚，付江月，何美玲．考虑居民选择行为的应急避难场所选址问题研究［J］．运筹与管理，2019，28（9）：6-14．

［11］陈志芬，李强，王瑜，等．基于有界数据包络分析（DEA）模型的应急避难场所效率评价［J］．中国安全科学学报，2009，19（11）：152-158．

［12］戴晴．基于 GIS 的应急避难场所适宜性评价：以深圳市地震应急避难场所为例［D］．北京：中国地质大学，2010．

［13］唐波，关文川，王丹妮，等．基于两步移动搜寻法和 OD 矩阵的城市社区应急避难场所可达性研究：以广州市荔湾区为例［J］．防灾科技学院学报，2018，20（3）：59-66．

［14］张沐晨，林广发．基于空间可达性的福州应急避难场所服务能力评价［J］．海南师范大学学报（自然科学版），2018，31（3）：346-354．

［15］李刚，马东辉，苏经宇．基于加权 Voronoi 图的城市地震应急避难场所责任区的划分［J］．建筑科学，2006（3）：55-59．

［16］黄雍华．基于 GIS 的上海市都市功能优化区应急避难场所适宜性评价与分析［D］．上海师范大学，2018．

［17］章穗，张梅，迟国泰．基于熵权法的科学技术评价模型及其实证研究［J］．管理学报，2010，7（1）：34-42．

［18］鞠志伟，王淑芳，徐华．应急疏散路径规划系统的研究与应用［J］．北京石油化工学院学报，2018，26（3）：81-86．

［19］张培红，岳丽红，陈宝智．最优应急疏散路线动态模拟的研究［J］．

人类工效学，2001（1）：10–13，68–69.

［20］卢兆明，林鹏，黄河潮. 基于 GIS 的都市应急疏散系统［J］. 中国
公共安全（学术版），2005（2）：35–40.

［21］崔健，蔡菲，潘军. 基于 GIS 的大型公共场所应急疏散模型［J］.
山东建筑大学学报，2010，25（3）：247–249.

［22］郑长江，卢为杰. 城市交通紧急疏散路径优化［J］. 大连交通大学
学报，2011，32（4）：24–27，31.

［23］江辉仙，林广发，江立辉，等. 校园楼宇火灾疏散路径分析和应用
［J］. 系统仿真学报，2013，25（9）：2171–2176，2183.

［24］林姚宇，丁川，吴昌广，等. 城市高密度住区居民应急疏散行为研
究［J］. 规划师，2013，29（7）：105–109.

［25］吴广，江辉仙，陈芬. 大型商场及其周边应急疏散空间动态分配
研究［J］. 福建师范大学学报（自然科学版），2016，32（1）：
94–101.

［26］白云，林小牧，王亚飞，等. 关于城市风景区客流智能疏导预案系
统构建的思考［J］. 城市管理与科技，2014，16（5）：62–63.

［27］王起全，朴艳洋，张心远. 蚁群算法在地铁车站内应急疏散的应用
［J］. 消防科学与技术，2015，34（1）：55–58.

［28］温伯威，王超峰，刘瑞雪，等. 城市应急疏散 GIS 关键模型研究［J］.
测绘通报，2014（9）：58–62.

［29］胡红，蒋光胜，杨孝宽，等. 基于 Link–node 仿真的北京奥运应急
交通疏散预案研究［J］. 北京工业大学学报，2007（11）：1187–
1192.

［30］李清泉，李秋萍，方志祥. 一种基于时空拥挤度的应急疏散路径优

化方法 [J]. 测绘学报, 2011, 40 (4): 517–523.

[31] 刘亚磊, 李渊, 吴俊丽, 等. 基于改进 Dijkstra 算法的高速公路应急疏散路径规划 [J]. 交通运输研究, 2016, 2 (6): 54–59, 66.

[32] 王亚平, 蒲英霞, 马劲松, 等. 基于空间 OD 模型的中国省际人口迁移机制分析 [J]. 西北师范大学学报 (自然科学版), 2015, 51 (3): 89–97.

[33] 刘炎强, 王坚, 凌卫青. 基于仿真的突发事件区域人群疏散路径规划研究 [J]. 电脑知识与技术, 2016, 12 (1): 245–247.

[34] 唐波, 黄嘉颖, 邱锦安. 城市商圈应急疏散空间布局与路径优化: 以广州上下九商圈为例 [J]. 地域研究与开发, 2018, 37 (4): 92–97.

[35] 王先庆, 林至颖, 彭雷清, 等. 珠三角商圈发展研究报告 [M]. 北京: 社会科学文献出版社, 2013: 135–163.

[36] 蒲英霞, 韩洪凌, 葛莹, 等. 中国省际人口迁移的多边效应机制分析 [J]. 地理学报, 2016, 71 (2): 205–216.

[37] 曹黛. 基于开敞空间的城市体育场所防灾设计研究 [D]. 华南理工大学, 2010.

[38] 宋杰, 蒋明建. 城市防灾避难体系与体育健身场馆体系兼容性研究 [J]. 体育文化导刊, 2009 (6): 76–78.

[39] 曾雪松. 体育场馆兼作避难场所的设计探讨 [D]. 重庆大学, 2011.

[40] 赵薇薇. 应对城市防灾避难的体育场馆建筑设计初探 [D]. 广州: 华南理工大学, 2010.

[41] 林姚宇, 丁川, 吴昌广, 等. 城市高密度住区居民应急疏散行为研

究［J］. 规划师，2013（7）：105-109.

［42］张秀芹，刘立钧，朱凤杰，等. 天津市滨江道 - 和平路商业步行街
紧急疏散调查研究［J］. 现代城市研究，2014（6）：103-107.

［43］陆新之，刘静，徐冉，等. 建筑设计资料集（第三版）［M］.
北京：中国建筑工业出版社，2012.

［44］Teruo Ishizuka. The measure of evacuation at the time of emergency in
Tokyo Metropolitan Koto delta earthquake［J］. Jurist, 1969, 437（11）:
74-78.

［45］沈悦，齐藤庸平. 日本公共绿地防灾的启示［J］. 中国园林，2007
（7）：6-12.

［46］Maeda Ai. Introduction of safety level "shelter" in Wakayama:
Encouraging residents to the high platform shelter［J］. Local
Government, 2011（10277）: 14-17.

［47］梁威，何春阳，陈晋，等. 灾害避难行为的模拟模型研究（Ⅲ）：
双人单房情况的避难模拟［J］. 自然灾害学报，2004，13（1）：
61-65.

［48］赵来军，干珂，汪健. 城市应急避难场所规划建设理论与方法［M］.
北京：科学出版社，2014：23-25.

［49］杨文斌，韩世文，张敬军，等. 地震应急避难场所的规划建设与城
市防灾［J］. 自然灾害学报，2004（1）：126-131.

［50］唐波，张媛媛，张志欢，等. 体育场型应急避难场所功能布局与管
理［J］. 武汉理工大学学报（信息与管理工程版），2017，39（3）：
265-269.

［51］陈志芬，李强，陈晋. 城市应急避难场所层次布局研究（Ⅱ）：三

级层次选址模型［J］．自然灾害学报，2010，19（5）：13–19．

［52］武文杰，朱思源，张文忠．北京应急避难场所的区位优化配置分析
［J］．人文地理，2010，25（4）：41–44，35．

［53］中华人民共和国建设部．公园设计规范（CJJ 48–92）［S］．北京：
中国建筑工业出版社，1992．

［54］费文君．城市避震减灾绿地体系规划理论研究［D］．南京：南京
林业大学，2010：30．

［55］李景奇，夏季．城市防灾公园规划研究［J］．中国园林，2007（7）：
16–22．

第八章　制度创新下的广州市应急避难场所管理与建议

应急避难场所作为城市防灾和公共安全建设的一项重要内容，随着城市化进程的不断加快，城市内部和外部风险不断提升，对应急避难场所的需求、建设和管理有了新的审视和反思。国内外研究学者对应急避难场所的概念内涵[1]、空间布局[2][3]、研究方法[4]等方面做了很多工作，有力地推动了城市应急避难场所的建设。但我国应急避难场所普遍存在"重建轻管"的现象，城市应急避难场所大多只停留在建设与布局层面，忽视了应急避难场所运行和管理。

第一节　应急管理和应急避难场所管理的相关研究

（一）应急管理

应急管理指政府及其他公共机构（包含公众）在公共突发事件的事前

预防、事发应对、事中处置和善后恢复过程中，通过建立应对机制和采取措施，利用科学、技术、规划与管理等多元化的手段，保障公众的生命、健康和财产安全的一系列有关活动[5]。其中应急管理能力体现了一个地区对突发事件发展各阶段的控制能力的综合体现，是政府执政能力建设的重要内容[6]。应急管理能力的评价包括事前、事中、事后3个阶段的各种能力的体现，如：应急认知能力、监测预警能力、应急保障能力、社会疏导能力等。国内外在应急管理机制建设、案例探索方面有丰富的成果，特别在社区型应急管理方面。如美国城市社区应急管理建设上主要采用减灾型社区的建设方法，提出风险减缓的理念，包括建立社区的合作伙伴关系、社区灾害评估鉴定、确认风险和制定社区减灾计划、减灾型社区的建立4个主要的步骤。同时这个减灾型社区涵盖了居民防灾教育、社区减灾资源配置以及社区应急反应队3个主要内容[7]。另外，发达国家和地区对应急能力评价工作重视较早且较为成熟。美国联邦应急管理署（FEMA）最早设计出应急准备能力评估程序。该评估侧重于从应急管理主体的13项管理职能出发，生成了56个要素、209个属性和1 014个指标，构建了完整的政府、企业、社区、家庭联动的应急能力表现评价系统，FEMA会根据每个紧急事务的类别，将职能分成若干个属性，并对每个属性细分成若干特征[8]，为应急能力评价提供了理论基础和研究框架。日本是自然灾害频发的国家，政府十分重视应急管理能力的建设，也总结了丰富的城市社区应急管理能力建设经验：①培育应急文化。应急文化是指在一定区域内突发事件与应急管理的相互作用下，公民在意识形态和行为规律方面的综合反映，包括歌曲、影视作品、宣传手册、宣传展板等各种形式。提升城市社区应急管理水平需要培育良好的应急文化，在很大程度上影响着应急体系功能的发挥和应急响应效率的实现。②引导社会参与。应急管理水平的提升需要应急管理各主体的积极参与，单依靠政府单方面的力量是很难满足突发事件和自然灾害的现实需求的。所以，具有较强抗御灾害能力的城市社区，是需要市民、防灾市民组织和政府携手共建，要积极引导发挥城市社区辖区内企业在应急管理中的作用 [9]。加拿大的应急管理部门制定了联邦层面的应急表现能力评价与提升标准。如安大略省 2003 年拟定从预防、减灾、应对和恢复四个方面对应急管理能力进行评估。首先，在减灾阶段进行应急反应能力评价，评价项目包括社区备灾水平、预警系统的有效性、社区预期伤亡和损失的反应能力等；其次，在应对阶段评估灾害对安全、卫生、经济、环境、社会、人道主义、法律和政治产生的影响；最后，在恢复阶段进行损害评估，包括公共评估（对公共财产和基础设施的损害）和个体评估（对个人、家庭、农业和私营部门的影响或损害）。发达国家和地区的应急表现能力评价经验为中国的应急能力评价工作提供了有益借鉴。

随着城市化进程的加快，我国城镇人口已经占到总人口的近 60%，大部分的大中型城市的城镇化率已经高达 70%。城市拥有非常集中的人口、经济、建筑、服务机构等，保证城市能够安全稳定发展的城市应急管理能力变得日益重要。一般而言，城市的应急管理一方面包括在灾害发生前的准备和预防工作，也包括事故发生后的应急响应和救援恢复工作。建设良好的应急管理体系有利于城市管理机构在平时的灾害预防和风险预判中有所侧重，具备较高的风险意识，从而更好地保证人民群众的生命财产安全。作为应急管理工作的核心，建设强大的城市应急管理能力迫在眉睫。由于我国的城市应急管理建设起步较晚，各方面不成熟，并且在应急管理的建设方面还没有形成一套完整成熟的体系，从而时常出现"头痛医头，脚痛医脚"的问题 [10]。近年来我国各类事故的发生较以往有所减少，但总量依旧很严峻，造成的事故损失巨大，加强城市应急管理能力建设刻不容缓。我国的城市应急管理建设晚于美国和日本，但我国在经历 SARS 疫情、汶川地震等灾害事件后，应急管理体系建设全面启动，逐步形成了以"一案三制"（"一案"：应急预案；"三制"：应急管理体制、应急管理机制和应急管理法制）为核心的应急管理体系[11]。但中国应急管理实践存在着社会变迁、治理转型、政府架构、政策体系、运行机制 5 个维度的内在结构[12]。虽然我国并未开展大规模的规范化应急管理评估工作，但是相关领域的研究工作早已展开。如陈安等从"预防—准备—响应—恢复"四个过程出发，对全国各省市及自治区应急工作进行系统梳理，并通过德尔菲法设置指标、专家打分法对各区域进行评分并排名，生成 2018 年度全国 31 个省市区应急表现能力排名，对全国各省市自治区进行应急表现能力评价具有重要的现实意义[13]。同时不同学者从不同的角度出发，构建了不同的城市应急管理能力评价体系，如杨青等建立了基于过程管理的城市灾害应急管理综合能力评价体系，该系统包括灾前预警能力评价、灾中应急能力评价和灾后恢复能力评价等 3 个分系统以及 12 个子系统，并用综合评价表对政府部门的应急反应能力进行了实证分析[14]。中国应急管理的发展需要回归结构，顺势而为，推动应急管理的结构演进。同时随着突发公共事件发生的频率越来越高，应急管理的效率也值得关注。大数据正在改变世界，数据收集和分析则是提升应急管理功能的重要手段之一。通过大数据技术和大数据思维两种方式，有助于提高应急管理效率、节省成本和减少损失[15]。借助于"互联网+"、物联网与大数据技术，全面增强城市应急管理能力已经是提高市民安全指数和实现国家治理能力现代化的重要保障。虽然我国应急管理的研究在数量上逐步增加、领域不断拓展、研究方法和视角、多学科交叉等方面都取得长足进展。但仍然存在着理论研究薄弱、学科融合不够、重宏观轻微观、系统规划缺乏、成果转化不力等问题[16]。所以，加强基础理论问题研究、促进学科的融合、注重微观层面如社区层面的应急管理是未来应急管理研究的主要取向。

（二）应急避难场所管理的研究

国外在应急避难场所管理方面做了较多的尝试，形成了一套有机、创新、规范的管理体系，实现"硬件"建设和"软件"管理有机结合，为国内应急避难场所管理提供了很多启示。如美国建立了应急管理的信息网络，加强了政府、媒体、社区、公众的新型应急救灾合作关系。特别是社区民众可以通过应急信息平台可以快速找到距离最近的应急避难场所，实现了应急信息全民共享。同时国外应急避难场所管理注重应急"法制化"和管理"日常化"。如日本的《灾害对策基本法》对灾害预防、灾害对应、灾后重建和灾害管理等方面做出重要的说明，确保了救灾工作得以有条不紊地开展，提高了救灾效率；国外很多国家专门设立了分级和职能明确的应急管理机构，如美国建立了联邦、州、市（县）、地方4个层级的管理和响应的应急管理机构，在共同制订救援计划，协同救灾中发挥了重要的作用。学校、社区、企业的应急演习已成为"日常化"，国外救灾管理将民众的主动性和积极性摆在重要的位置。

近几年，国内在城镇应急避难场所适应能力和运行管理成果方面也较多。吴宗之等以层次分析法为基础，根据城市应急避难所的功能特点，从规划设计、内部硬件设施、外部软件环境3个方面出发，选定18个评价指标，构造了城市应急避难所应急适应能力影响因素的层次结构，建立了综合评价模型[17]。杨国斌等总结了我国应急避难场所管理的现状、内容与问题，从平时准备和灾时运行两个方面提出应急避难场所管理建议[18]；钱洪伟将熵和耗散结构理论介入城镇应急避难场所管理机制研究，提出城镇应急避难场所运营管理机制设计逻辑关系，并进行实证研究，为应急避难场所管理提供了一种新思路[19]；杨桂英提出灾民参与对应急避难场所管理的可行性、必要性和合理性，从灾民分类的视角提高应急避难场所运行效率[20]。2017 年 12 月 1 日，我国正式施行应急避难场所运行管理的基础性国家标准，该标准在充分借鉴国外应急避难场所运行管理的先进经验的基础上，立足我国震后救援及灾区民众安置工作实际，通过对汶川地震等灾害中应急避难场所运行管理工作的调研，吸取了灾区场所运行管理的工作经验做法，以适用于我国场所运行管理及震后民众安置工作需要。综上，这些为应急避难场所的管理提供了很多经验，然而在制度层面上特别是应急避难场所的管理较少。基于此，本章尝试利用制度创新理论，从强制性制度创新和诱致性制度创新两个方面，从技术、体制、文化、法律等角度探讨新时期城市应急避难场所管理框架体系，完善应急避难场所管理模式，提高城市韧性。

第二节　广州城市应急避难场所存在的问题

由于广州近年来并未发生较大的城市灾害，因此就目前的应急避难场所建设而言，总体上看已经基本符合城市应急避难的需求。然而，应急避难场所的建设是否真正达到一个城市规模所需要的标准，需要从多角度和多尺度进行分析[21]，结合人口、经济、社会、土地等因子综合考虑。结合广州市应急避难场所资源空间分布、人口数量和分布、应急避难场所空间适宜性评价、应急避难场所的可达性和疏散路径可以发现，有以下几个问题。

（1）从广州市应急避难场所资源类型上可以发现，广州市应急避难场所的建设的总体格局主要是依托城市公园和广场进行设置。城市公园和广场在应急避难空间上有先天的优势，一般避难空间比较大，能容纳一定的避难人口。但是广州市应急避难场所的资源中还有大量的体育场馆和学校，这些应急避难场所的资源虽然平时的主要功能不是应急避险，但是因为其抗震安全性、设施的完备性和交通可达性比较高等特点，是灾害来临和应急救援时比较适宜的空间选择。比如：2008 年，我国汶川发生地震后，提出了学校作为避难场所的适宜性研究，中小学成为应急避难场所重要的场所选择；2013 年，上海杨浦区对辖区内的学校场地进行改建等，都有提到学校型应急避难场所相关的研究[22]；2018 年，台风"山竹"给广东各地带来不同程度的破坏，在抗灾救援工作中，广东各地市的体育场馆作为应急避难场所，其中南沙体育馆转移群众约 3 000 人，为当地的抢险安置做出了重要贡献；2019 年，武汉市新冠肺炎疫情防控阶段，由于医院病床数量紧张，武汉市将一些学校和体育场馆改建成方舱医院。因此，在大型的自然灾害和公共安全、卫生事件中，学校和体育场馆应该作为重要的应急避难场所，充分发挥和改造其功能，将其纳入城市片区防灾避难空间体系中，具有极大的现实意义。

（2）广州市应急避难场所的空间分布不均衡，各地区的人均应急避难场所面积相差较大。广州市人均有效避难场所资源为 2.52 m²，大于全国规定的人均 1.5 m²，表明广州市应急避难场所资源基本满足其需求，但场所资源的空间分布不均衡，导致难以实现避难服务的全覆盖，存在大量服务盲区。如图 8–1 所示，将广州先有的应急避难场所进行 500 m、1 000 m、3 000 m 的缓冲区发现，不同服务半径下应急避难场所的服务面积存在较大的盲区，500 m 紧急避难服务覆盖率为 34%，服务盲区面积占近 2/3。由于人口和场所资源分布的特点，外围城区如增城区、从化区、南沙区应急避难服务覆盖率的低下；中心区的人口分布集中、场所资源分布相对均匀，避难服务覆盖率较高，尤其是越秀区，可实现紧急避难服务覆盖率 81%，固定避难服务覆盖率 100%。

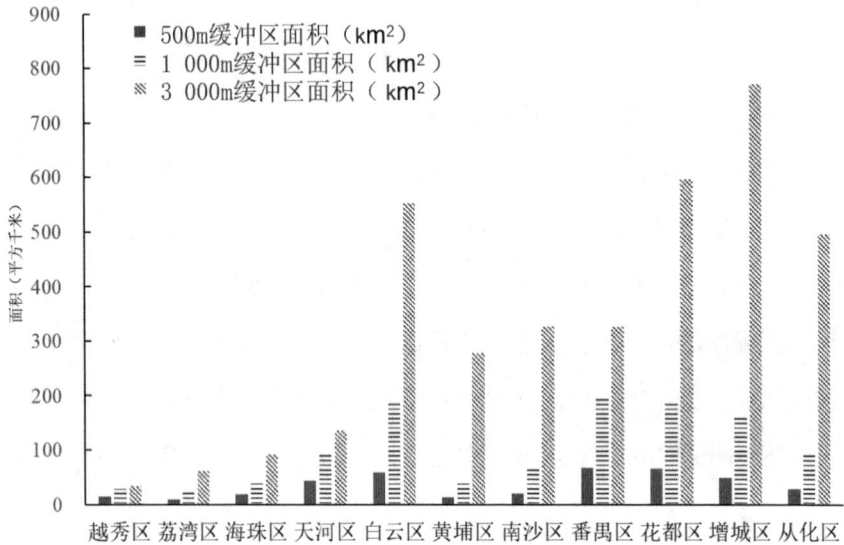

图 8-1 广州市各区的应急避难场所 500 m、1 000 m、3 000 m 缓冲区面积

（3）广州市应急避难场所的建设未形成层次体系，虽然广州于 2008 年年底，按照"市级编制规划纲要，区级编制布点规划，个案编制规划方案"思路，开始探索编制全市地震应急避难场所专项规划纲要。但应急避难场所没有达到全市覆盖的目标，没有切实发挥应急避难场所的效用。目前广州市的避难场所一般分为紧急性避难场所、固定性避难场所、中心避难场所。该划分方法是从灾后救援阶段进行的划分，而且投资建设主体是政府。应急避难场所要立足长远，层次结构不应局限于城市本身，而要充分利用周边资源[23]；不应局限于政府投资，而要吸纳企事业单位、社会组织等。

（4）应急避难场所空间适宜性不高，可达性存在较大差异。通过第四章和第五章对于广州市不同类型和社区尺度的应急避难场所进行了空间适宜性评价和可达性、疏散路径分析，发现了应急避难场所布局不合理的问题。如中心城区（荔湾区、越秀区）有的街道由于中心人口和建筑密集、用地紧张、道路错综复杂，导致可达性较低。广州市中心城区人口密集的城市商圈应急避难场所空间的适宜性存在缺陷，应急避难场所不能满足区域内疏散需求；体育场馆型和公园绿地型应急避难场所的应急避难面积较大，但在内部功能灵活转化的过程中还需要加强，同时需要对车流和人流的疏散与进入流线进行优化。

（5）避难场所建设标准不完善，应急配套设施不达标。虽然我国已经出台了《城市抗震防灾规划标准》《地震应急避难场所场址及配套设施》标准，应急避难场所的建设和城市的实际发展是密切相关的。广州市应急避难场所的建设主要设置在城市公园内部，而没有更为广泛地挖掘其他城市功能用地进行应急避难场所的开发。同时通过实地调研发现，应急避难场所内部的一些配套设施不完善，有的年久失修没有更换，有的缺乏管理，这样导致应急避难场所防灾减灾的作用严重制约。应急配套设施指为进行救援及保障避难人员的生活需求，而设置的相应服务设施。根据避难场所分类标准，分别提出相对应的配套设施建设要求。紧急避难场所应具备最基本的生活保障设施；固定避难场所除基本设施外，应增设改善型的服务设施，有足够的空间搭建临时建筑或帐篷，以及进行应急医疗救助、应急指挥工作；中心避难场所功能最齐全，应具备完善的指挥、救援、医疗、生活等方面的设施。

图 8-2　黄埔体育中心的应急供水设施

图 8-3　应急棚宿设施

表 8-1　广州市地震应急避难场所配套设施设置要求

场所类型	应急功能区及配套设施
紧急避难场所	应急指挥中心（配专线电话、对外广播设备）、应急集结区（不搭建帐篷，仅供群众短时间避难的露天场地）、应急供电设施、应急供水设施、应急厕所、应急标志
固定避难场所	应急指挥中心（配专线电话、对外广播设备）、应急篷宿区、应急供水设施、应急供电设施、应急洗浴设施、应急医疗区（包含应急医疗站）、应急物资供应区、应急消防设施、应急排污设施、应急垃圾储运设施、应急停车场、应急厕所、应急电话亭、应急标志
中心避难场所	应急指挥中心（增配对外无线通信系统、监控系统）、应急服务中心与应急治安维护中心（结合指挥中心设置）、应急篷宿区、应急供水设施、应急供电设施、应急洗浴设施、应急医疗区（包含应急医疗站）、应急物资供应区（包含储存处）、应急消防设施、应急排污设施、应急垃圾储运设施、应急停车场、应急直升机停机坪、大型应急户外显示系统、应急厕所、应急电话亭、娱乐设施区、应急标志

资料来源：广州市地震应急避难场所专项规划纲要。

第三节　制度创新视角下城市应急避难场所管理

制度创新理论的形成和发展开始于 20 世纪 70 年代，是区域经济发展最重要的动因[24]。传统的经济学家认为技术进步和劳动分工是经济增长的原因，忽视了制度因素。20 世纪 80 年代以来，制度创新经济学家开始重视社会制度、文化环境，提出了备受各国政府和企业重视的制度创新理论。其中最具有代表性的是诺思的制度变迁理论，他指出制度创新是制度创新主体为获得潜在收益而进行的制度安排，有效地推动了区域经济发展与区域公共管理[25]。近几年制度创新理论广泛引用于创新产业发展[26]、经济增长[27]和区域发展[28]。在制度创新理论的发展过程中，创新制度环境、实现治理机制多元化和规范治理主体等成为区域管理的重要思路[29][30]。其中著名经济学家林毅夫将制度创新具体划分为强制性制度创新和诱致性制度创新[31]。强制性制度创新的主体是政府，这类制度创新通过政府的强制力在短期内快速完成，可以降低创新的成本，具有强制性、规范性，制度化水平高；而诱致性制度创新的主体是个人、社会团体或者组织、基层地方政府，在响应获利机会时自发倡导、组织和实行，其特点是利益性、自发性、渐进性。但这两种制度创新各自存在不足，强制性制度创新过分强调政府的主导型，忽视了公众参与，诱致性制度创新具有自身的自发性和不规范性，制度化水平不高。但诱致性制度创新是强制性制度创新的基础和前提，强制性制度创新是诱致性制度创新的完善和保证，所以在区域发展和区域公共管理的过程中，应该把强制性与诱致性的制度创新结合起来，形成自上而下与自下而上相统一，通过这种渐进性制度创新制订相应的区域管理政策促进协调区域发展。应急避难场所作为城市公共基础设施之一，其管理也是城市公共管理的重要组成部分，制度创新将在一定程度上为应急避难场所管理提供新思路。

（一）体制路径创新——应急避难场所管理的中心

我国应急避难场所管理体制存在"重应急，轻预防"的问题，针对应急避难场所事务的复杂性，我国已形成以"一案三制"（即应急预案和应急体制、机制与法制）为基础的多层次、多部门、多灾种的应急管理体系，可以整合各部门资源，参考国外经验建立多部门、分级管理的应急响应体系，如"四委员会（防灾减灾委员会、安全生产委员会、食品安全委员会、社会管理综合治理委员会），一应急办"的应急管理网络结构[32]。应急避难场所体制创新还需要结合自身在不同的阶段的功能适时地、有重点地进行转变和调整，形成弹性和灵活的体制框架。根据对灾害危机事件的应对，应急避难场所大致具备预防、准备、救援、善后四大功能（如图8-4所示），预防功能需要应急避难场所要做好风险防范机制和区域脆弱性评价，做好重要基础设施的保护；准备功能主要指应急避难场所要做好资源整备，有日常化的培训演练机制，有较为完善的预警机制；救援是应急避难场所最重要的功能和核心，需要有条不紊的运营组织管理机制和人力资源（救助、医疗、卫生人员、志愿者）管理机制，这些都需要在地方政府主管部门的主导下加强与完善应急反应所需的各项机制；善后功能则主要包括应急避难场所心理救援机制和风险管理反思机制，如成立心理疏导小组和心理健康教育培训等，关注弱势群体的灾后生活，灾后管理反思机制则客观评价应急管理制度的绩效，实施官员问责和风险问责，促进后期应急管理的良性循环。

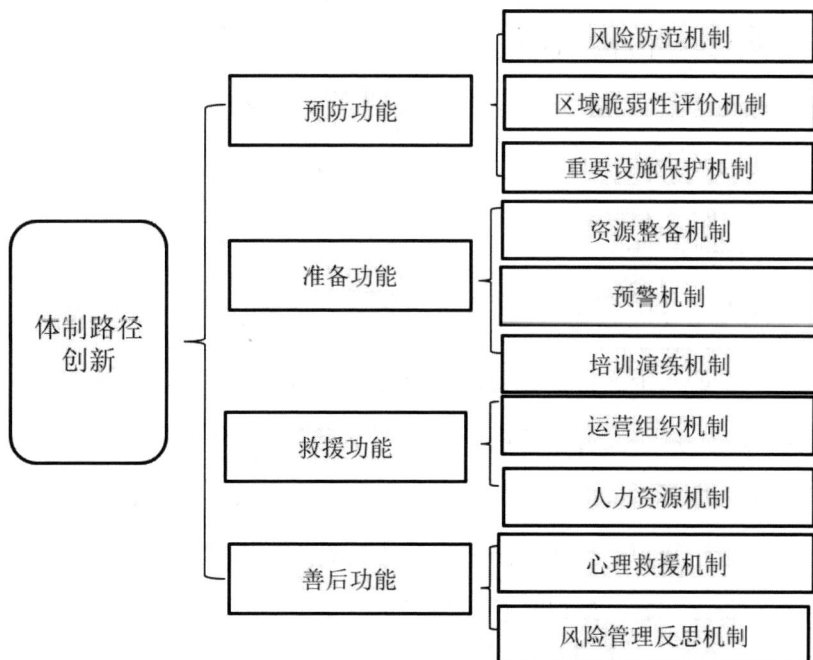

图8-4 应急避难场所体制路径创新

（二）法律路径创新——应急避难场所管理的保障

20世纪80年代以来，我国相继出台了一系列防灾减灾的法律法规，《中华人民共和国城市规划法》《关于推进地震应急避难场所建设的意见》等对应急避难场所的规划和建设工作提出了要求[33]。但在应急避难场所管理方面，较少有法律或者法规约束，导致现有的一些应急避难场所配套设备的不完善和功能利用不合理。我国应急避难场所主要依托学校、公园绿地、体育场所等资源，但因为这些资源在平时和灾时的功能不一样，导致应急避难场所平时和灾时管理内容模糊，管理责任人不明确，维护经费来源未知，使应急避难场所后期维护和管理遇到了较大的阻碍。所以在法律途径创新方面，首先建议实行"以政府牵头，以社区或街道为单位"明确应急避难场所的维护和管理义务；其次根据"谁投资谁管理维护"的原则，明确管理责任人；最后要明确应急避难场所维护资金来源，将这部分经费纳入地方财政预算。通过"义务划分、责任归属、资金预算"3个层面进行创新，同时后期也需要各自的法规、规章、规范性文件，为应急避难场所应急管理提供法制保障。

（三）技术路径创新——应急避难场所管理的手段

应急避难场所是为了人们在灾害发生时能在最快的时间内找到避难的安全场所，可是在现实的调研过程中发现人们并不知道自己身边是否有应急避难场所，或应急避难场所标志不清晰，或不知道应急避难场所的最佳疏散路径等，这些都凸显出应急避难场所管理在技术路径创新方面还存在很多问题。所以在技术途径创新方面，首先应该建立应急避难场所信息数据库并实现信息共享，将各类应急避难场所的类型、规模、分布、功能和状态，进行信息公开并动态更新，实现应急避难场所的网络化管理，让居民清楚知道周边应急避难场所的信息[5]；其次，采取地理信息空间技术分析，做好应急避难场所功能分区和疏散路径设计；最后加强应急避难场所标志系统的设计，提高应急避险标志推广应用。

（四）文化路径创新——应急避难场所管理的内核

国外非常重视应急管理文化建设，注重安全减灾文化素养和应急管理知识教育[34]。我国在应急管理文化方面存在应急教育和应急意识缺乏、主动性较差，这些都不利于应急避难场所管理。所以在文化途径创新方面，建议把应急管理培训纳入政府机关教育培训体系，组织举办不同层级的应急管理专题培训班，采取多种形式进行应急宣教，推动应急知识进企业、进学校、进社区、进农村、进家庭；有规律地在应急避难场所举办应急知识的宣传普及活动，建立创新应急管理宣教模式，加强应急避难场所的信息公开宣传报道，提高公众应急避难意识；同时要积极发挥社会应急志愿者的作用，通过对志愿者组织的培训、演练，使之熟悉防灾、避难、救灾程序；最后可以尝试建立示范性的应急避难场所，发挥示范带动作用，将文化建设贯穿到整个应急管理工作中。

最后基于制度创新的视角，从管理路径、法律路径、技术路径和文化路径4个角度总结和探讨城市应急避难场所管理框架，如表8-2所示[35]。

表 8-2　制度创新视角下城市应急避难场所管理框架

	层面	路径	地位	内容
制度创新视角下城市应急避难场所管理框架	强制性制度创新	体制路径	中心	预防功能机制
				准备功能机制
				救援功能机制
				善后功能机制
		法律路径	保障	管理义务划分
				明确责任归属
				明细资金预算
	诱致性制度创新	技术路径	手段	建立数据库并进行信息共享
				疏散路径设计和功能分区
				加强应急避难场所标识系统的设计
		文化路径	内核	强化应急管理培训
				构建创新应急管理宣教模式
				建设社会应急志愿者队伍
				建立示范性的应急避难场所

第四节　广州市应急避难场所管理和优化对策

一、应急避难场所的建设原则和理念

目前城市避难场所的适宜性评价大多基于各个城市避难场所的规划设计要求、方法和原则的考虑上进行评价，并建立应急避难场所空间适宜性评价指标体系。如《广东省应急避护场所建设规划纲要（2013—2020）》《广州市地震应急避难场所（室外）专项规划纲要（2010—2020）》等，总结城市应急避难场所应该遵循的原则，包括平灾结合和灵活转换原则、统筹规划和分级管理原则、可达性原则、就近布局原则、以人为本原则等五大原则（如图 8-5 所示）。

图 8-5　城市应急避难场所布局原则

　　除开以上的主要布局原则，城市应急避难场所还需要注意以下主要原则。

　　（1）安全第一。城市避难场所应当是受灾害威胁程度低，能够保证避难安全的场所，在规划其等级、规模和内部结构时，必须采取有效措施，提升避难场所和政违道的安全性，使其具有其较高的防灾减灾能力。

　　（2）综合防灾。地震、滑坡等地质灾害以及水灾、海啸、严重工业技术灾害等发生后，都有可能组织居民避难，城市规划部门应当综合制订包括地震避难场所在内的适用于各种灾害的避难所和避难疏散道路，并制订不同灾害的避难规划，充分发挥避难所和避难疏散道路在抵御各种灾害中的避难疏散作用。

　　（3）步行为主。居民到疏散场所避难一般以步行为主，因为发生严重的灾害后，避难所的用地比较紧张，中小型避难所内一般不设停车场。而且灾害发生后，城市道路可能会受到不同程度的破坏，避难道路线甚至城市道路一般都很拥堵，乘坐私人汽车到避难所避难会消耗更多的时间，冒更大的风险。所以要特别注意对应急疏散通道的规划和设计。

（4）利于救援、避难场所必须设置救灾物资装卸、堆放与发放的空间，医务人员和警卫人员的工作与生活场所以及各类道路，防火隔离带与配套设施的用地，在规划避难用地时，应当为救灾指挥机构、重伤员急救中心等重要部门以及支持灾区的部队、抢险救灾人员、医疗队等留出空地，在紧急避难所，还应当留有重伤员休息、医治以及遇难者的空间场所。

二、应急避难场所的规划策略

应急避难场所的规划和设计直接影响到功能的发挥。为了保证应急避难场所的适宜性、安全性、可达性等要求，避难场所的规划要充分考虑区位选择是否合理，层次构成是否全面，要注重"平灾结合"和一场多用等规划原则。

（1）在区位选择方面要综合考虑地形地质、风向水流、服务范围、道路交通、外围建设环境。同时应与城市总体规划及绿地系统、公共设施、道路交通等专项规划协调，结合人口和公共开敞空间的分布统一规划，确保各类避难场所及应急设施能真正落实到空间层面，形成完善的避难场所系统。服务范围和道路交通对应急避难场所的空间适宜性和可达性、疏散路径的影响最大。其中，服务范围指应急避难场所能提供避难的辐射地域范围，它与该地区的面积、应急避难场所有效面积和当地人口的密度相关。道路交通则承担居民点与应急避难场所的联系纽带，居民的出入、救灾物资的运送都依靠交通，一旦发生紧急情况灾民能够迅速到达避难场所。基于此，在对应急避难场所的区位进行选择时，需要结合人口分布，按照一定的服务半径就近安排，在考虑土地利用功能和效益最大限度发挥的前提下，应尽量靠近居住区、学校、商业集聚区、大型公建区等人口密度较高和人群聚集的地区,以保证居民在地震等突发事件发生时,能够在最短时间内迅速地疏散到达。最后,外围建设环境是指与应急避难场所毗邻地块的建设情况,应保持足够的安全距离,避免建筑物倒塌对避难场所的破坏,而且要避免在容易发生爆炸和污染的高危地区选择建设避难场所,避免二次危险。所以,应急避难场所选择地势较为平坦空旷且地势略高、易于排水、适宜搭建帐篷的地形,避开地震断裂带及可能发生地质灾害的地段,在高大建(构)筑物、有毒气体储放地、易燃易爆物或核放射物储放地、高压输变电线路的影响范围之外。

（2）要充分考虑应急避难场所的层次性。根据我国的实际情况,结合区位选择的要求,应急避难场所应该由临时性、居住性、急救性、异地安置及支援性等五个层次构成。这5个层次可以根据各地区的灾难分布、风险类型等实际情况灵活设置,按照危害级别和影响范围确定由低到高的标准,基本能够满足应急避难的不同需要。其中居住性避难场所是以大型开放空间广场、大型体育场馆及会展中心为物质载体,提供独立的应急指挥中心、医疗救护、物资储备、饮食饮水配给、基本维生设施等。这是避难场所的核心和重点,对于应急避难起到关键作用。所以,这就要求在进行应急避难场所的实际建设中,需要设置相应不同级别的应急避难场所。我国城市政府的具体组成是分为三级行政组织:市政府、区政府、街道。目前广州市地震应急避难场所分为紧急避难场所（社区级）、固定避难场所（区级）和中心避难场所（市级）三类。其中,固定避难场所与中心避难场所同属中长期避难场所,既有短期避难功能,又有中长期避难生活的支撑能力。从具体应急避难场所的设置层级来看,市级避难场所主要是服务于整个城市范围的较大应急避难需要,区级避难场所服务于城市各行政分区,而街道层面主要建立社区级应急避难场所,服务一个或若干居委会即可。

应急避难场所主要为规划区内的居民服务，因此人口密度是影响选址的重要因素，但往往城市中人口密度大的区域即为各城市的中心区，相应的建筑密度及开发强度也较高。当城市达到一定的人口规模，要在重大自然灾害和公共事件发生后，想取得极强的灾害应对效果，需要积极发挥各个层级的应急避难场所的功能。这样一方面使得应急避难场所管辖边界得以清晰确定，同时促进了各个层级的应急避难场所进行沟通、合作、共享，提高了区域防灾减灾的综合水平。

（3）"平灾结合"和一场多用的模式。一般来讲，地震对避难场所各方面的要求最高，满足地震避难要求的场所，其他突发事件（水灾除外）大多能够满足。因此，避难场所规划应坚持多灾种综合利用，即不仅用于地震应急避难，同时也是其他灾害和突发事件的避难场所，实现一场多用。城市应急避难场所在用地属性上不具有独立用地性质，一般要结合城市道路广场、停车场、体育场、公共用地、地下空间等进行布置 [36]，与城市公共开敞空间具有兼容性。应急避难场所的建设应融入居民的日常生活中，将应急避难功能与日常功能相结合进行规划建设，平时履行作为休闲、娱乐、教育及健身场所的基本功能，发生地震等突发事件时，可进行相应的应急功能转换，启动避难和救援功能。所以，应急避难场所规划要充分利用本地区已有的基础性公共设施如医院、防疫中心、体育场馆、会展中心、学校、公园等，这些公共设施在受灾时经过简单改造变成应急避难场所，达到"平灾结合"的目的。这样不仅能提高城市空间的利用率和社会经济效益，而且便于应急避难场所的日常管理维护。

图 8-6　黄埔体育中心内部的休闲功能区

图 8-7　黄埔体育中心的居民小区

（4）改建与新建相结合。规划的应急避难场所应主要以现有的城市公园、绿地广场、体育设施、各类院校的露天操场为主，通过对现有资源的改建利用，提高它们的避难能力。不仅可以与现状较好地结合，提高空间的利用率，而且避免了很多地区的拆迁、搬迁，减少了相应的投资。对于规划区内不能满足使用需求的，则需要再另外新建避难场所，新建区在选址上应与城市总体规划，城市园林绿地系统规划等相结合，建设具有避难功能的公园、广场等。如城市绿地，广场是城市开敞空间的主要组成部分。应急避难场所的规划建设与城市总体规划及绿地系统规划相结合，可以提高土地的使用效率。城市绿地与避难场所具有功能上的互通性、时间上的互补性，尽量结合绿地系统，对符合要求的公园绿地等一定要加以利用改造，达到城市绿地与避难场所的"平灾"双重要求。其实这种原则也与"平灾结合"和一场多用的模式相呼应。

三、应急避难场所的建设策略

应急避难场所的建设策略主要包括应急避难场所的道路交通系统组织、配套设施等方面的内容。

（1）完善应急避难场所内部和外部的道路系统，加强出入口设置。城市灾害发生后，最大的问题是道路交通通常会受到不同程度的破坏，或者是大型的事故导致人流集聚难以扩散与分流，使得灾害区人群难以有效疏散，造成次生灾害和二次风险的出现。在灾难发生时，应急避难场所的道路系统根据用途不同可以划分为避难道路、救援道路、物资运送道路。避难道路应该从事故发生地点到达安全避难场所，主要是以人行通道为主，要充分发挥城市支路体系"微血管"的作用；救援道路是救援车辆的专用道路，是应急避难场所与外界沟通的主要线路，所以避难场所必须要有一条以上的城市干道联通，同时也要有若干支路体系可以贯通；物资运送需要专门的车道，这样使得三者流线清晰、分工明确、互不干扰，应急效率得以提升。另外清晰、合理的应急避难场所的出入口设置，能减少次生灾害的发生。避难场所要设置多个出入口，使市民避难活动、开展救援活动、物资运送活动分开进行；也要注意人车分流，避免人车混杂，保证交通顺畅。

图 8-8　黄埔体育中心的一个出入口

（2）加强应急避难场所的配套设施的设置和管理。应急配套设施指为进行救援及保障避难人员的生活需求，而设置的相应服务设施。基于广州市应急避难场所配套设施存在的问题，重点从生命线系统、仓储系统和指示系统 3 个方面来介绍。应急避难场所的生命线系统主要指水、电、燃气等保障基本生存的供给系统。在避难场所内，必须采取相关有效措施，提高水、电、燃气等相关设备及配送管道的抗灾性能，避免灾难发生时对生命线系统造成破坏。同时需要对这些生命线系统进行应急保障措施和日常检查维修。灾难发生后，避难场所的许多物资不能及时得到补给，将会给应急工作带来巨大影响。因此在建设避难场所时，应设有应急物资仓库或仓储室，特别要设置一些重要物品（火灾、水灾、医疗等）的保管室。

同时也要对应急物资的采购、配备、保管、保养和维护、调拨和使用进行管理制度的明确，确保在灾害和事故发生时，有足够的物资满足救灾的需求。防灾避难场所应急标志在防灾避难场所中属于基础设施部分，在场所的建设中必不可少，一个完善的标志系统在疏散和安置灾民、减少伤亡等方面发挥着重要作用。应急避难场所的指示标志包括主标志、平面图板、指示标志、设施标志4种主要类型。应急避难场所标志应向避难人员提供正确、准确的信息，使其通过标志的引导，顺利、快捷、有序地抵达各个设施功能区，应做到指示、设施信息清晰、明确。

图 8-9　黄埔体育中心内部的指示标志

图 8-10　黄埔体育中心应急指示标志

四、应急避难场所的实施保障

应急避难场所除了要遵循一定的规划和建设原则以外，还需要相关政策和制度来实施，保障应急避难场所的正常运行。制度创新视角下为应急避难场所提供了实施和管理的框架，从法律法规、技术保障、文化教育、资金支持等方面分别提出了相关建议。

（1）首先出台一系列法律规范，要将应急避难场所专项规划作为城乡规划中的重要内容。这就要求政府在制定政策上要对应急避难场所有所倾斜，从战略高度保障应急避难场所规划建设的顺利实施。全面推进综合防灾法律法规体系建设，进一步制定、修订有关减轻自然灾害和灾害救助等方面的法律法规。各地区应依据有关法律、行政法规结合实际制定或修订减灾工作的地方性法规和地方政府规章，全面规范减灾工作，提高依法减灾的水平，加强综合防灾发展战略和公共政策的研究与制定。需要从国家层面和地方层面双管齐下，积极推动和落实《综合防灾对策基本法》和《城市综合防灾规划标准》以及涉及灾害救助、应急行动、灾后恢复重建、灾后保险，灾害财政补贴等方面的法律法规。制订综合防灾规划和各类灾害防治的规划与管理条例、实施细则，并出台相关政策，建立实施保障机制。如我国首个应急避难场所运行管理标准：《地震应急避难场所运行管理指南》（GB/T 33744—2017）在 2017 年 12 月正式实施后，我国许多中心城市也先后对应急避难场所做出了相应的远景规划，广州作为珠三角的核心城市，后期需要建立覆盖全市域的避难场所体系和法律保障体系。

（2）注重科技在综合防灾减灾中的重要作用。建立相应的应急避难场所数据库和灾情平台，充分发挥大数据在应急救援过程中的作用。随着互联网、人工智能、社交媒体的技术发展和应用普及，大数据在应急管理中发挥的作用将越来越重要，是应急管理未来发展的重要方向之一。依托体量大、多样化、动态性、精细化的数据特点，大数据分析在应急避难和管理中有巨大的应用前景。后期需要构建立体监测体系和应急救助响应机制，加强灾害风险信息管理能力的建设。广州市可以建立应急避难场所的"云数据"和共享平台，充分利用各类传播渠道，通过多途径、长序列将灾害预警和灾害救援等信息发送到户、到人，扩大社会公众覆盖面，这样不仅提升了公众的防灾意识，也提高了救援抢险的效率。

（3）资金保障方面，加大减灾投入力度，加强灾害保险工作等。将综合防灾事业纳入地方国民经济和社会发展规划，保障综合防灾事业公益性基础地位，地方各级政府的减灾投入要与国民经济和社会发展相协调，建立以财政投入为主体，社会捐赠和灾害保险相结合的多渠道投入机制，各级政府要根据减灾工作需要和财力可能，加大对综合防灾事业的投入力度，并按照政府间事权划分纳入各级财政预算；适当提高灾害救助标准，完善救灾补助项目：广泛动员社会力量，加强社会捐助工作，多渠道筹集减灾资金。

（4）加强减灾宣传教育，提高公众的减灾素质，充分发挥全社会的自觉性和主动性，形成自上而下和自下而上相结合的应急管理体制。将防灾教育、社会参与和区域合作等方面作为应急避难场所管理中重要的实施内容。国外很重视灾害文化的宣传，会定期举行防灾知识讲座、防灾演习等活动，加强居民应急避难能力。所以，在完善应急避难场所的硬件设施的同时，应加强防灾减灾教育的宣传，提高公民防灾意识。开展专门的综合防灾教育，加大专业人才的培养力度，如建立一批专业救援队伍和社区救援志愿者队伍。做好城市公众的安全文化宣传教育，传授灾害的知识，最大限度地提高城市公众防灾的自觉行为。提高应对、处理灾害问题的实际技能，定期进行防灾演练，提高公众的自救与互救能力，让民众明确避难场所的地址、应急避难程序和应急避难需要注意的问题。在灾害和事故中学会自救和逃生绝对不是小事，未雨绸缪的应急救援演习和训练在灾害来临中意义重大。在汶川地震中，凭借着平时的防灾减灾训练，桑枣中学的 2 300 余名老师和学生都安全疏散到操场上，师生无一伤亡。另外也要推动加强跨区域应急联动机制，提高区域抗灾的协同能力。

本章小结

针对广州市应急避难场所目前存在的问题，结合应急管理和应急避难场所管理的研究理论，总结了广州市应急避难场所在资源利用、空间差异、适宜性、可达性、层次系统、建设与设施等存在的问题，引入经济学中的制度创新理论，从强制性制度创新和诱致性制度创新两个层面，从机制路径、法律路径、技术路径、文化路径四大方面建立应急避难场所管理框架。其中，机制路径和法律路径属于强制性制度创新，需要政府主导；技术路径和文化路径则属于诱致性制度创新，需要社会组织或团体、公众的参与，实现了强制性制度创新和诱致性制度创新互补结合，为应急避难场所的管理提供了一种新的思路。制度创新理论尽管为应急避难场所管理提供了一种新的思路，但应急避难场所的管理是一个社会系统工程，参与的主体众多，涉及的内容繁多，该框架很难完整地囊括所有内容。最后，根据广州市城市发展特点和未来广州市城市规划的思路，提出了广州市应急避难场所建设的原则、规划策略、建设策略和实施保障。未来，城市应急避难场所管理可以结合实际情况，紧抓管理重点内容，实时转变管理思维，提高运行效率，优化防灾功能，让应急避难场所为城市在应对灾害或者突发事件时提供一个安全有保证的"避风港"。

参考文献

［1］赵来军，王珂，汪建．城市应急避难场所规划建设理论与方法［M］．北京：科学出版社，2014．

［2］魏东，唐楠，徐姗．基于均衡原则的城市应急避难场所布局合理性评价：以西安市中心城区为例［J］．现代城市研究，2015（5）：43-50．

［3］Anhorn J，Khazai B．Open space suitability analysis for emergency shelter after an earthquake［J］．Natural Hazards and Earth System Science，2015，15（4）：789-803．

[4] 陈志芬，李强，王瑜，等．基于有界数据包络分析（DEA）模型的应急避难场所效率评价［J］．中国安全科学学报，2009，19（11）：152–158．

[5] 刘晓云．基于智慧城市视角的智慧应急管理系统研究［J］．中国科技论坛，2013（12）：123–128．

[6] 曹惠民，黄炜能．地方政府应急管理能力评估指标体系探讨［J］．广州大学学报（社会科学版），2015，14（12）：60–66．

[7] 沙勇忠，刘海娟．美国减灾型社区建设及对我国应急管理的启示［J］．兰州大学学报（社会科学版），2010，38（2）：72–79．

[8] Federal Emergency Management Agency．State capability assessment for readiness，a report to united states senate committee on appropriations［EB/OL］．（1997–12–10）［2009–02–12］．http://www.va.gov/emshg/apps/kml/docs/Ca–pabilityAssessmentforReadiness.pdf．

[9] 陈秋玲，赵来军，何丰，等．构建上海城市运行安全体系总体思路研究［J］．科学发展，2011（3）：91–103．

[10] 杨文光，尚华，罗琮．改进 TOPSIS 方法下的全国城市应急管理能力评估研究［J］．数学的实践与认识，2020，50（14）：21–28．

[11] 钟开斌．回顾与前瞻：中国应急管理体系建设［J］．政治学研究，2009（1）：78–88．

[12] 张海波，童星．中国应急管理结构变化及其理论概化［J］．中国社会科学，2015（3）：58–84，206．

[13] 陈安，冯佳昊．2018 年中国 31 个省市区应急表现能力评价［J］．科技导报，2019，37（16）：30–37．

[14] 杨青，田依林，宋英华．基于过程管理的城市灾害应急管理综合能

力评价体系研究［J］．中国行政管理，2007（3）：103-106.

［15］马奔，毛庆铎．大数据在应急管理中的应用［J］．中国行政管理，2015（3）：136-141，151.

［16］李尧远，曹蓉．我国应急管理研究十年（2004-2013）：成绩、问题与未来取向［J］．中国行政管理，2015（1）：83-87.

［17］吴宗之，黄典剑，蔡嗣经，等．基于模糊集值理论的城市应急避难所应急适应能力评价方法研究［J］．安全与环境学报，2005（6）：100-103.

［18］杨国宾，董赟．应急避难场所的运行管理［J］．城市与减灾，2017（2）：27-31.

［19］钱洪伟．城镇应急避难场所运营管理机制设计探讨［J］．灾害学，2014，29（4）：143-149.

［20］杨桂英．应急避难场所灾时运营中的灾民分类管理探讨［J］．灾害学，2017，32（3）：176-182.

［21］朱鸿伟，李珠，刘锦．广州城市应急避难场所规划建设与管理研究［J］．广州城市职业学院学报，2013，7（3）：23-27.

［22］李异，杨洋．校园作为防灾避难场所的功能适宜性研究［J］．城市建筑，2009（3）：29-22.

［23］王郅强，王志成．我国应急避难场所现存问题与发展策略［J］．东岳论丛，2011，32（8）：65-69.

［24］文魁，徐则荣．制度创新理论的生成与发展［J］．当代经济研究，2013（7）：52-56.

［25］道格拉斯·C，诺斯．经济史中的结构与变迁［M］．上海：上海人民出版社，1994：225-226.

［26］解学芳，盖小飞．技术创新、制度创新协同与文化产业发展：综述与研判［J］．科技管理研究，2017，37（4）：6-11．

［27］何雄浪，姜泽林．制度创新与经济增长：一个理论分析框架及实证检验［J］．工业技术经济，2016，35（5）：130-136．

［28］刘永强，苏昌贵，龙花楼，等．城乡一体化发展背景下中国农村土地管理制度创新研究［J］．经济地理，2013，33（10）：138-144．

［29］陈瑞莲．论区域公共管理的制度创新［J］．中山大学学报（社会科学版），2005（5）：61-67，126．

［30］张紧跟．区域公共管理制度创新分析：以珠江三角洲为例［J］．政治学研究，2010（3）：63-75．

［31］崔功豪，魏清泉，刘科伟．区域分析与区域规划［M］．北京：高等教育出版社，2006．

［32］童星，陶鹏．论我国应急管理机制的创新：基于源头治理、动态管理、应急处置相结合的理念［J］．江海学刊，2013（2）：111-117．

［33］罗桂纯．从法律法规看应急避难场所建设［J］．城市与减灾，2014（1）：32-34．

［34］吴燕霞．中美应急管理文化比较及启示［J］．福建江夏学院学报，2012，2（5）：68-73．

［35］唐波．制度创新视角下城市应急避难场所管理探讨［J］．城市管理与科技，2018，20（1）：49-51．

［36］魏博，刘敏，张浩，等．城市应急避难场所规划布局初探［J］．西北大学学报（自然科学版），2010，40（6）：1069-1074．

第九章　结论与展望

城市灾害与城市发展相伴而生，城市风险管理和应急防控成为建设安全城市和健康城市的重要内容。应急避难场所是提高城市韧性的重要一环，其资源选择、空间选址、空间特点、建设管理关乎一个社区、城市、区域乃至国家的可持续发展。在中国城市化、工业化、国际化和信息化不断加快的背景下，城市防灾应急的能力和管理愈加重要。

第一节　主要结论

广州作为我国特大型城市的典型案例，深受自然灾害（台风、洪涝、地震等）和城市公共安全卫生事件（如 SARS 病毒、新冠肺炎疫情等）等多方面的综合影响，城市风险调控与管理备受关注和挑战。本书探讨城市灾害和城市应急避难场所的发展综述、广州市主要自然灾害类型和城市脆弱性的空间格局、广州应急避难场所资源分布特点、基于社区尺度的应急避难场所空间可达性分析、不同类型应急避难场所空间适宜性评价和应急疏散分析、广州应急避难场所问题和发展策略。主要结论如下。

（1）关于城市灾害和城市应急避难场所研究的梳理。在城市灾害研究方面，国内外在概念内涵、理论研究、方法实践、案例应用等领域都进行了深入的探讨。尽管如此，关于城市灾害形成机理和城市综合风险评价的文献较少，同时在城市灾害研究方法上，还应该重视多学科、跨领域、信息化的结合，利用多学科理论从不同的角度和思路来突破城市灾害现有的研究范畴，充实城市灾害的内涵。

（2）在应急避难场所研究方面，作为城市防灾和公共安全建设的一项重要内容，它已经成为灾害学、地理学和城市规划等学科的研究重点内容之一。从文献整理中发现，国外应急避难场所经历了一个较为漫长的阶段，有着比较强的灾害文化和应急防范意识。研究视角从单一问题和事件向综合系统演变，研究内容方面注重多学科交叉和微观尺度、重视案例实证和信息共享和强调应急避难场所管理，研究方法从定性的方法模型探讨转向动力机制、信息系统、智能开发，学科方向主要为工程学和公共环境与健康两个学科，学科比较多样化且联系密切。国内应急避难研究起步较晚，经历了萌芽探索期（2003—2007 年）和快速发展期（2008 年—至今）两个重要阶段，研究内容侧重在应急避难场所的选址、可达性、空间布局、环境评价和编制标准，研究尺度多集中在市域和县域，宏观尺度和微观尺度关注度不够。研究方法多基于单学科如地理学、灾害学、管理学、城市规划学等，在多学科交叉研究上存在不足，在计量模型中对灾害的不确定性因素（如受灾人群的避灾行为和人群流动）、解算效率（精简评价体系）、多灾种、综合的避难场所规划考虑还不全面。

（3）总结了广州台风灾害、暴雨洪涝灾害、地震灾害和地质灾害的危害、时间特点、空间变化和对城市发展的影响，对今后广州市自然灾害风险区划和管理提供了相关数据和理论基础，同时有利于优化广州市应急避难场所的布局和功能，提高广州市防灾减灾和应急管理的能力。同时基于韧性城市理念，通过综合测度计量模型，从人口脆弱性、经济脆弱性、社会环境脆弱性和生态环境脆弱性建立城市综合脆弱性评价指标体系，对广州市城市脆弱性进行时空格局演变分析，发现：经济密度、人口密度、人均GDP、第三产业比重、固定资产投资成为广州城市脆弱性贡献率高的影响因子，这些因子为今后广州城市脆弱性的管理和调控提供了重要的方向。2005—2014年，广州城市脆弱性存在较大的时空演变，特别是内部组团和外部组团差异较大。中心组团城市的人口脆弱性明显高于外围组团城市，老三区的人口脆弱性最高；经济脆弱性体现出中心组团和外围组团交错的格局；外围组团的社会脆弱性整体高于中心组团；生态环境脆弱性整体缓慢下降，但外围组团稍高于中心组团；最后，广州市城市综合脆弱性有明显的圈层结构，内圈层为高脆弱度，中圈层为低脆弱度，外圈层为中脆弱度。

（4）应急避难场所的资源选择和分布是应急避难场所研究的前提与基础。公园绿地类型是广州市面积最大的应急避难场所资源，学校型成为广州市最重要的紧急型和固定性应急避难场所，体育场馆型应急避难场所资源相对不足，是后期广州市应急避难场所规划和开发的方向。公园绿地、学校、体育场馆的应急避难场所资源在空间上存在较大差异，从覆盖面积比例中体现出中心城区明显高于外围城区的格局。公园绿地在中心城区重叠过高，导致难以服务全市，学校型3 000 m缓冲区覆盖面积占全市50%，体育场馆型在缓冲区面积重叠率方面也较低，3 000 m缓冲区重叠率仅为34.1%。广州市应急避难场所资源交通区位相对较好，70%应急避场所资源都是分布在主要道路500 m缓冲区内，95%以上都在1 500 m缓冲区范围内。在核密度分析方面，越秀区、荔湾区、海珠区等中心城区的应急避难场所较为密集，番禺区与花都区的应急避难场所主要分布在中南部，白云区则以西南部分布较为集中。其余各区的应急避难场所数量少，分布较为稀疏。除从化区以外，其他区域为相关性不显著。从化区为低高集聚（L-H），即说明从化区的人均有效应急避难场所面积小于周围区域。也体现了城市外围地区应急避难场所资源配置不足的问题。人口分布、可达性、土地利用和经济发展程度4个方面影响着广州市应急避难场所空间格局，也是广州市应急避难场所资源选址需要解决的问题。从空间分区和功能合理化等角度，提出了改造完善区、补充提升区、配套建设区、集中配置区4种规划策略分区。

（5）社区是城市运行的基本单元。安全的社区构成了安全的城市，社区涉及城市民生和安全稳定，是党和政府服务居民群众的"最后一公里"。选取广州市的中心城区越秀区和荔湾区、广州市外围地区番禺区为例，以街道为尺度，采用两步移动搜寻法和OD矩阵探索广州市不同地区应急避难场所的可达性差异。①越秀区应急避难场所资源与数量较多，以公园绿地型为主，同时人均应急避难场所面积基本能满足居民的避难需求，但各街道之间供给比例差异显著；应急避难场所可达性整体不高，呈现出较大的南北差异，北部的登峰街道和洪桥街道可达性较好，而北部街道和社区可达性较差；1 500 m是越秀区应急避难场所的最佳服务半径，该服务半径下可达性最好，可达性好的服务面积比例最高。②荔湾区应急避难场所主要呈带状分布，集中分布于北部和南部，总体上围绕道路分布，以公园和广场为主，占总有效避难面积的55%。荔湾区的人均应急避难场所和人口密度匹配度不够，空间分布公平性较差，这一定程度上影响了应急避难场所的空间可达性和疏散路径的优化。荔湾区应急避难场所可达性水平较低，其中海龙街道的应急避难场所可达性水平最高，站前街道的应急避难场所可达性水平最低，南部街道比北部街道可达性水平要高，当搜索阈值 d_0=500 m 的服务半径下可达性 $A_i \geq 12$ 的服务面积达到最大。③番禺区应急避难场所资源人均有效面积为 3.72 m²/人，高于人均 1.5 m²/人的最低要求，类型以公园绿地类型为主。南部与西北数量较多，东西部较为疏散，空间分布上不均衡。应急避难场所 500 m 的服务面积缓冲区分可知，各街镇之间的应急避难场所服务面积差距明显，总体中心覆盖率高于外围，北高南低，呈现中心向外围扩散的特征。番禺区北部、西南部街道应急避难场所资源的供需比方面较好，但各街道供需比差异显著，小谷围街道和沙湾镇的供需比方面较高。番禺区应急避难场所可达性呈现出北部、西南部可达性较好的空间特征。搜寻阈值为 1 500 m 时，番禺区的应急避难场所整体的可达性较高。中心城区的人口和建筑密集、用地紧张、道路错综复杂，外围地区应急避难场所资源的分布和选址不合理，这些都是影响应急避难场所空间可达性的主要因素。

（6）选择广州市北京路和上下九两大城市商圈、黄埔体育中心、番禺南区公园 3 种不同类型和应急避难场所的空间适宜性和应急疏散路径分析。①两大商圈都位于广州市的老城区，作为广州重要的旅游景点，人口密集且流动人口多，在一定程度加大了这些地区应急管理和风险调控。商圈应急避难空间适宜性主要受有效性的影响，其次是可达性，安全性影响最小。适宜性的应急避难场所大多以广场和公园为主，如北京路商圈的人民公园和海珠广场，适宜性的差异主要体现在避难面积、道路等级。同时城市商圈商业场所多，同时临近老住宅区，导致应急避难场所面积有限，道路较窄与其他设施可达性较低，建筑密集易倒塌等造成能够提供的避难能力有限。②广州市黄埔区体育中心区位条件优越，在功能优化和转化方面既突出了体育场馆应急避难的六大基本功能，又灵活地注意了功能区的转化和设计；在疏散路径方面，外部人流和车流进入路线采取人车分流的原则、内部人群车流疏散通道建设以人群疏散为主，在一定程度上保证避难行为的秩序性，提高应急避难的效率。③广州市番禺区南区公园的区位条件优越，周边设施较为完善。对内部空间进行功能分区与优化、总结了公园绿地型应急避难的基本功能：应急指挥、应急厕所、应急物资供应、应急供水、应急供电系统、应急棚宿区、应急医疗救护。从最优路径和步行到达原则等因子探讨疏散路径的优化，在人群疏散方面，南区公园内部结合棚宿区布局，预留内部最近人群疏散通道，采取就近疏散原则，可从各个出入口进行撤离。在车流方面，考虑到公园的出入口，在公园北侧停车场和东侧、西侧进行临时停放，可乘车撤离。

（7）总结了广州市应急避难场所目前存在的问题、管理框架和发展策略。广州应急避难场所的建设的总体格局主要是依托城市公园和广场进行设置，在学校和体育场馆，在功能发挥和潜力挖掘方面还不够；广州市应急避难场所的空间分布不均衡，各地区的人均应急避难场所面积相差较大；广州市应急避难场所的建设未形成层次体系，层次结构不应局限于城市本身，而要充分利用周边资源；应急避难场所空间适宜性不高，可达性存在较大差异；应急避难场所建设标准不完善，应急配套设施不达标。然后基于制度创新的视角，从管理路径、法律路径、技术路径和文化路径4个角度总结和探讨城市应急避难场所管理框架。最后，根据广州市城市发展特点和未来广州市城市规划的思路，提出了广州市应急避难场所建设的原则、规划策略、建设策略和实施保障。

第二节 研究展望

在全球气候变化和人类活动不断加剧的背景下，应急避难场所的研究还面临新的挑战和新的发展方向，笔者认为主要有 3 个方面值得探讨和深入。

1. 研究视角的多元性，关注农村应急避难场所和微观尺度的研究

基于乡村振兴、美丽乡村等发展战略，同时乡村灾害的类型与防灾的重点与城市存在差异，乡村地区主要面临自然灾害的威胁、发生的机制更为复杂、乡村防灾能力更为薄弱等特点。首先应结合中小学操场或较大规模的社区广场进行设置乡（镇）避难场地，村级避难场地可以结合社区广场、打谷场以及较为平整的空地或农用地进行设置；避难建筑包括村委会、学校、福利院或仓库等公共建筑，并且完善乡村公路设施和配套设施，让应急避难场所成为乡村公共服务体系中的重要组成部分。我国大部分省、市等宏观尺度的应急避难场所研究已起到统筹指导的作用，但微观尺度如边缘社区、人流量大的城市商圈等区域还有所欠缺。社区是城市管理的最小行政单位，却是承担整个社会主体的最大单元。从微观尺度上研究应急避难场所建设和应急疏散路径分析，做到合理的空间布局和优化管理，不仅是对省、市应急避难场所建设规划的后续延伸，而且也丰富了应急避难场所的研究尺度和内涵。另外在城市应急避难场所体系建设中还必须重视城市市民的认知程度、避灾行为和关注弱势群体，要建设"有准备的社区""有恢复能力的社区"，让社区灾害研究成为应急避难场所体系管理中一个重要部分。

在新的背景下，特别是城市联系和区域互动不断加强的趋势下，需

要重新审视城市规划，营造韧性的城市。以往的城市灾害研究多关注自然灾害、事件灾难等，未来要重点加强城市公共卫生事件这一类扰动对城市的危害。公共健康是人类社会系统建设和可持续发展的最基本目标之一，"十三五"规划（2016—2020）更是首次将"健康中国"上升至国家战略高度，如何应对公共健康危害，实现健康"公共性"将是未来中国社会发展面临的核心问题之一。公共健康危害形势日趋严峻，综合测度社区恢复力，有利于摸清城市公共健康水平，对推动社区健康治理、促进健康公平、韧性社区的建设具有现实意义，同时对社会—生态系统恢复力研究向公共健康领域拓展及中国化探索具有理论创新意义。所以需要将识别脆弱性人群、构建健康社区环境系统、社区恢复力定量评价等纳入未来健康城市规划的框架和内容。从人口结构、经济规模、城乡格局、资源状况、基础设施、政府管理、生态环境等角度建设韧性社区。

2. 注重研究方法的多样性，加快学科交叉

应急避难场所建设是一个系统的工程，涉及很多相关领域，特别是在选址和后期建设中要重视工程技术分析和实地调研。随着多学科交叉研究的推进，应急避难场所的学科内涵要在灾害学、紧急医学、工程学等学科基础上，与人口学（应急避难人口预测）、社会学（避灾行为）、城乡规划学（应急避难场所的设计）、心理学（应急救援后期心理恢复）等学科紧密联系，实现学科交叉发展的突破。同时城市应急避难场所体系是由不同规模、等级和职能的避难场所，并辅以疏散通道，以及一套规范的避难场所识别标志组成。在这个体系中需要多个管理部门的相互配合，所以政府要积极建设城市应急指挥机构和应急避难场所数据库，将交通、卫生、环境、教育等部门纳入城市应急避难场所体系建设，提高保障条件。

充分发挥大数据和智能信息技术在城市应急管理中的作用，加强对城市人口（弱势群体、流动人口）脆弱性的研究。以往的城市脆弱性多关注经济脆弱性、生态环境脆弱性等，对人口脆弱性和社会脆弱性研究较少。人口脆弱性和经济脆弱性一样，从侧面可以看出城市在灾害中的暴露程度和敏感程度。人口脆弱性应该要注重城市人口的集聚性、城乡人口差异、城乡老龄化、人口受教育程度、入境人口数量等因子。值得注意的是，在人口脆弱性的评价因子中运用人口动力学的原理将人口迁入率纳入易损性的评价指标，因为城市地理位置优越，有良好的就业、教育、医疗资源等吸引外来人口的进入，城市之间和城乡之间的人口迁移逐渐成为土地利用、开发资源和环境变化的重要原因。那么，外来人口在进入城市之后的活动方式和适应环境的过程都将会成为城市灾害特别是城市突发事件的一个重要驱动因素，所以，后期需要加强流动人口与城市公共卫生、城市健康、城市应急管理之间的关联研究。

3. 完善应急避难场所的管理体制，提升城市应急风险管理的地位

合理的管理体制是应急避难场所实现防灾功能和正常运营的重要前提，推行应急"法制化"和管理"日常化"。我国应急避难场所一直存在"重建轻管"的问题，所以后期应该注重应急避难场所的管理创新。北京、深圳、广州、上海、南京等城市探索了或已经完成应急避难场所专项规划的编制工作。城市总体规划尽管将防灾规划列入其中，但是重视不够或者整合度不高。所以城市总体规划中要考虑城市综合防灾要求，合理布局城市空间结构和用地结构，留出适宜的开放空间和防护用地。当然应急避难场所专项规划必须尊重城市总体规划和土地利用总体规划，应该根据疏散人口数量、空间分布、服务区面积计算，分期分批建设各类应急避难场所，并且

能及时对现有的应急避难场所进行合理布局和优化。随着我国城市化进程不断加快，应该结合不同地区应急避难场所的特征和弊病，从技术、体制、文化、法律等角度探讨新时期城市应急避难场所管理框架体系，完善应急避难场所管理模式，提高城市韧性。

最后，城市应急风险管理需要"政府、社会、市场、公众"合力完成。新冠肺炎疫情暴发之后，中国政府采取了两个"14天"交通限制和隔离管控等一系列措施，启动了多层次的应急预案，在应急管理中起到了中流砥柱的作用；同时各级政府各部门（交通、医疗、应急等部门）在党中央和国家的带领下，各司其职，在各自的岗位上发挥自己的职能。社会组织和力量、市场机制也在这次疫情中发挥了物资流通、资金筹备、专业救援的功能等。大多是公众都积极响应"不外出"的预防指导意见，配合这次应急风险管理的行动指南。但通过这次疫情应急管理的过程中，"政府、社会、市场、公众"之间存在沟通不够、协作欠佳、失效稍差、缺乏信任、公众自我监督和防护意识不够等问题，在一定程度上削弱了城市本身抗风险的能力，反而加重了一系列的社会危机和不必要的经济损失。所以，城市应急风险管理需要自上而下和自下而上双重管制相结合，需要"政府、社会、市场、公众"合力。总之，城市应急避难场所的选址布局、功能优化和管理路径，与韧性城市的建设息息相关。本书以广州市的应急避难场所为研究案例，对其资源空间特点、场所适宜性评价、可达性评价和疏散路径等问题进行了分析和探索，但是韧性城市的建设本身是一个复杂的工程系统，同时随着灾害环境的变化和多灾种的共同作用下，广州城市灾害风险评价和管理依然还面临诸多的挑战。这些研究问题和展望都将成为未来关注的方向。